건강가정론

김 익 균

서문

건강가정기본법은 다양해지고 있는 가정형태와 기능, 그리고 가정문제의 다변화 등으로 가정에 대한 국가의 역할이 강조되면서 그 필요성이 등장하면서 제정되었다. 또한 현대사회에서 가정의 중요성이 증가하고 가정문제에 대한 예방과 치료하는 측면이 강조되어 단순한 제도로서는 가정문제를 해결할 수 없게 되었다. 그리하여 건강가정기본법은 2005년 1월 1일부터 시행되었다.

한국가족을 건강하게 유지하고 사회에 긍정적인 역할을 할 수 있도록 하며, 경제적 부양, 정서적 지지 등 제반 가족기능의 약화를 보완하고 강화하여 가족이 본래적으로 가져야 할 기능을 적절히 수행하도록 도와줄 수 있는 효율적이고 체계적인 정책과 프로그램을 개발하고자 하는 데 그 목적을 두고 있다. 궁극적으로 전체 가족구성원, 더 나아가 전체 국민의 '삶의 질'을 향상시키고자 본법을 제정하였다.

그리하여 본격적으로 건강가정사업을 실천하고 있다. 이혼율의 급증으로 다소 늦게 실시되었지만, 전문적이고 체계적인 건강가정사업을 실시하여야 할 것이다.

또한 현대사회의 여러 가지 변화로 인하여 부모역할에도 많은 변화를 가져오고 있다. 이러한 부모역할의 변화는 긍정적인 측면도 있지만 문제점도 발생하고 있다. 또한 핵가족의 영향으로 인하여 부모가 가족에서 유일한 모델이 되기 때문에 부모들이 적절한 역할을 하지 못할 때에는 가족 전체에 많은 영향을 미치게 된다. 그러므로 전문적인 가족치료를 포함한 전문적인 가족상담을 실시해야 할 것이다.

현대의 핵가족의 특징은 출산율의 저하와 수명의 연장에 의한 가족규모의 축소와 자녀들의 독립 후의 중고령기 부부만의 기간연장, 가족의 생활보장기능의 실질적 평등화, 맞벌이에 의한 부부의 역할교체, 부부관계의 실질적 평등화, 가족해체의 진전, 이혼과 재혼의 증가, 이와 같은 여러 문제의 사회적 해결을 위한 사회보장・사회복지에 대한 니드의 증대 등이다. 이런 여러 가지 측면에서 앞으로 건강가정사업은 가족복지에서 중요한 부분을 차지할 것이다.

그리하여 본서는 앞으로 본격적으로 실시하게 될 건강가정사업에 조그마한 도움이 되고자 발간하게 되었다. 제1부에서는 현대사회와 건강가정, 제2부에서는 건강가정정책과 실천, 제3부에서는 건강가정사업의 분야와 실제로 나누어 진행하였다.

본서는 아직까지 건강가정사업에 대한 체계적인 프로그램과 정책이 없다 보니 부족한 면이 많다. 이런 부분은 건강가정사업이 진행되면서 부족한 부분은 보충할 것을 약속한다. 본서는 저자가 3년 전 처음 안식년을 보내며 『가족복지론』을 저술했는데, 이번 안식년에는 『건강가정론』을 저술하게 되어 매우 기쁘게 생각한다. 미국에서 어려운 환경 속에서 열심히 생활하고 있는 나의 아들인 연빈, 연우에게 아빠로서 고맙게 생각한다.

또한 편안한 안식년이 되도록 도와주신 정덕희 교수님을 비롯한 학과교수님과 장동일 교수님, 이근홍 교수님 등에게도 감사를 드리고, 여러 측면에서 도움을 준 청사 최정임 사장님께도 고마움을 전하고 싶습니다.

끝으로 한국의 사회복지, 보육 등의 분야에서 많은 책을 출간하고, 이번에도 기꺼이 본서를 출간해주신 파워북의 유제구 사장님께도 감사의 말씀을 전하고, 항상 어려운 여건 속에서도 책의 출판을 위해 수고하시는 김재원 실장님에게도 감사를 드립니다.

2007년 12월

김 익 균

차 례

제2부 건강가정정책과 실천

제1부 현대사회와 건강가정

제 1 장

가족의 이해

1. 가족의 의의

1) 가족의 정의

가족은 대부분의 사회에서 보편적으로 발견되는 가장 기본적인 단위로 개인과 사회의 중간에 위치하면서 사회에 대해서는 가장 기본적인 사회집단이며 개인에 대해서는 개인의 발달과 성장에 필수부분인 환경이며 체계이다.

즉 가족은 인류역사가 시작될 때부터 있어 온 가장 작은 사회집단으로 사회구성의 최소단위이면서 가장 긴 역사를 지니고 있다. 가족은 국가나 민족 사이에 구조와 형태 또는 생성과정면에서 차이가 있는 다양성을 지니고 있을 뿐만 아니라 한 국가 속에서도 사회가 발전하고 변천함에 따라 변화하며, 종교, 계급 그리고 직업과 같은 사회경제적 요인에 따라 다양하게 나타난다.

가족에 대한 정의는 학자에 따라 다르고 시대나 문화에 따라 다르게 정의되기도 하고, 또한 개인이 경험하는 가족은 역사와 민족, 시대적 변천에 따라 다양하므로 가족이란 무엇인가를 한마디로 정의하기는 쉽지 않다. 보편적으로 볼 때 학자들의 정의를 보면 가족이 어떤 관계의 사람들로 구성된 것이냐 하는 형태적인 의미와 그것이 개인에게나 사회에 수행하는 역할이 무엇이냐 하는 기능적인 의미의 두 가지 측면에서 접근하고 있다.

즉 가족이란 "일반적으로 영속적인 결합에 의한 부부와 거기에서 태어난 자녀로서 형성된 생활공동체"라든가, 혹은 "가계를 공동으로 하는 친족집단"으로 또는 "혼인, 혈연, 입양 이외에도 구성원의 필요에 따라서 기타 관계된 사람들이 지속적인 연대의식으로 생활을 함께 영위하는 집단"이라고 주로 형태적인 측면에서 정의되기도 한다. 그런가 하면 가족은 "부부와 그들의 자녀로 구성되는 기본적인 사회집단으로서 이익관계를 떠난 애정적인 혈연집단이며, 같은 장소에서 기거하고 취사하고 동거하는 집단이고, 그 가족만의 고유한 가풍을 갖는 문화집단이며, 또한 가족생활을 통하여 인간의 기본적 인성이 형성되므로 인간발달의 근원집단"이라고 하여 기능적인 측면에서 가족이 정의되기도 한다(고수현 외, 2002).

2) 가족정의의 복잡성

(1) 가족정의의 접근방향

가족에 대한 정의는 오늘날 매우 다양한 형태로 공존하고 있는 가족의 다양성을 포괄하지 못하고 있다. 현대에는 한부모가족, 동거가족, 미혼모가족, 노인단독가족, 동성애가족, 무자녀가족, 공동체가족 등의 다양한 가족들이 출현하고 있으므로 이제는 보편적인 가족의 정의에서 벗어나 가족의 다양성에 주목하여 좀 더 포괄적인 정의에 의하면 현대가족은 친밀, 헌신의 관계에 있는 사람들이 하나의 집단에 속해 있다는 정체성을 의식하고 그 집단의 고유한 정체성을 수립하여 성적으로 표현적이나 부모와 자녀관계를 유지하는 것으로 보고 있다(최경석 외, 2001).

또한 최근 미국사회사업협회(NASW)는 "자신들 스스로가 가족으로 생각하면서 전형적인 가족임무를 수행하는 2인 이상의 사람들"이라고 광의의 의미로 가족을 정의하고 있다. 앞으로 사람들의 다면화된 욕구에 따라 더욱 다양한 가족형태가 등장할 것이고 어떤 특정한 가족형태가 보편적인 가족이 될 수 없을 것이므로 모든 가족 유형이 가족복지 또는 건강가정사업의 대상이 될 수 있도록 가족에 대한 정의는 포괄적이어야 할 것이다. 그리고 최근에 와서는 가족의 구조적 접근 즉, 가족의 크기는 매우 다양해지고 있다.

이러한 여러 가지 정의를 종합해 보면 가족이란 부부와 직계혈족 및 형제자매 및 기타 형태로 구성된 구성원들이 신체적 및 심리적, 사회문화적, 경제적 관계를 유지하면서 생활하는 사회의 기본적인 단위라 할 수 있다.

〈자료〉 민법상의 가족의 범위

제779조 (가족의 범위)

① 다음의 자는 가족으로 한다.

1. 배우자, 직계혈족 및 형제자매

2. 직계혈족의 배우자, 배우자의 직계혈족 및 배우자의 형제자매

② 제1항 제2호의 경우에는 생계를 같이 하는 경우에 한한다.

(2) 가족과 가정

가족과 가정에 대한 개념적 차이는 애매하다.[1] 일반적으로 가정이란 공간적 의미를 강조하고 있지만, 이런 단순한 공간적 개념을 포함하여 가족구성원들의 심리적 공간도 개념에 포함한다고 볼 수 있다. 가족은 일정한 가정이 없다면 정상적인 가족을 구성할 수 없을 것이다. 이러한 측면은 현대사회에서 가족이더라도 공간적으로 함께 하지 못한다면 가족기능을 제대로 기능하지 못하는 것과 맥락을 같이 한다. 그리하여 현대사회의 주말부부, 기러기가족, 장기적으로 헤어져 있는 가족들이 이러한 범위에 포함된다.

〈자료〉 가정과 가족의 정의

Webster's 사전에 의하면 다음과 같다(유영주, 1980).

♲ 가정의 개념

① 한 개인이나 가족이 생활하는 장소(거주지)

② 인간이 태어났거나 양육된 장소(고향, 본국)

③ 집(가정)으로 생각되는 장소

④ 하나의 단위로서의 가족구성원과 그 내부에서 발생하는 사건(이혼 등)

⑤ 고아나 노인을 보호하는 시설

♲ 가족의 개념

① 어떠한 신념, 종교, 철학 등으로 연결된 사람

② 동일한 집에서 생활하는 사람

③ 부모와 그들이 양육하는 자녀로 구성되는 하나의 사회적 지위

---

1) 건강가정법 제정시 가족과 가정에 대한 논쟁은 제7장 건강가정기본법을 참조.

④ 조상이나 결혼에 의해 관계를 갖게 되는 사람들의 집단(친족)

(3) 기타용어

가족과 관련된 용어 중에서 친족의 정의는 배우자, 혈족 및 인척을 의미한다. 그리고 혈족은 자기의 직계존속과 직계비속을 직계혈족이라 하고 자기의 형제자매와 형제자매의 직계비속, 직계존속의 형제자매 및 그 형제자매의 직계비속을 방계혈족이라 한다. 또한 혈족의 배우자, 배우자의 혈족, 배우자 혈족의 배우자를 인척으로 부른다. 그리고 친족의 범위는 친족관계로 인한 법률상 효력은 이 법 또는 다른 법률에 특별한 규정이 없는 한 8촌 이내의 혈족, 4촌 이내의 인척, 배우자를 의미한다.

2. 가족의 기능

가족의 기능은 가족의 역할이 무엇이냐를 말하는 것으로 사회변화에 따라 영향을 받는다. 학자들에 따라 조금씩 다른 관점을 제시하고 있지만 현대사회에서 가족의 핵심적인 기능을 요약하면 다음과 같다(고수현 외, 2002).

1) 애정적 기능

가족은 구성원들에게 사랑과 이해 및 안전을 보장해 주며, 수용적이고 친밀하며 남편과 아내, 부모와 자녀 간에 애정을 가꾸어 가는 집단이다. 특히 오늘날에는 가족간의 애정은 부부간의 친밀한 관계가 초석이 되고 있어 이 기능에 결함이 생길 때 가족은 해체되는 위기에 놓이며, 여러 가지 가족문제를 발생시킬 가능성이 커진다.

2) 경제적 기능

결혼은 법적, 사회적으로 경제적인 협력을 요구하여 결혼한 부부는 그들의 자원을 공유하고 노동을 분담할 것을 기대한다. 가족의 경제적 기능은 생산기능과 소비기능으로 나누어지며 가족은 경제의 기본단위로서 재산을 공동으로 소유하는 집단으로 생활물자의 소비와 문화적 욕구가 가족을 단위로 해결됨으로써 가족은 구성원들의 신체적 안정을 유지해준다. 현대는 산업화로 인하여 가족의 생산적 기능은 약화되고 소비공동체라고 할 만큼 소비기능의 비중이 높다.

3) 자녀양육과 사회화 기능

부모는 자녀를 출산할 뿐만 아니라 그들의 발달에 대한 책임을 지고 가치관, 사고방식 등을 학습하게 하고, 특정문화에 잘 적응하며 살아갈 수 있도록 각종 기술을 익혀 주고 나아가 사회에서 성숙한 성인으로 살아갈 수 있는 기반을 형성해 주는 사회화를 담당한다.

4) 보호기능

보호기능은 가족원의 생명이나 재산의 전반적인 보호와 환자, 노인, 어린이 등에 대한 보호가 포함되며, 전통가족에서는 이러한 모든 기능을 수행하여 왔으나 오늘날에는 의료기관, 경찰제도, 사회보장제도 등 다양한 전문기관이 생겨나 이러한 기능을 분담하여 수행하게 되었다.

3. 가족의 특징

1) 시간적 특징

가족은 대부분의 다른 사회집단보다 상당히 장기간 동안 존재한다. 물론 가족관계가 지속적으로 이루어지지 않는 경우도 많다. 이혼이나 사망 등의 다양한 가족해체를 통하여 관계가 단절되는 경우도 있다. 그러나 우리는 보통 전체 일생을 통하여 일정한 형태로 자신의 가족이 존속되는 것으로 간주한다. 시간적으로 가족형태가 변화더라도 지속적으로 가족이라는 매개체를 통하여 존속하게 된다.

2) 구조적인 특징

가족은 그 구성원들 간의 생물학적이고 사회적인 다양한 구조적이고 구성적인 특징을 지니고 있다. 그리고 생물학적으로 출산행위는 근본적인 가족의 결속을 유지하게 하고, 이러한 행위는 우리가 출생을 통하여 우리에게 직접・간접적으로 관계되어지는 최소한의 어느 정도의 유전적 특성이나 혹은 특징적인 기질을 공유하고 있다.

또한 인간을 창출해 내는 이러한 과정에는 사회적 측면이 있는데, 어떤 사회도 출산의 생물학적 행위나 아동의 양육을 우연한 일로 방치하지는 않는다. 가족의 특성도 일정한 사회화 과정을 통해서 얻어진다.

3) 규범적인 특징

가족구성원도 일정한 권리와 의무를 가지게 되는데, 이것은 법적인 측면도 있고, 비공식적인 측면도 지니고 있다. 그리고 널리 행해지지는 않더라도 법에 의해 합법화되는 입양을 제외하고는 법적인 내용과 관련된 가족에 관한 주요 법적 대책은 결혼에 의한 것이다. 즉 결혼 그 자체가 법에 의한 권리와 의무를 포함하고, 그리고 법적으로 가족관계를 구성하게 되는 것이다.[2)]

4. 가족과 가족학

1) 가족학의 개념

가족학이란 가족을 대상으로 하는 학문적 영역을 총칭하는 학문이다. 현 단계는 가족학으로서의 고유영역이 확립되어 있다기보다는 인문・사회과학 또는 자연과학의 모든 전문영역에 걸쳐 다양하게 포진하여 가족에 대한 접근을 시도하고

2) 결혼에 대한 법적 측면은 각국의 문화에 따라 다양하게 나타나고 있다. 우리나라도 젊은 세대를 중심으로 법적으로 혼인신고를 하지 않고 동거하는 형태의 결혼이 늘어나고 있다.

있다. 그것은 사회의 기초적 단위로서 가족 그 자체가 총합적이고 본질적인 성격에 의한 점이 크다.

2) 가족학의 접근방법

(1) 가족학의 전제

가족학의 접근방법은 다양하게 이루어지고 있는데, 우선 가족의 개념에 의한 가족학의 접근방법을 살펴보면 다음과 같다.

① 가족은 그 성원이 혼인 또는 혈연관계에 의해 맺어지는 소집단이다.

② 가족구성원은 보통 거주, 식사, 가계를 함께 하며 생활상의 상호부조를 행하는 가족생활을 공동으로 영위한다.

③ 가족과 가정에게 기대되는 사회적 기능은 아동의 출생 및 인격형성을 포함한 사회화 그리고 성인의 인격형성의 안정을 포함한 생활재생산의 기초적 집단으로서의 기능이다.

④ 인간관계에는 부부, 부모・자녀, 형제・자매 등이 포함되는데, 각각의 이성애, 부성애, 모성애, 육친애 등 애정에 의한 결합을 특징으로 한다.

⑤ 형태이든 기능이든 인간관계이든 역사적 변천을 거쳐 오늘의 단계에 이르고 있고, 또 그 제도적 특징도 근친상간금지로 대표되는 전시대에 걸친 문화적인 것에서부터 특정시대의 국가제도에 의해 제도화된 것까지 폭이 넓다.

⑥ 가족에 관련되는 가족문제도 국가, 지역, 계층에 따라 다양하게 나타난다.

(2) 가족학의 학문적 접근

이상의 가족자체가 가지는 통합적이고 본원적인 성격과 관련하여 전문적인 영역에서의 가족에 대한 접근이 이루어진다. 즉 위에서 말한 ①②③의 소집단으로서의 가족에 대한 연구가 이루어지고, 그리고 ②에서 언급하고 있는 의식주를 공유하는 집단으로서의 가족구성원이 영위하는 일상생활, 즉 가족생활에 초점을 맞추는 것은 가정학, 경제학, 사회정책, 그리고 사회복지론, 사회보장론의 영역이다.

③의 가족의 사회적 기능과의 관련에서는 아동의 인격형성을 포함한 사회화과정과 대응하여 발달심리학과 교육학이 가정의 기능에 관련되고, 아동의 심신발달과 성인의 인격형성에 해로운 영향을 미치는 모든 요인분석에는 사회병리학에서

의 가족에 대한 가족병리학적인 접근을 한다.

④의 가족관계의 연구에는 사회학으로부터의 접근(가족사회학)이 접근하고 심리학과 정신분석학 영역에서의 축적도 크다.

⑤에서는 국가가 사회적·기초적 단위로서의 가족에게 기대와 그 실현을 위해 연구된 법과 제도, 정책, 규범의 확립, 또는 이데올로기로서의 이념의 확립으로 법사회학과 민족에 의한 차이점은 민족학에 접근하고 자연적 존재로서 인간이 형성하는 집단생활이라는 점에서 동물학과 관련되고, 혈연집단이라는 측면에서 유전학과 관련도 깊으며, 최근 임신과의 관계에서 의학과의 접근도 이루어진다. 또한 역사적 변천에 관해서는 역사학에서의 가족사적 접근이 이루어지고 가족의 생활관행과 관습을 파악하려는 민속학의 영역에서도 접근이 이루어지고 있다.

⑥의 가족문제에는 사회학과 사회복지학의 접근이 이루어지고 있다.

(3) 가족학 관련학문

가족연구 또는 가족복지연구는 학제적 성격을 지니고 있다. 이런 경향은 가족문제가 단순한 원인에 의해 발생하지 않기 때문이다. 특히 문제를 가진 개인에서 가족을 하나의 단위로 보는 시각의 변화 속에서 가족사회학, 가족심리학, 가족정신의학, 가족법학, 가족관계학 등이 가족학의 연구에 기초를 제공하고 있다. 그리고 가족의 개념이 복잡해지고 다양하게 변화됨으로 인해 가족학 관련학문은 늘어나리라 본다.

3) 가족학의 과제

이상에서 설명한 가족학의 과제를 살펴보면 다음과 같다.

(1) 가족의 존재

가족이란 무엇인가라는 가족의 존재가치, 근거 그 자체가 과제로 제기되고 있다. 결혼제도에 대한 회의, 제도혼에 대한 의문과 부부별 성(性) 지향 증대라는 경향도 증대하고 있다. 즉 가족이라는 작은 공동체의 존재근거가 신중히 검토되고 있다는 것이다. 즉 단독세대의 증가는 사회의 기초단위로서가 가족으로부터 개인으로 이행하고 있는 문제점을 어떻게 풀어나가야 하느냐의 과제가 있다.

퇴니스는 가족의 기능에서 “동일한 식탁에서 함께 식사를 하는” 것을 지적하고 있는데, 식탁에서 차츰 아버지를 비롯하여 어머니의 모습이 점차 줄어들고 있다. 그러므로 가족의 핵가족화, 가족구성원의 단순화 등에 대해 가족의 존재를 정립하는 것이 중요할 것이다.

(2) 가족규범 및 정책에 대한 검토

가족을 움직이는 법, 정책, 사상에 대한 검토이다. 한 국가의 정치경제적인 발전은 가족의 기초적인 역할이 중요하다. 그러므로 유교적인 성격이 강한 우리나라와 같은 경우에는 가족을 보는 관점에 따라 가족규범, 정책 등이 달라질 것이다. 현재 우리나라도 여성호주제의 도입에 따른 문제점 해결, 아동수당 등 앞으로 해결해야 할 과제들이 많다.

(3) 이론적 분석틀의 검토

가족이론 연구에 대한 접근은 뒷부분에서 많이 지적하겠지만 다양한 이론들에 의해 전개되고 있다. 그러나 확실한 가족에 대한 이론적 분석틀을 제시하지 못하고 있다. 그러므로 앞으로 가족이론의 전문적 영역의 분석틀이 더욱 연마되고 그것들을 통합하여 공동작업으로 유도한다면 가족학의 그 존재근거는 보다 명확해질 것이다.

제 2 장

현대사회와 가족문제

1. 가족의 변화와 특징

1) 가족의 변화

(1) 가족형태의 변화

근대사회에 있어서의 사회변동의 주요한 추진력을 공업화에서 구하는 것은 이론이 없는 것이며, 또한 근대에 있어서의 가족형태상의 추세적 변화가 핵가족에 있다는 것도 경험적인 사실이다. 이점에 관하여 기술의 변화가 경제시스템의 변화를 야기하며, 이것이 '가족형태의 변화=핵가족의 우월'을 초래하였다. 그 후 이와 같은 기술・경제적 요인 외에 핵가족제 이념이나 이데올로기, 그리고 인구학적 요인 등이 가족의 변화와 깊이 관련되어 있다는 관점이 덧붙여져 오고 있다. 그런데 가족의 변동은 그 형태상의 변화만으로 파악되는 것은 아니다. 그것 이외에 권위구조, 역할구조, 가족주기, 정서구조, 가족기능, 가족의식, 생활구조 등 가족의 구조변동을 파악하는 측면은 다양하다.

(2) 가족기능의 변화

가족형태의 변화는 이전에 가족이 수행해 온 기능의 변화를 초래한다. 특히 가족규모의 축소는 다양한 능력을 갖는 활동주체를 가족의 내부로부터 배출해 가는 것을 의미하며, 그 활동주체・능력의 상실이 가족기능의 축소・약체화, 위기대응 능력의 저하 등에 이어진다. 가족이 상실한 기능은 외부의 기관(행정, 기업, 지역사회 등)이 가족을 대신하여 유상・무상으로 인수하게 되는 것이다. 이런 의미에 있어 그와 같은 것을 가족기능의 외부화(사회화)라고 일컫는다.

공업화의 진전은 먼저 가족이 보유해 온 경제기능 중에서 생산기능을 분리시켜 가정과 직장의 분리가 진행되었다. 외부화된 기능은 이와 같은 경제기능 · 생산기능에 그치지 않는다. 영유아의 보육, 자녀의 교육, 환자와 신체장애자의 보호, 고령자의 부양 등 이전에는 가족의 내부에서 가족의 직접적 접촉과 협업을 통해 행해졌던 것이 각각 전문적인 서비스기관(영리적 · 비영리적임을 불문하고)에 위양되는 경향이 강해지게 되었다. 그 밖에 종교, 오락이나 교제기능의 일부도 외부화되고 있다.

요컨대 핵가족화의 원인으로서는 사회구조 전체의 근대화 · 도시화를 들 수 있지만, 그 중 중요한 구체적인 요인으로서는 자본주의경제가 발달하여 고용노동자가 증가하며 도시에 집중해 있기 때문에 핵가족이 증가하고 있다. 근대적(민주주의적 · 개인적)이 결혼관 · 가족관이 보급되고 있다는 것 등을 지적할 수가 있다.

(3) 가족해체

현대의 핵가족의 특징은 출산율의 저하와 수명의 연장에 의한 가족규모의 축소와 자녀들의 독립 후의 중고령기 부부만의 기간연장, 가족의 생활보장기능의 실질적 평등화, 맞벌이에 의한 부부의 역할교체, 부부관계의 실질적 평등화, 가족해체의 진전, 이혼과 재혼의 증가, 이와 같은 여러 문제의 사회적 해결을 위한 사회보장 · 사회복지에 대한 욕구의 증대 등이다.

현대사회에 있어 산업화 · 도시화 · 핵가족화는 전통적인 가족을 민주적 가족으로 바꾸는 데 크게 기여한 것은 사실이다. 그러나 그 반면 이전에는 없었던 많은 문제들을 야기하고 있다. 즉 유아학대 · 유기, 가정폭력, 가출, 부모로서의 역할포기, 세대간의 단절, 이혼 등 가족의 병리 · 해체라고 하는 현상이 곳곳에 나타나고 있다. 그러나 그 중에서도 특히 중요한 것은 노후의 가정생활의 문제, 이혼률의 증가, 주부의 맞벌이에 따른 문제, 자녀의 가정폭력, 자살, 비행문제 등으로 요약될 수가 있다.

2) 특징

현대사회 가족변화의 특징을 살펴보면 다음과 같다.

(1) 가족개념의 변화

가족개념은 역사적이고 전통적인 사상에 기반을 둔 가족개념에서 새로운 사상의 가족개념으로 변하하고 있다. 그래서 선진국에서는 레즈비언, 게이 등을 가족개념에 포함시키는 경향이 늘고 있다. 즉 자연과 문화적인 가족질서에서 현실적인 가족질서의 개념을 강조하기 시작하였다.

(2) 이성역할의 변화

가족해체와 핵가족화가 되면서 이성역할이 변화하기 시작하여 가족기능 및 구조에 많은 영향을 미치기 시작하였다. 이러한 이성역할의 변화에 의해 새로운 가족문화가 발생하고 있다.

(3) 결혼의 변화

결혼의 개념과 형태가 변화하여, 이혼과 재혼이 증가하고, 한부모가족 및 미혼모가족의 증가로 인하여 새로운 결혼문화가 발생하고 있다. 그리하여 계약결혼, 동거 등의 새로운 형태의 가족이 발생하기 시작하였다.

(4) 부모자녀관계의 변화

과거의 부모자녀관계의 변화로 인하여 각국의 문화에 따라 새로운 부모자녀관계가 형성되고 있다.

(5) 사회와 가족관계의 변화

사회와 가족은 공통적인 역할이 있는데, 그 역할이 변화하고 있다. 그리하여 결혼 후 자녀를 출생하지 않아 사회적으로 인구문제가 발생하고 있다.

(6) 가족연령과 구성원의 변화

평균수명의 연장으로 가족에서의 노인세대가 많이 늘어나고, 산업화와 공업화과 환경오염 등으로 인하여 장애가족이 늘어나고 있다.

2. 가족문제의 출현

1) 가족문제의 증가

급변하는 사회변화가 가족에게 미치는 영향은 다양하며 그에 따라 가족도 여러 면으로 변화를 겪고 있다. 사회변화가 가족에게 미치는 영향은 현대사회가 직업을 중심으로 이동이 잦음에 따라 이동이 유리한 핵가족이 일반적인 가족형태를 이루게 되고, 개인의 능력만을 요구하는 고도의 산업화, 전문화된 사회로 개인의 능력과 업적에 따라 승진할 수 있으므로 친족조직의 붕괴를 가져오게 되었으며, 인간관계가 직업적·부분적이 되고 전인격적인 접촉이 거의 불가능해짐에 따라 가족의 기능 역시 전문화된 사회조직으로 분화되었다.

원래 다른 사회제도와 비교해서 가족제도는 빨리 변화하는 제도가 아닌 데도 요즈음 가족의 변화는 근대화의 속도만큼이나 급진적이어서 가족구조와 기능 면에 있어서 그리고 그 내용 면에 있어서도 많은 변화를 초래하였다. 즉 가족은 소규모화되고 핵가족화되는 경향을 보이고 비전통적인 가구형태가 증가하고 있고, 그에 따라 가족에 대한 가치관도 변화하고 있다. 즉 한국 가족원의 수는 현저히 줄어들고 있고, 가족세대의 단순화로 대가족 가구가 감소하고, 단독가구의 증가, 가족형태의 다양화 등 가족구조가 변화되었으며, 이러한 변화는 아동, 노인 장애인 등 앞으로 가족이 보호하는 데 어려움을 갖게 될 것이다.

또한 가족구조와 가족가치관의 변화는 자연스럽게 가족의 기능을 변화시켜 왔으며, 현대사회에서 가족기능의 변화문제는 사회의 산업구조가 바뀌면서 제기되는 문제 중의 하나로 전통적 요소와 서구적 요소의 충돌, 사회구조적 변화속도와 가족의 변화속도 간의 괴리 등으로 인해 서구의 가족과는 다른 양상으로 변화되어 왔으며, 그 과정에서 한국 가족의 특수기능이 부각되고 있기도 하다.

또한 개인의 자유와 권리를 중요시하는 개인주의적 사회윤리가 가족윤리에도 그대로 반영되어 개인에 우선하여 가족을 중시했던 가족가치관도 개인주의 가치관으로 변화되어 부부관계에, 혈연관계인 형제관계에도 개인주의적인 경향이 강하게 나타나고 있다. 부부관계에 있어서의 배우자를 위한 희생은 보다 약화되었으며 가정생활에서 부딪히는 문제들을 공동의 노력으로 해결하기보다는 배우자나 자녀보다도 나 자신이 중요하다는 생각으로 이혼하기도 한다. 즉 이러한 변화는 가족 이기주의와 가족 편의주의를 증폭시킴으로써 가족문제와 사회문제를 심화시키는 요인으로 작용하고 있다.

가족의 안정성은 급격히 약화되어 결혼의 비율은 낮아지고 이혼율은 급증하고 있으며, 이에 따라 결혼의 당위성을 수용하는 사람들이 줄어들고 가족의 불안정성과 해체는 점차 더욱 증가할 것으로 생각된다. 이에 이혼가족, 재혼가족이 증가하고 있으며, 이러한 문제들은 부도덕 가정, 애정결여가정, 빈곤가정, 갈등가정, 해체가정 등의 문제가정을 양산하게 될 것이다.

가족문제는 가족원들이 가족 내에서 욕구가 충족되지 못하고, 자신의 역할을 적절히 수행할 수 없게 됨으로써 가족기능, 가족관계가 원만하지 못하고 가족해체현상이 나타나게 되는 모든 현상이라고 볼 수 있으며, 이는 가족의 전체성과 관련되는 가족성원의 역할장애와 가족의 사회적 역할장애로 볼 수 있다. 그리고 이러한 역할장애를 유발하는 요인으로 가족 외부요인과 가족 내부요인으로 나누어 볼 수 있다(최경석 외, 2001).

(1) 가족 외부문제

가족 외부문제로는 가족과 관련되는 사회경제적 문제로서 가족 전체성에 영향을 주는 경제적 불안정, 불평등, 실업, 무주택, 교육기회의 박탈, 의료기회의 박탈, 이사 등이 있다. 이러한 사회 환경적인 문제는 가족 내부문제와 더불어 현대사회에서 중요한 문제로 등장하고 있다.

(2) 가족 내부문제

가족 내부문제는 가족구성원간의 관계문제와 가족구성원간의 내적 문제로 구분해 볼 수 있다.

첫째, 가족구성원간의 관계문제로는 가족의 전체성에 영향을 주는 가족성원 역할의 불이행, 갈등, 가족성원의 증가나 감소, 별거, 이혼 등이 있다.

둘째, 가족구성원의 내적 문제로는 가족의 전체성에 영향을 주는 가족성원의 적응능력, 상호작용, 행동의 장애 등이 있다.

우리나라 가족문제의 성향을 보면 가족의 경제적 부양의 문제, 가족보호기능이 약화되어 오는 문제, 가족의 통제능력과 통제기능이 약화되며 가족공동체로서의 사회화, 정서적 지지의 기능수행이 약화되어 가고 있는 문제, 결손가정의 증가에 다른 문제 등이 나타나고 있다. 또한 가족문제는 의식주의 가장 기본적인 문제에서 가족구성원의 비경제적인 문제도 점차 가족문제에서 차지하는 비중이 높아지고 있다.

2) 가족문제의 유형

(1) 저소득가족

빈곤한 가정의 아동들은 가정에서의 보건, 교육, 복지문제 등에서 소홀히 다루어지며 가정에서 유기, 이탈하거나 비행 또는 범죄에 이르는 근본원인이 되는 것이다.

(2) 결손가족

결손가족이란 보통 부부 중 어느 한편이나 또는 쌍방이 사망, 이혼, 유기, 별거 등의 원인으로 인해 일반가족에 비해 물질적·정신적 안정을 상실하였거나 또는 가족의 기본적 기능의 상실을 초래하는 가족이라고 말하고 있다. 결손가족에서 문제되는 가족은 모자가족, 부자가족, 아동가족, 고령자가족을 들 수 있다.

① **모자가족** : 배우자가 사별, 이별, 행방불명 등의 이유로 동거하지 않는 18세 이상 60세 미만의 여자와 18세 미만의 자녀만으로 구성된 가족을 말한다. 모친이 생업에 종사할 경우가 많으며, 수입은 적고, 취업은 불안정하며, 노동조건도 좋지 않아 낮은 생활수준이다. 더욱이 부친의 결손, 모친 부재는 가족의 교육기능을 저해하고 아동들의 사회화 기능이 저하되어 부랑, 비행 등에 빠지기 쉽다.

② **부자가족** : 부자가족의 경우는 경제적 곤란이 모자가족보다 적지만, 가족원의 정서적 안정의 기둥인 모친이 없으므로 아동의 정서적 불안정은 보다 심하다.

③ **아동가족** : 18세 미만의 자만으로 구성되는 가구를 말하는데 이들 형태의 가구 아동들에게는 극심한 빈곤이나 정서 불안정이 수반된다.

④ **고령가족** : 의학의 발달과 생활수준의 향상으로 평균수명이 점점 연장되고 있다. 노령인구율은 해마다 증가하고 있으며, 변화가 빠른 현대사회 속에서 노령층은 그들의 역할과 지위를 상실하고 있을 뿐 아니라 핵가족 제도에서 오는 생활변화로 소외당하여 가고 있다.

⑤ **이주가족** : 많은 농촌인구가 도시지역으로 이주하고 있는데 이들은 숙련된 기술을 갖고 있지 않으므로 적절한 직업을 구하기 힘들다. 따라서 빈곤하게 되고 빈민지역에 정착할 수밖에 없게 된다. 특히 이러한 빈민지역 가정에서는 노동을 심하게 하고 영양을 제대로 섭취하지 못하여 전염병이나 질병에 걸리기 쉽다.

(3) 다자녀가족

다자녀가족은 비경제 활동 연령층에 속하면서 부양자의 부양부담을 가중시키는 요인으로서 경제적 압박요인이 된다. 더욱이 자녀들의 성장과정에서 갈등과 욕구불만, 부모로부터의 애정결핍 등의 문제가 생기기 쉽다.

(4) 다문제가족

다문제가족은 항상 사회적, 개인적, 경제적 문제를 복합적으로 지니지만 그렇다고 복합적인 문제를 가진 가족이 반드시 문제가족은 아니다.

문제가족의 생활은 외면적으로는 빈곤, 불결, 무질서, 무계획 등이지만 중요한 것은 이들의 외부 환경적 조건과 내면적인 생활태도가 같이 관련되어 있는 점이다.

(5) 비정형적 가족

비정형적 가족이란 과거에 우리가 인식해온 정형적인 가족의 반대되는 용어이다. 즉 정상적인 결혼을 통하지 않고 자녀를 출산하던지, 계약결혼 등의 현대사회에서 발생되는 가족 유형이다. 앞으로 비정형적인 가족의 유형은 많이 발생될 것이고, 이로 인한 사회문제도 많아질 것이다.

3. 가족기능의 변화와 사회문제

가족기능의 변화와 사회문제 간의 관계를 유형별로 살펴보면 다음과 같다(김성천 · 윤혜미, 2000).

1) 경제적 기능

① 가족의 경제적 기능은 산업화로 인하여 가족과 일터가 공간적으로 분리됨에 따라 변화가 일어났고, 농경사회에서 가족이 수행하던 생산기능은 약화 또는 상실되고 소비기능이 강화되고 있다.

② 주부양자의 직업 및 소득수준에 의하여 전체 가족원의 생활기회 또는 생활양식이 결정됨을 의미하고 있다.

③ 실업률이 낮아지면서 가계소득이 안정되기도 했지만, 반면 그들의 취업은 경기변동에 더 큰 영향을 받게 됨으로써 직업의 안정성은 상대적으로 낮아지고 있다.

④ 실업은 일차적으로 가족의 소득중단 혹은 소득감소에 영향을 미치기 때문에 가족 경제적인 측면에서 심각성을 가지며, 결과적으로 가족위기가 유발되고 있다.

2) 성적 및 재생산적 기능의 변화

현대사회에서도 가족은 정상적인 규범하에서 성적 욕구 외 종족유지의 본능을 가능케 하는 장소로서의 기능을 함. 그러나 임신 및 출산의 자유, 다양한 피임법의 개발 및 보급으로 성에 대한 규범 및 가치관의 변화를 가져오고 있다.

3) 자녀양육기능 및 사회화 기능

① 자녀의 양육 및 사회화 기능이란 자녀와 성장과 인격형성과 관련된 제반 문제를 지도하는 데 있어서의 가족역할을 의미하는 것이다.

② 산업화 초기단계에서는 이 기능은 주로 가정에서 이루어졌으나, 산업화 이

후 사회가 다원화, 이질화, 전문화되면서 부모들은 자녀의 교육 및 사회화에 있어서 제3자적 입장에 있을 수밖에 없게 되었다. 따라서 자녀양육과 사회화 기능은 가족복지를 전문적으로 다루는 기관, 예를 들면 정규학교, 보육시설, 유치원, 학원 등으로 많이 이전되었음을 시사하고 있다.

③ 자녀양육 및 사회화기능은 과다한 교육열 등과 작용하여 여러 가지 부작용을 야기시키고 있다. 세대간의 문제 및 세대간의 갈등은 사회의 보편적 가치관이나 약속을 사회구성원에게 전달하는 메커니즘에 장애가 있음을 의미하는 것으로, 일차집단의 와해는 이차집단의 기능을 필연적으로 약화시키고 결국 사회해체현상에 연결될 가능성이 크다고 볼 수 있다.

④ 가족의 정서적 유대기능은 사회·경제적 활동시간이 증가하고 직장 및 학교생활에서의 과로한 스트레스로 인하여 점차 중요시되고 있다.

4) 가족여가의 기능

① 가정의 휴식 및 오락기능은 일터와 가정의 연결, 인적 재원의 재충족, 노동력 질의 향상을 위해서도 필요하며 개인 및 가족 삶의 질 향상에 절대적인 역할을 하고 있으므로 점차 비중이 커져가고 있는 기능이다

② 휴식 및 오락기능은 대부분 창조적 활동보다는 상품소비의 방식으로만 이루어지고 있고, 계급 및 계층간 격차가 매우 큰 것으로 나타나고 조부모 세대의 노인들은 소외되기 쉽다는 문제점이 있다.

③ 가족단위의 여가에서 나타나는 계층별 차이는 현저하여, 부유층의 과시적 소비풍조가 편승된 여가활동의 모습들은 계층간의 괴리감을 조장하는 동시에 다른 계층에게도 영향을 미쳐 모방소비라도 해야 하는 부담을 주고 있다.

4. 가족역할의 변화와 가족문제

1) 가족역할의 개념

역할이라는 개념은 가족이론 중에서 상징적 상호주의의 영향을 받아 발전하기

시작하였다. 역할은 아동발달의 게임단계에서 학습되는 규칙으로 다루었다. 그래서 역할수행은 행위자의 입장이 되는 것이고 행위자가 준수해야 하는 규칙을 내포하고 있다.

가족의 현상들을 설명하기 위한 중요한 역할개념에는 여러 가지 견해를 가지고 있다. 그리고 역할기대나 역할에 대한 규칙이 명료해야 한다는 것이다. 행위자와 다른 사람들이 공유한 확실한 기대가 없이는 행위자가 역할을 수행하거나 타인이 그들의 행동을 행위자의 행동과 연결시키는 것은 불가능해진다.

가족역할은 친족 지위에 수반되는 모든 가족규범으로 정의할 수 있다. 예를 들면 대부분 사회에서 어머니의 역할에 수반되는 것은 자녀 양육의 규범이다. 그러나 지위가 구조적으로 규정되기 때문에 가족역할의 내용은 사회와 윤리적 하위문화에 따라 달라진다. 그리고 가족규범이 역할을 구성하는 것처럼 사회적 가족역할은 연령과 가족발달의 단계에 따라 달라질 수 있다. 예를 들면 아동을 양육하는 어머니의 역할은 청소년을 기르는 어머니의 역할은 매우 다르다.

2) 가족역할의 내용

(1) 역할긴장

역할긴장은 역할에 있어 중요한 부분이다. 역할긴장은 행위자가 역할을 수행하기 위한 충분한 자원을 가지고 있지 않은 것이다. 즉 다양한 역할이 있을 때, 기대가 지나치면 역할의 과다나 긴장을 초래할 수 있다. 역할긴장에 따르는 필연적인 결과는 한 역할에 대한 기대가 다른 역할의 기대와 모순되거나 갈등하게 되는 특수한 사례로 이어진다는 점이다. 이 역할갈등이란 보통 행위자가 동시에 반대의 역할을 수행할 수 없기 때문에 역할긴장이 발생하게 된다는 것이다.

(2) 가족규범

가족규범은 집단과 개인의 행동을 통제하는 사회적 규칙을 말한다. 그리고 가족규범은 개인이 가족발달의 다양한 관계와 연령에 따라 성취해야 하는 것들의 방법에 대한 규칙이다. 따라서 많은 가족규범들은 연령과 가족발달단계에 따라 구분된다. 즉 아장아장 걷는 아이들에게 십대들에게 적용될 수 있는 규칙을 적용시킬 수 없는 것처럼 가족규범은 연령과 가족발달단계에 따라 달라진다.

(3) 가족단계

가족단계는 가족 내에서 가족역할관계의 구조와 상호작용이 다른 시기와 질적으로 두드러지게 구분되는 시간과 간격을 말한다. 집단 차원에서 하나의 단계는 앞으로 경험하게 될 단계와 이미 경험한 단계와 구별되는 성원들 간의 역할의 상호작용의 한 유형을 의미한다. 가족단계는 일반적으로 가족성원의 변화 및 가족구성들이 공간적이고 상호관계적으로 조직되는 방식상의 어떤 변화를 나타내는 사건들로부터 추론된다. 예를 들어 아이가 어른이 되는 것은 부모역할이 끝남을 의미하는 것이 아니고 가족구성원의 공간적이고 상호관계적인 조직에 바탕을 둔 하나의 변화를 의미하는 것이다.

3) 부모역할의 변화

(1) 중요성

가족주기에서 성격발달에 가장 중요한 시기를 영·유아기라 하고 부모의 영향은 가장 심각한 것이며, 이때 형성된 성격은 성인이 된 후의 성격에도 크게 영향을 미친다고 한다. 또한 부모의 불화는 꼭 자녀의 불화가 되어 그들의 내면적 갈등을 조장시켜 주는 것이라고도 하였다.

아동의 문제를 부모와 아동 간의 관계에 있어서 역할수행의 기능장애라는 관점에서 파악하고 있다. 즉 사회적 역할로서의 부모와 자녀 간의 권리와 의무관계에 차질이 생길 때 아동문제가 나타난다고 보고 있다. 이렇게 볼 때 아동의 역할은 필연적으로 제한적일 수밖에 없으며 아동에 대한 부모의 역할이 중심을 이루는 것으로 보고 있다. 아동문제에 대한 아동자신의 역할은 매우 제한적이고 아동의 개인적 결함은 지엽적인 것이어서 아동만을 대상으로 하는 것은 문제의 해결에 도움이 되지 못한다. 즉 아동의 문제는 아동에 대한 부모의 역할이 상실되었거나 무능력해졌거나 역할의 수행을 기피하거나 또는 역할갈등으로 인하여 혼란을 일으켜 그 기능을 발휘하지 못할 때 그리고 부모의 역할이 충분히 발휘될 수 있도록 지역사회의 자원이 제공되지 못할 때 발생하게 된다.

(2) 사회변화와 부모역할의 변화

현대사회의 여러 가지 변화로 인하여 부모역할에도 많은 변화를 가져오고 있다. 이러한 부모역할의 변화는 긍정적인 측면도 있지만 문제점도 발생하고 있다. 또한 핵가족의 영향으로 인하여 부모가 가족에서 유일한 모델이 되기 때문에 부모들이 적절한 역할을 하지 못할 때에는 가족 전체에 많은 영향을 미치게 된다.

(3) 부모역할 변화의 유형

① 아버지 역할의 변화 : 현대사회의 가족기능의 변화 중에서 중요한 것이 아버지의 존재의 재발견이라 할 수 있다. 우리나라의 경우 아버지의 역할 중에서 중요한 역할이 경제적 의무를 다하는 역할, 성역할 등에서 현대사회에서는 많은 변화를 가져오고 있다. 아동발달에서의 아버지의 중요성은 여러 연구에서 밝혀지고 있는데, 아버지와 아동의 상호작용은 어머니와 비교하여 보면 아버지와 어머니의 행동에서 질적 차이뿐만 아니라 양적 차이가 발견되고 있다. 즉 아버지는 상호작용의 양이 어머니보다 적으나 신체적, 언어적 자극이 많으며, 놀이행동도 보다 활발한 질적 차이가 나타나고 있다. 그리고 일반적으로 자녀의 인지발달에 영향을 미치는 것은 아버지가 더 많다고 말하고 있으며 도덕성과 사회성의 발달에도 중요한 영향을 미치고 있다(아산사회복지재단, 1997).

② 어머니 역할의 변화 : 위에서 설명한 바와 같이 현대사회에서 아버지의 역할도 많이 변하였으나, 어머니의 역할도 많이 변화였다. 대부분의 학자들은 아동의 성정과정에서 가장 중요한 사회적 대상은 어머니라는 사실에 공감을 한다. 즉 어머니의 역할은 가족의 전반적 발달, 특히 초기발달에 중요한 영향을 미친다. 그러나 여성의 사회참여 등으로 인한 어머니의 역할변화는 아동성장과 가족역할관계에 많은 영향을 미쳐 다양한 가족문제로 연결된다. 결론적으로 가족기능의 변화는 아버지의 역할과 어머니의 역할을 동시에 변화시켰다고 볼 수 있다.

4) 육아방식과 아동의 성격

앞에서도 지적한 바와 같이 인생에서 성격발달에 가장 중요한 시기를 영・유아기라 하고 부모의 영향은 가장 심각한 것이며, 이때 형성된 성격은 성인이 된 후의 성격에도 크게 영향을 미친다고 한다. 또한 부모의 불화는 꼭 자녀의 불화가 되어 그들의 내면적 갈등을 조장시켜 주는 것이라고도 하였다. 즉 부모의 육아방식과 부모・자녀 간의 인간관계가 성격 형성에 중요한 영향을 미친다는 것이다.

5) 가족의 권위구조

가족의 권위구조 내지 세력구조에 있어 Mower가 현대 미국의 도시 중산계급 특징의 하나로 부의 우위성이 명목화하여 현실의 가사수행분야에 있어서는 처가 실권을 쥐고 있다는 점을 지적하고 있듯이 부부관계에 있어 부의 권위의 명목화 및 부부간 세력의 평등화의 경향은 현대 가족의 일반적 특색이라 볼 수 있다(신섭중, 2001). 이러한 현상은 우리의 경우도 유사하게 접근하고 있다.

또 부부의 세력구조가 자녀들의 행동에 미치는 영향과 정서구조 등과 관련된 고찰에서 자기 가정에 대한 귀속의식이 가장 높고, 현재의 가정에 만족하고 있는 자녀의 비율이 큰 것은 도시와 농촌에 있어서 어느 정도 차이가 나나고 있다. 그리고 가족의 권위 및 권력구조는 가족형태와 기능의 변화에 의한 새로운 가족문화의 형성과 관련하여 변화하게 될 것이다.

5. 가족주기의 단계별 변화양상과 가족문제

가족주기의 단계별 변화양상에 따라 발생하는 가족문제의 유형을 살펴보면 다음과 같다(김성천・윤혜미, 2000).

1) 가족형성기

가족형성기는 부부의 결혼으로부터 시작하여 첫 자녀를 출생할 때까지의 기간으로 부부만의 생활 기간이다. 가족형성기는 1959년 이전 결혼코호트에서는 2.37년이 소요되었으나 차츰 감소하여 1990년 이후 결혼코호트에서는 1.22년이 소요되었다.

그리고 인구조절정책의 일환으로 추진된 가족계획사업의 영향으로 소자녀관이 정착되면서 적은 수의 자녀를 두는 것이 보편화되고, 따라서 빠른 기간 내에 출산을 완료하는 경향 때문이었다.

2) 확대기

확대기의 소요 기간은 1959년 이전 코호트에서는 약 11년이 소요되었으나 1990년 이후 결혼코호트에서는 2.35년이 소요되어 최근의 결혼코호트일수록 점차 짧아지고 있다. 1959년 이전 결혼코호트에서는 14.80년이 소요되었으나 1990년 이후 결혼코호트에서는 25.35년이 소요될 것으로 추정되고 있다. 이는 출생아수의 감소 및 출산간격의 단축으로 막내아 출산이 빨라지는 반면, 자녀의 초혼연령은 점차 높아지기 때문에 이 기간은 최근으로 올수록 길어지는 추세이다.

3) 축소기

축소기는 자녀의 첫 결혼시점부터 자녀를 모두 결혼시킨 시점까지의 기간으로 이 기간은 출산율 저하에 의해 최근의 결혼코호트에서 점차 짧아져 1959년 이전 결혼코호트에서는 10.9년이었으며, 1990년 이후 코호트에서 2.4년으로 추정된다. 이는 출산율 저하에 따른 자녀수 감소로 모든 자녀가 결혼을 완료할 때까지의 기간도 그만큼 짧아지는 것이며, 특히 최근 결혼코호트에서의 짧은 가족축소기는 한 자녀 가정이 있기 때문에 나타나는 영향으로 볼 수 있다.

4) 축소완료기

축소완료기는 자녀를 모두 떠나보낸 후 노인부부만이 남는 빈 시기로 최근에 결혼한 젊은 층 부인일수록 길어지는 양상을 보인다. 이 단계에서의 소요 기간은 1959년 이전 결혼코호트에서는 9.5년에 불과하였으나 점차 증가하여 1990년 이후 결혼코호트에서는 19.3년으로 증가하는 추세이다. 이는 보건 · 의료기술의 발달로 인한 사망수준의 개선으로 젊은 층으로 올수록 점점 길어지게 되었기 때문이다.

5) 해체기

남편사망 이후 부인 혼자 남는 시기인 해체기는 1959년 이전 결혼코호트는 8.6년이었으나 1990년 이후 결혼코호트에서는 12.2년으로 약간 짧아지고 있다. 결혼코호트별로 볼 때 일관된 증가현상을 보이는 것은 아니나 1959년 이전 결혼코호트에 비해 대체적으로 길어지는 경향을 보이고 있다. 이는 남녀간 평균수명의 차이에 따른 결과로써 남편사망 이후 부인이 홀로 남아 생활하는 시기가 길어지는 것으로 여성노인들을 위한 복지서비스에 대한 수요가 증대될 것으로 전망된다.

제 3 장

가족이론

1. 가족이론의 개념과 필요성

1) 개념

가족에 대한 관념은 많은 곳에서 유래될 수 있는데, 가족이론은 가족으로부터 얻을 수 있는 개인적 경험뿐만 아니라 가족은 아니지만 그 실체에 관한 연구와 관계되는 과학적 학문이 포함된다.

가족학이 많은 다른 분야에서 발전되었음에도 불구하고 초기에 형성된 이론은 이혼과 아동학대처럼 사회구성원들이 인식하는 사회적 문제들이었다. 그리고 이론의 적용성과 사회문제를 알리고 치료 개입의 효과에 있어서 전문가들에게 도움이 되는 기초지식은 경험적 기초교육과 풍부한 이론을 검증하는 주요 요인이다.

가족이론은 격리된 관념의 장이 아니고, 가족에 관한 이론이 되기 위해서는 적어도 이론 내에서 하나의 가족개념이 존재해야 한다. 그러므로 가족이론이 존재하기 위해서는 가족의 개념을 명확히 할 필요가 있다.

2) 필요성

가족이론은 가족과 다른 집단, 가족과 가족, 가족과 서로 다른 사회의 가족집단과의 비교 등을 포함하여 다양한 내용들을 포함하고 있다. 그러므로 가족복지정책을 수립하고 가족복지실천을 실시하기 위해서는 그에 합당한 가족이론을 형성해야 한다. 그리고 이러한 가족이론의 형성과 변화를 통해 새로운 가족복지 또는 건강가정사업이 실시되어진다.

2. 가족이론의 전제조건과 구성

1) 전제조건

가족에 관한 이론이 되기 위해서는 적어도 하나의 이론 내에서 하나의 가족개념이 존재해야 한다. 그러므로 가족이론으로 완성되기 위해서는 가족이란 무엇인가를 결정하고 가족이론으로 접근해야 할 것이다. 또한 가족의 개념은 다양한 가족이론의 관점에 따라 다양하게 접근할 수 있을 것이다.

2) 구성

이론구성에 있어 과학적 이론이란 하나의 복잡한 공간의 망으로 비유된다. 즉 특정한 현상을 이해하도록 관념을 체계적으로 공식화하고 조직화하는 과정으로 이론은 이러한 과정을 통하여 나타나는 관념들의 상호 연계하는 것이다. 이러한 가족이론의 구체적인 구성을 살펴보면 다음과 같다.

(1) 축적성

가족이론은 조사연구에서 밝혀진 사실들을 축적하고 조직화하는 데 도움이 되어야 한다. 일반적으로 지식이란 조사연구를 통하여 여과되어진 경험적 사실을 수집하고 분석하는 것이다. 즉 가족이론을 통하여 조사연구의 결과를 의미 있는 사실로 선별하고 정리할 수 있어야 한다.

(2) 정확성

가족이론은 일상적인 사실보다 더 특정화된 방식에서 관념을 명확하게 표현해야 한다. 즉 이론적인 사고를 통하여 개념과 개념들 간의 관계가 실제로 무엇을 의미하는지, 그리고 개념에 포함된 관계가 실제로 무엇을 의미하는지, 또한 개념에 포함되는 것과 배제되는 것이 무엇인지를 명확하게 해야 한다.

(3) 창조성

가족이론을 통하여 조사연구자는 가설을 개발하고 검증한다. 이론적 관념은 추상적이고 잠정적인 주장들을 포함하고 있기 때문에 이를 신뢰할 만한 경험적 사실로 검증해야 한다. 그러므로 가족이론은 기존에 존재하지 않은 사실에 대해 새로운 사실발견을 창출해야 한다.

(4) 연관성

가족이론은 관념들이 서로 다른 이론과 어떻게 연계되는지를 나타내고 서로의 연관성을 나타내어야 한다. 즉 두 개 혹은 그 이상의 가족이론들이 공통으로 공유하고 있는 것은 무엇이고 어떻게 연계되고 결합되는지를 나타내어야 한다.

(5) 해석

가족이론은 이론에서 나타나는 현상들이 어떻게 적용되는가를 이해하는 데 도움을 주어야 한다. 그리고 어떠한 사실에 대한 해석은 다양한 방법으로 나타날 수 있다.

(6) 예측성

가족이론은 미래에 발생할 수 있는 사실을 지적하여 이론이 과거에 일어났던 것이나 현재에 일어나고 있는 사실을 이해하도록 도와주고 미래의 사건과 경험에 대해 동등하게 적용될 수 있는 사실들을 포함해야 한다.

(7) 설명

가족이론은 어떠한 질문에 대해 설명을 해야 한다. 그리고 이러한 설명은 특정한 사실과 그 사실과 관련된 일반적인 사실에 대한 설명에서 시작되어야 한다.

3. 가족이론의 역사

가족학의 모든 이론은 그 나름대로 역사적 유산을 가지고 있다. 그러므로 주요 주제들이 어떻게 가족이론을 통해서 역사적으로 학문적 중요성을 형성하느냐는 중요한 문제이다. 일반적으로 1950년이 될 때까지는 아직까지 체계적인 이론구조가 시작되지 않았고 개념들과 전체적인 목적들이 형태를 갖추어 가고 있었지만 가정적 이론에 대한 욕구를 충족시킬 만한 설명들은 공식화되지 않았다. 1950년 이후 현장조사적 학문에서 가족이론에 대한 관심이 증가하면서 나타나는 역사적 흐름을 살펴보면 다음가 같다.

1) 개념적 구조의 확립(1950~66년)

이 시기에는 가족이론화에서 가장 큰 특징은 개념적 구조틀을 확립하는 것이다. 가족생활의 연구가 축적되면서 대부분의 분석가들은 분석을 통해 발견한 사실들을 설명하기 위하여 노력하였지만 그런 설명들은 대부분 협의적인 관점이었기 때문에 다양한 학문들을 적절하게 다루는 데는 어려움이 많았다. 가족이론의 구조적 틀을 동일화하는 시도는 연구분야에 관한 일반적인 이론의 확립을 도울 수 있는 기본원리를 탐색하는 것이다.

2) 형식적 이론의 확립(1967~79년)

이 시기에는 가족이론에 대한 연구추세가 변화되어 가족이론분야에서의 학문적 업적으로 학문적 관심이 명확하게 해석되어 명제형식을 사용하여 연역적이고 귀납적인 방식으로 이론을 형성하는 방법으로 전환되기 시작하였다. 즉 가족이론에 대해 이론구축과 연구조사방법이 확대되기 시작하였다.

3) 다원론(1980~현재)

가족이론은 다원론에 의해 가능한 몇 개의 방식으로 해석될 수 있다. 이것은 가족이론과 연구조사 학자들의 공헌으로 지속적인 양적 성장을 이루어 왔다는 것이다. 또한 가족이론은 세분화되고 전문화된 방식을 이루는 데 성공했음을 보여주며, 다양한 이론과 철학 및 이론구축방법과 연구조사계획에 있어서도 새로운 관점을 받아들여 학문의 다양성이 발전했음을 알 수 있다.

가족학에서 가장 중요한 이론의 구조틀 중에서 다소 상세한 방법으로서 이론을 확립하는 준비단계이고 다양한 이론의 변화에 대한 유일한 대안은 하나의 이론이 아니며 다양한 이론에서 접근하기 시작하였다.

4. 가족이론의 유형

1) 교환이론

(1) 개념

일반적으로 공리주의는 사회학의 교환이론에 중요하게 영향을 미쳤던 철학적 관점이다. 교환이론의 핵심은 동기부여에 있다. 즉 인간은 이기심에 의해 동기부여되는 것으로 간주하고 있다. 그러므로 교환이론가들은 개인 구성원들의 이기심의 표현으로서 가족과 같은 사회집단의 존재와 내구성에 대해 설명하고 있다. 즉 가족집단은 개인 구성원에 대한 보상을 제공하는 원천으로 개념화하고 있다.

(2) 내용

가족연구에서 최초로 교환이론을 주창한 Nye(1979)는 교환이론에 대한 형식적인 진술은 사회심리학의 접근에서 영향을 받았으며, 상호작용과 집단적 수준의 교환에 대해 강조하였다. 그리고 교환이론의 구체적인 내용을 살펴보면 다음과 같다.

① 개념

가. 보상과 대가 : 교환이론에서 중요한 요소는 단순히 행위자가 대가와 관련된 최대의 보상을 선택하는 것이다. 보상은 행위자의 관심에 유익한 것으로 지각되는 것이다. 대가를 개념화하는 간단한 방법은 보상에 대한 반대와 같다.

나. 이익 또는 효용의 극대화 : 보상과 대가의 개념만으로 행위를 설명하지 못한다. 행위자는 자신에게 득이 된다는 이유만으로 특정한 하나의 방식으로 행동한다고 설명하려 한다면, 그 결과적인 설명은 지나치게 단순화되어 행위자가 합리적으로 고려했던 요인들을 설명하지 못한다.

다. 비교수준과 대안적인 비교수준 : 복잡한 상황 속에서 행위자들은 유용한 이익에 대한 평가는 2가지 비교수준으로 나누어 설명할 수 있다. 첫째, 당신의 위치에서 어떠한 다른 것과의 관계를 비교하는 것이고, 둘째는 대안이나 선택이 가능한 위치에서 당신과 다른 위치에서 다른 것들과 어떤 관계를 갖는가 하는 것이다.

라. 합리성 : 보상과 대가의 개념에서 합리성을 논의하지만 시간과 상황에 따라 보상의 가치가 달라진다는 것을 알아야 한다. 게다가 모든 보상가치가 변화된다는 것에 주의해야 한다. 즉 보상의 가치는 주관적인 요소와 상황에 따라 달라진다.

마. 교환과 형평 : 실제적으로 무제한적인 환경 속에서 대가와 보상에 대한 합리적인 비교는 거의 발생하지 않는다. 일반적으로 우리는 사회적 상호의존에 의해 특정지어진 사회체계 내에서 산다. 즉 우리가 바라는 보상들은 교환과 형평에 의해 이루어진다. 예를 들어 부부가 공정한 교환상태에서 불공정하거나 불균형을 이룰 때 이혼이나 별거가 이루어진다.

바. 보상의 보편적 근거 : 교환이론이 집단들과 많은 사람들 그리고 가족들에게 적용되면 특정한 사회체계 내에서 행위자를 위한 일련의 일반화된 보상과 대가의 개념은 절대적으로 필요하다. 대부분의 사회교환이론가들은 보상 또는 대가와 사회적 동의를 동일시하기 때문에 보편적 표본을 위한 근거로 사회적 동의를 사용할 수도 있다.

② 개인의 동기부여

교환이론에서 가족은 개인의 집합체로서 간주된다. 그리고 가족제도는 상대적으로 오래 지속된 사회집단이기 때문에 자발성 가정에 의해 교환이론가들은 가족제도가 각각의 개인에게 보상된다고 가정하였다. 그러나 자식이 부모를 자발적으로 선택하지 못하는 것과 같은 문제점도 발생한다.

(3) 적용과 비판

① **적용** : 교환이론은 이혼에서 적용해 볼 수 있다. 이혼에 대한 설명 중에서 교환이론은 이해를 도와주는 데 유익하다. 교환이론에 의하면 부부는 2가지의 비교수준에 의해 결혼생활과 관련된 이익을 비교한다. 즉 결혼에 의한 보상과 이혼과 관련된 대가와 독신과 관련된 보상과 대가이다. 즉 이혼에 교환이론을 성공적으로 적용할 때 한 가지 중요한 장애는 비교수준에서 평가되는 보상과 대가가 개인의 인생 기간을 변화시킬 수 있다는 것이다. 이것은 대부분의 이혼이 결혼 초기 5년 내에 발생하는데 이 시기가 가장 높은 결혼만족도와 관련된다. 즉 결혼만족도가 인생과정에서 감소되는 것처럼 이혼의 위험도 마찬가지다. 즉 이혼이 가장 행복한 결혼시기에 발생한다는 것을 역설적으로 보이고 있다. 인생과정에 따라 설명되어지는 이러한 역설은 보상과 대가의 특징과 비율에 따라 변한다.

② **비판** : 교환이론은 가족이 단순히 개인의 집합체라는 전제에서 출발한다. 그러나 가족은 단순히 개인의 집합체가 아니다. 가족은 다른 사회집단과는 다른 특성을 지닌다. 즉 개인행위자들은 상호 교환적이고 사회집단으로서 가족은 개인들의 동기부여 의해 설명될 수 있다고 가정하는 것은 문제가 발생한다. 가족은 다른 사회적 집단과는 다른 생물학적이고 사회적이고 혈연적인 관계를 지니고 있다는 인식이 부족하다.

2) 상징적 상호작용이론

(1) 개념

상징적 상호작용 접근은 다양하면서도 복잡한 역사를 지니고 있는데, 상징적 상호작용주의라는 용어는 여러 가족이론에서 볼 수 있다. 인간은 공통적인 요소에 의해 환경에 적응하고 생존할 수 있다. 그리고 상징은 관습에 의해 약속된 것이다.

그리고 상징적 상호작용이론의 일반적인 초점은 의미의 습득과 생성에 있다. 가족이나 다른 사회집단의 연구에서 행위자들은 사회적 맥락에 속하는 의미에 따라 생각하고 행동한다는 것이다. 즉 상징적 상호작용이론은 단순히 교환과 같은 동기부여의 이론이 아니라 더욱 넓은 의미를 내포하고 있다. 다시 말해 상징적 상호작용이론은 인간이 그들을 둘러싸고 있는 환경을 이해하기 위한 의미를 창출하게 하는 동기가 부여된다고 보고 있다. 나아가 행위자의 동기는 행위자가 사용할 수 있고 그가 처해 있는 상황과 관련된 의미로부터 형성되는 것까지 포함하는 것이다.

(2) 내용

인간행위는 행위자의 의미를 통해서 이해되어야 한다. 상징적 상호작용에서 가장 기본적인 가정은 어떤 행위가 행위자에게 어떤 의미를 가지는지를 모르고서는 인간행위를 설명하기는 불가능하다는 것이다. 상징적 상호작용이론의 구체적인 내용을 살펴보면 다음과 같다.

① 개념

가. 자아와 정신 : 자아라는 관념은 상징적 상호작용주의에서 매우 중요한 개념이지만 자아개념을 정체성이라는 개념으로 해석하는 것은 자아의 개념에 대한 이해에 별로 도움이 되지 않는다. 그러므로 자아, 정신, 상징의 개념을 동시에 발전시켜야 한다. 자아라는 관념은 상징과 의식에 기초하고 있다. 상징적 상호주의의 본질은 자아는 행위를 하는 주체로서 나와 행위를 당하는 객체로서의 나라는 상징적인 표상이라는 것이다. 즉 자아는 주체와 객체로서 표현된다.[1)]

나. 사회화 : 사회화는 상징, 신념, 문화에 대한 태도를 습득하는 과정이다. 그리고 인간은 다양한 사회화 과정을 통하여 사회생활에 적응하고 있다. 또한 사회화를 일반화된 다른 사람의 발전의 일부로서 사회적 상징의 정신으로의 유입과정으로도 설명하고 있다.

아동에게는 사회화 과정이 두 단계로 나누어 볼 수 있다. 첫 단계는 놀이단계로서 역할놀이를 하는 것이고 두 번째 단계는 게임단계로 조직화된 활동에다 자신을 통합할 수 있어야 한다.[2)]

---

1) 이 말의 이미는 인간은 자신의 행동을 객체로 볼 수 있기 때문에 다른 사람의 역할도 수행한다는 것이다. 타자의 역할수행이란 Cooley의 "거울을 보는 자아"의 개념과 흡사하다.

2) 놀이단계는 역할수행의 학습과 연습에 도움이 되는 반면 게임단계는 게임 속에서도 모든 사회적 행위자들을 지배하는 규칙을 배우는 보다 복잡한 임무에 도움이 된다. 그리고 게임단계에서는 사회에서 역

다. 역할 : 역할의 개념이 상징적 상호작용과 같이 출발한 것은 아니지만 상징적 상호작용주의의 가장 기본적인 개념 중의 하나임은 틀림없다. 또한 역할은 규범적 기대가 사회구조 속에서 특정한 위치에 부합될 때 정의된다. 역할의 정도와 다양성에 의해 인간의 행동도 다양해진다.

라. 상황의 정의 : 상황의 정의는 사실이라고 정의한 것은 사실의 결과를 갖는다는 명제를 말하는 것이다. 상황의 정의는 행위를 형성하는 인식의 역할 때문에 상징적 상호주의자들에게는 민감한 사안이다. 그러나 너무 의식에 치우치게 되면 환경과의 상호작용에 대한 관심이 결여될 수 있다.

② 개인

상징적 상호주의에서는 인간은 맥락과 상황에 대한 의미를 가지고 정신을 가지고 있다는 것을 강조하고 있다. 그러므로 인간은 행위의 주체로서의 개인과 객체로서의 개인을 동시에 발견할 수 있다.

(3) 적용과 비판

① 적용 : 현재 상징적 상호작용이론에서 중요하게 다루고 있는 분야는 가족생활분야이다. 가족생활교육은 가족에 대한 지식으로 가족구성원들이 좋은 교육을 받을 수 있도록 연구해온 전문분야이다. 그리고 직업을 가진 어머니들이 경험한 역할긴장에 대한 두 가지 중요한 관점이 있다. 다양한 역할이 주어진 역할을 수행을 강화시키고, 역할긴장은 감소시킨다는 가정에 기초하고 있다. 직업을 가진 어머니의 역할긴장에 대한 조사는 대립적인 역할강화의 관점과 역할부담의 관점 사이에서 어떤 정확한 결론도 내리지 못하고 있는 상태이다. 어머니의 직업유무가 그녀의 행복에 대한 기준에 있어 그다지 관련되지 않다는 것이 지배적인 관점이다. 그러나 이런 추론은 여러 가지 요인에 의해 달라질 수 있다.

② 비판 : 상징적 상호주의가 사회학자와 가족학자들 가운데서 많은 인기를 얻고 있지만 그 이론에 대한 비난이나 비판이 없는 것은 아니다. 그리고 상징적 상

할수행의 능력을 가진 성인들이 하는 복잡한 사회적 게임과 아주 유사하다.

호주의가 가족을 어떻게 연구할 것인지에 대해 영향을 준 것은 명백하지만 어떤 양식이 순간적으로 변화기보다는 어떻게 지속적으로 발전해 왔는가 하는 문제점들이 발생하고 있다. 그리고 상징적 상호작용주의의 주요한 비판은 중의 하나가 그 이론이 제시한 개념이 애매모호하고 명확하지 않다는 점이다. 또한 상징적 상호작용이론에서 상징과 역할을 명료화하는 이론으로서 법에 입각할 것인가 비교문화적으로 관련될 것인가 등의 여부이다. 즉 주관적 요인과 객관적 요인 사이의 문제점이라 하겠다.

3) 가족발달이론

(1) 개념

가족발달이론은 가족이 가족생애과정의 단계를 통해 이동할 때 경험하게 되는 체계적이고 유형화된 변화에 초점을 두고 있다. 가족발달이론은 주로 심리학자들에 의해 제시된 개인발달에 대한 이론과 혼동되어서는 안 된다. 가족발달이론가들이 개인 발달의 중요성을 인식하고 있으나, 이들에게 중요한 것은 상호작용하는 개인과 사회규범에 의해 조직된 집단으로서의 가족발달이다. 가족발달이론에서 중요시하는 것은 시간과 발달 정도, 가족변화의 형태이다. 즉 가족발달이론의 초점은 시간을 두고 발생하는 가족생활의 유형화된 변화에 있다.

(2) 내용

가족발달이론의 구체적인 내용을 살펴보면 다음과 같다.

① 개념

가. 가족변화와 발달 및 변환 : 초기 가족발달론자들은 변화와 발달 간의 차이점을 명확하게 구별하지 않고 두 용어를 상호교환적으로 사용하였다. 그러나 아동발달이론의 생성과 함께 가족발달론자들 사이에 발달이 가족변화 이상의 것을 의미한다는 새로운 관심이 나타났다. 그리고 사회적 의미의 발달은 규범적으로 기대되는 가족사건의 흐름에 초점을 두고 있다.[3)]

---

3) 가족발달에 관한 두 개의 다른 해석이 있는데, 아동발달론자들은 언어와 사고를 점차적으로 학습하는

나. 지위, 규범 그리고 역할 : 우리는 가족이 친족관계 구조와 깊은 관련이 있다는 것을 잊어서는 안 된다. 사실 친척을 구성하는 것은 친족 내의 지위이다. 그리고 지위는 다양하게 분류된다. 규범은 집단과 개인을 통제하는 사회적 규칙을 말한다. 그리고 가족역할은 친족 지위에 수반되는 모든 규범으로 정의된다. 또한 가족단계는 가족 내에서 역할관계의 구조와 상호작용이 다른 시기와 질적으로 두드러지게 구분되는 시간의 간격을 말한다.

다. 변환 : 변환이란 가족이 하나의 단계에서 다른 한 단계로 이동하는 것을 의미한다. 또한 가족경로는 단계 사이의 변환으로 구성된다. 그리하여 가족변환 과정을 나뭇가지가 뻗어나가는 과정으로 개념화하였다.

라. 발달과업 : 초기 발달론자들은 전환이 개인과 가족들의 인생과정에서 발생하는 발달과업과 연결된다고 생각하였다. 이러한 발달과업이 한 단계에서 성공적으로 수행되면 다음 단계에서의 과업수행 역시 성공적으로 이루어질 수 있다고 생각하였다. 발달과업의 개념은 가족구성원 개인의 체계적인 성숙을 나이와 단계로 나누어진 사회적 규범과 함께 통합하려는 시도였으나 문제점이 있었다. 즉 발달과업의 개념은 성공을 이루는 것에 대한 비과학적 가치판단을 내린다는 비판을 받아왔다.

마. 가족경로 : 가족경로의 개념은 초기 가족생활주기의 개념을 대치하였다. 즉 순환적인 가족생활의 개념을 발달론자들에게 의미를 시사하지 못하였던 것이다. 가족경로는 가족이 경험하게 되는 사건들 간의 시간간격과 사건 모두를 합친 것으로 이루어진다.

바. 변형과 일탈 : 가족경로 내에서의 변형은 어떤 일정한 출생집단과 역사적인 시기 내의 규범의 강도를 나타낸다. 전체적인 분석의 차원에서 변형과 일탈의

유전적 능력에 기초를 둔 개체발생론적인 발달에 초점을 두었다. 그리고 두 번째로 사회적 의미의 발달은 규범적으로 기대되는 가족사건의 흐름에 초점을 두었다. 그리고 이러한 두 개의 발달설을 통합하려는 시도가 있음에도 불구하고 대부분의 발달론 학자들은 가족발달의 개체발생론적 관점에 존재하는 목적론적이고 도덕론적인 함의를 피하려고 한다.

차이는 그 중심적인 경향의 척도에 대해 변형은 무작위인 반면 일탈은 무작위적인 것이 아니고 체계적이라는 점이다.

규범적인 경로 순서로부터 가족의 일탈은 사회변화의 한 근원으로 간주된다. 사람들은 자신이 그렇게 함으로써 보상받을 수 있다는 것을 인식할 경우에만 규범적인 경로로부터 일탈한다.

② 발달과정

발달과정은 가족을 이해하는 데 있어 중요하며 불가피한 것이다. 이것은 개별적인 가족구성원 사이의 상호작용, 가족의 구조 그리고 가족역할에 관한 기대를 구성하는 규범들이 모두 시간이 경과함에 따라 변화하는 것을 가정한다.

그리고 가족발달학자들은 처음으로 가족에 대한 체계적인 언급을 하면서 가족을 다양한 차원에서 분석하고, 가족집단이 거대한 사회규범과 사회계층과 같은 집합체의 사회적 규범을 포함하는 차원에서 분석해야 한다고 주장하고 있다.

(3) 적용과 비판

① **적용** : 가족발달이론의 중요한 경험적 적용 중의 하나가 스트레스분야에 대한 적용이다. 개인은 변화에 적절히 대처하지 못하는 경우에 무능함에 의해 스트레스를 느끼지만 가족은 스트레스의 집단증상을 나타낸다. 따라서 가족과 개인의 스트레스는 개인과 가족자원, 그리고 대처기술에 초점을 둔 다양한 차원을 이용하여 설명하여야 한다.

② **비판** : 발달론자들에게 가장 두드러진 문제는 가족발달이론 내에서 상호작용론적 관점과 구조주의적 관점 사이의 갈등이다. 상호작용론자들은 개인과 가족이 그들의 가족규범을 구성하는 데 있어 큰 효력을 갖는다고 가정하나, 구조주의자들은 제도적 문제와 연속적인 규범이 가족성원을 압박하기 때문에 규범을 구성할 여지가 제한되었다고 가정한다. 그리고 가족발달이론 내에서 가족단계의 변화와 관련하여 불연속적이고 도약으로 여겨지는 많은 변화들이 보다 현실적으로 점진적이고 지속적인 변화들로 개념화되어야 한다는 것이다.

4) 체계이론

(1) 개념

원래 체계이론은 생물학, 로봇공학, 수학과 같은 다양한 분야의 영향 아래 발전해 왔다. 20세기가 되면서 사회에 대한 유기체적, 진화적 관점과 정보학과 자동장치공학의 출현으로 체계이론이 정립되기 시작하였다.

체계이론이 가족연구에서 전개된 방식은 흥미로운데, 체계이론이 가족연구에 적용된 시기가 사회과학과 같은 확고한 분야에 적용된 시기보다 앞선다는 점이다. 그리고 개인의 정신분열증은 개인병리라기보다 가족체계병리의 증상이라는 생각은 역기능적인 가족이라는 용어를 탄생시켰다.

가족분야에 있어 의사와 치료사가 도입한 초기 체계이론은 곧바로 일반학자에 의해 보다 공식적으로 나타나기 시작하였다. 또한 가족치료와 체계이론은 서로 밀접한 관계를 유지하고 있다고 볼 수 있다.

(2) 내용

가족체계이론의 두 가지 영역의 가족연구에서 유용한 것으로 증명되었는데, 이러한 영역 중 하나가 가족치료이다. 가족과정학자들은 체계이론이 개입을 안내하고 가족간의 복잡한 관계를 설명하는 데 있어 유용하다는 것을 발견하였다. 그리고 가족체계이론이 유용한 것으로 두 번째 영역은 결혼 및 가족의사소통과 상호작용의 영역이다. 체계이론의 구체적인 내용은 다음과 같다.

① 개념

가. 체계 : 체계는 모든 부분이 서로 연결되어 있고, 하나의 체계를 그 전체의 체계에서 고려해야 한다. 그리고 체계의 행위는 환경에 영향을 미치고 반대로 환경은 체계에 영향을 미친다. 또한 체계는 실재가 아니고 가공의 산물이다.

나. 경계 : 모든 체계는 일정한 형태의 경계를 가지고 있다. 경계는 환경과 체계 사이에서 정보의 흐름과 에너지에 영향을 줄 수 있는 환경과 체계 사이의 경계이다.

다. 변형법칙 : 모든 체계는 변형이라는 내부법칙을 지니고 있다. 변형법칙은 체계의 두 가지 요소 사이의 관계를 나타낸다. 예를 들자면 남편과 아내는 결혼 체계의 두 가지 요소이다. 결혼체계의 변형법칙은 남편이 아내에게 거칠게 대할 때마다 아내도 거칠게 반응한다는 보복규칙일 것이다.

라. 피드백 : 피드백은 체계의 산출을 입력으로 다시 순환시키는 순환 연결고리로 설명할 수 있다.

마. 다양성 : 모든 체계는 다양한 수준을 갖는다. 하나의 체계에 있어서의 다양성은 체계가 새로운 환경의 요구에 부합하거나 변화에 적응할 수 있는 자원을 어느 정도 가지고 있느냐와 관련된다. 예를 들어 아주 엄격한 규율을 가진 가정은 종교나 인종이 다른 남자와 결혼하고자 하는 딸의 경우 변화에 쉽게 적응하지 못한다. 이러한 엄격한 가정과 같이 다양성이 부족한 경우는 이러한 변화에 적응할 수 없기 때문에 가족체계에 불화가 생길 수도 있다.

바. 균형 : 다양성이 풍부한 체계의 경우에도 균형의 상태가 있을 수 있다. 균형은 입력과 산출의 조화라고 할 수 있다.

사. 하위체계 : 체계는 다양한 하위체계를 갖는다. 예를 들어 가족체계를 바라보는 한 가지 방식은 형제・자매, 부모・자녀 등의 하위체계를 포함한다는 것이다.

② 가족체계

가족체계의 적응가능성과 생존가능성[4]은 그 체계 내의 다양성에 긍정적으로 관련되고, 가족체계의 적응가능성과 생존가능성은 체계 내의 긴장에 부정적으로 관련된다. 그리고 상위목표는 하위목표들의 우선권을 규정하며, 본질적으로 수정되고 폐기 될 가능성이 보다 적다고 본다.

4) 여기서 말하는 생존가능성은 경직성과 취약성과 대조되는 개념으로 이해하며 된다.

(3) 적용과 비판

① 적용 : 체계이론은 결혼 상호작용과 가족 의사소통연구에서 사용된 주요한 개념적 틀로 증명되었다. 체계이론은 나중에 의사소통이론과 가족과정이론으로 이분되었다. 그리고 가족 내의 상호작용으로 결혼 및 가족 의사소통의 유형이 정신분열과의 관계성을 조사하였다. 그러므로 의사소통 체계를 연구하는 학자들이 가족의 과학적 연구에 대한 체계 접근의 효력과 효용성을 분명하게 보여주었다.

② 비판 : 체계이론에서 가장 치명적인 비판은 체계이론이 하나의 모델이나 일정한 방향을 유도할 수 있는 이론이 아니라는 점이다. 비판자들은 다양성과 피드백 등의 체계이론의 개념조차도 이론적이기보다는 방법론적이라 비난하고 있다. 그리고 체계이론은 너무 추상적이고 총체적이라서 유용성이 그다지 크지 않다는 것이다. 즉 체계이론의 개념들은 너무 일반적이어서 거의 의미를 없다고 보고 있다. 체계이론가들은 여러 과학을 통합하는 과정에서 거의 의미가 없는 수준까지 추상화하였다.[5] 또한 가족체계이론은 가족과정이론에서 체계이론을 가족에 적용시키는 과정에서 가족을 체계로 보는 관점에서 가족이 곧 체계라는 관점으로 이동하는 경향을 보이고 있다.

5) 갈등이론

(1) 개념

갈등이론의 핵심적인 문제는 사회철학자인 Thoms Hobbes가 간단명료하게 문제를 제기한 것과 같이 “어떻게 사회질서가 가능한가?”에서 시작된다. 인간이 생존하고 자기를 주장할 수 있는 천부적인 권리를 가지게 되어 각자의 이익과 충돌되는 자연질서를 만나게 된다. 그리고 자연의 기본적인 상태는 이에 대한 모든 갈등이다.

그리고 갈등이론의 핵심에는 자원의 희소성에 대한 기본적 가정이 있다. 만약에 자원이 남아돈다면 아무리 인간이 자기 이익을 위해 행동하더라도 갈등을 일

5) 그러나 체계이론가들은 이러한 대부분의 비판들이 특수한 사상을 적용시키는 것보다 일반적인 사상을 다양한 맥락에서 적용하는 것이 항상 더 쉽다는 것을 놓치고 있다고 말한다.

으킬 이유가 없다는 것이다. 그 후에 가족갈등이론가들은 이러한 가정이 갈등 개념의 바탕을 이루는 기본적 요인이라는 것을 더욱 인식하게 되어 자유권과 권력의 개념은 많은 사람들이 가족갈등의 핵심적인 본질로 생각하게 되었다.

요약하면 갈등이론의 초점은 가족 내의 갈등과 가족집단 사이의 갈등이다. 어떤 가족갈등이론가는 가족 내 갈등을 보다 더 큰 사회과정의 일부로 보는 반면, 또 다른 학자는 자원의 정서적 성격 때문에 가족 내 갈등은 특이한 것으로 보았다. 최근에 우리의 경우에도 가족의 고유한 권위와 권력이 변화면서 많은 갈등이 나타나고 있다.

(2) 내용

갈등이론의 구체적인 내용은 다음과 같다.

① 개념

가. 갈등 : 당연히 갈등이론에서 가장 기본적인 개념은 갈등 개념이다. 갈등은 이익이나 견해의 불일치, 충돌, 부조화로 다양하게 정의된다. 예를 들어 당신이 부모는 주말에 당신이 방문하기를 원하지만, 이는 낚시여행과 충돌한다. 목표에 대한 부모와 자식 간의 갈등의 구체적인 예는 외부 관찰자에게는 쉽게 관찰되지 않고 숨은 갈등으로 나타난다.

나. 구조 : 구조는 갈등이론에서 두 가지 의미를 가지고 있는데, 경쟁적이거나 협동적인 상황의 구조와 집단의 구조 또는 사회구조이다. 그리고 경쟁은 과정보다는 관찰할 수 있는 희소 자원의 조직 또는 구조에 관계한다. 또한 경쟁과 협동은 행위 또는 사회제도를 조직하는 사회규칙 또는 규범에 의해 결정된다. 한편 집단구조는 양적인 차원에서 접근하여 구성원의 숫자, 연령구조, 성구조에 따라 집단구조를 분석한다.

다. 자원 : 자원의 개념은 갈등이론의 중추적 개념이다. Marx와 Engels는 기본적 자원을 생산수단의 통제로 보았다. 유물경제에 대한 그들의 강조는 현재 대부분의 갈등이론가들에게는 너무 좁은 것으로 보이게 되었다. 자원의 개념은 보다 넓은 개념이며, 권력의 개념과 밀접하게 결합되어 있다.[6)]

라. 교섭 : 교섭은 가족 내에서 갈등을 다루는 데 사용되는 기술 중의 하나이다. 그러나 교섭은 각 개인이나 집단이 다른 개인의 도움 없이 얻을 수 없는 목표를 바라는 상황에 한정되어 있다. 교섭은 양쪽이 나름대로 목표가 있고, 이는 다른 한 쪽을 목표에 다가가도록 권유하거나 강요하는데 그들의 자원을 사용할 때 발생한다. 논쟁, 뇌물, 사기는 모두 교섭과 관련되어 있다.

마. 합의 : 합의는 동의를 의미한다. 이는 교섭의 결과이다. 그리고 합의는 당사자들이 교섭에 동의를 했을 때 얻어진다. 예를 들어 많은 가족구성원들이 목표를 달성하기 위하여 형제자매나 부모와 일시적으로 연합하는데, 이 연합은 동의와 합의를 전제로 한다.

② 가족갈등

인간은 우선적으로 자기 이익에 따라 행동하고 갈등은 가족을 포함한 사회집단에 고유하게 나타나고 갈등은 불가피 한 것이다. 즉 갈등은 고유하고 불가피한 것이기 때문에 가족과 같은 사회집단의 연구에 있어 우선적인 관심은 어떻게 갈등을 관리하는가 하는 문제이다.

(3) 적용과 비판

① 적용 : 갈등이론을 적용하는 데 있어 주요한 경험적 영역의 하나는 가정폭력이다. 가정폭력이라는 주제의 성격에 비추어 볼 때, 몇몇 갈등이론이 적절할 것이다. 예를 들어 왜 남편이 배우자를 폭행했는지를 설명하려고 시도할 때, 갈등을 예견하는 데 도움이 되는 이론이 교섭, 갈등관리, 갈등의 통합적 기능을 다루는 이론이 적절 할 것이다. 그리고 배우자 폭행을 설명하기 위해서 여러 가지 갈등 유형이 있겠지만 성 불평등, 수입 불평등, 사회적 해체를 들 수 있다.

② 비판 : 갈등이론의 주요한 난점 가운데 하나는 질서보다는 갈등에 계속 초점을 둔다는 것이다. 이러한 강조는 사회학적 구조주의에 내재하는 정적 상태에

6) 우리는 권위, 권력, 자원 사이의 관계에 대한 일괄된 모습에서 포괄적인 개념으로 권력과 권위가 가장 포괄적이고, 자원은 개인이나 집단이 즉시 사용할 수 있는 지식, 기능, 기술, 재료 모두를 포함하고 있다.

대한 반작용으로 정당화되었다. 그러나 오늘날 갈등에 대한 강조는 갈등의 변증법적 과정보다는 갈등의 부정적인 과정을 부각시키는 경향이 높다는 것이다. 갈등이론에 대한 또 다른 문제는 사회질서의 안정과 상대적 영속성을 설명하는 데 있다. 아마도 규범, 역할, 사회구조가 느리게 변한다는 말은 사실과 조금 다를 것이다. 또한 갈등이론의 비판은 한 가지 원인으로 모든 가족행동 및 인간행동을 설명하려고 하는 경향을 가지고 있다는 것이다. 단일원인이론은 오늘날과 같이 다양한 분석이 나오는 시대에서는 매우 부적절한 면이 많다.

6) 생태학이론

(1) 개념

인간생태학은 인간이 다른 생명체에 미치는 영향을 중심으로 인간의 주위환경을 연구하는 학문이다. 인간생태학에 대한 초기 연구는 식물생태학의 연구 업적으로부터 많은 개념적 기초를 얻었다. 그리고 인간생태학은 다양하게 접근할 수 있다.

진화론과 유전학으로부터 인간은 유전적 소질에 의해 제한된 능력을 가진 생물학적 유기체로서 발전한다는 관점이 나오고 인구유전학으로부터 인구집단이 주로 자연선택에 의해 변화된다는 관점이 나온다. 개인의 차원에서 이것은 개개인은 변화하는 환경에 적응함으로써 자신의 적합성을 증명한다는 가족적 응집력이 나타난다.

인간생태학으로부터 인간은 교육을 통하여 환경과의 상호작용을 이해할 수 있고, 소비와 생산을 환경 전체의 이익을 위해 조정할 수 있다는 주장이 나온다. 그러나 인간이 자연 선택에 따라서 진화를 통제할 수 있다는 이러한 견해의 밑바탕에는 자칫 잘못하면 성 차별주의와 인종주의로 빠질 가능성이 있는 우생학을 추구하는 주장들이 숨어 있을 수 있다.

(2) 내용

생태학이론의 구체적인 내용은 다음과 같다.

① 개념

가. 생태계 : 수많은 다양한 생태학이론이 존재한다 하더라도 대부분은 생태계

의 개념을 생태학의 핵심으로 여길 수 있다. 즉 생태계를 전체가 하나의 통일적 단위로 작용함으로써 존속 가능한 환경적 관계를 유지하게 만드는 한 인구 집단 내의 상호관계의 배열로서 정의한다. 그리고 가족생태계는 그 환경과 상호 작용하고 있는 가족체계로 이루어져 있다고 볼 수 있고, 비록 이 정의가 정확성이 결여되어 있으나 일부 학자들이 가족을 하나의 생태계로 본다는 것을 암시한다.

나. 공간 : 모든 생태계에는 공간을 포함한다. 생태계 내의 상호의존은 특정 개개인들 사이에서 이루어지는 것이 아니라 개인이 차지하고 있는 특정한 공간 사이에서 이루어진다. 그리고 유형화되어 있고 상대적으로 안정된 일련의 행위들이 각 공간과 연합되어 있다.

다. 적응의 범위 : 생태계에서 하나의 위치를 차지하는 유기체는 적응범위를 가진 것으로서 특징지을 수 있다. 유기체의 존재의 유전적 발달은 유기체에 행동범위를 주지만 유기체는 이 범위 밖에서 적응할 수 없다. 예를 들어 2살짜리 아이는 발달단계가 다르기 때문에 사물보존의 원리를 이해하지 못한다. 인간은 인간이 유기적으로 적응하는데 어려운 문제에 대해 기술을 적용하기 때문에 넓은 적응범위를 나타낸다.

라. 단위들 : 진화이론에서 흔히 사용되는 분석단계 중 하나가 인구이다. 인구집단이 단순히 공통의 특징을 가진 모든 사람들 또는 단위들의 집합이 아니라고 확실히 주장한다.

마. 개체 발생론적 발달 : 생태계 내의 모든 단위는 자체의 내적 구조에서 생기는 변화를 발달이라고 부른다. 인간에게 있어서 그러한 발달변화의 가장 주요한 생물학적 부분은 늙는 것과 개체 발생론적 발달이다. 그리고 이 내적 발달의 가장 중요한 사회적 부분이 경험 또는 성숙이다.

바. 자연적인 선택과 적응 : 생태학이론에서 자연적인 선택은 인구집단 차원의 과정으로 다루어지고, 적응은 개인 차원의 과정으로 간주되었다. 그러나 자연적인 선택과 적응, 인구집단과 개인 모두 각각 진화론과 존재 유전적 발달의 성분

으로 간주될 수 있다.

② 가족생태계

가족생태계는 인간은 생명을 유지하기 위해 환경에 의존하고 사회적이고 상호 의존적인 전제하에서 출발한다. 그리고 가족생태계의 변화는 새로운 정보가 새로운 기능으로 바뀌거나 과거의 기능을 좀 더 전문화시킴에 따라 발생한다.

(3) 적용과 비판

① 적용 : 보육과 취학 전 아동에게 미치는 영향에 대한 조사는 가족생태학이론의 가장 효과적인 적용 중의 하나로 입증되었다. 1세 미만 때에 불규칙적으로 양육되었다면 12~18개월이 되었을 때 엄마와의 애착관계가 불안정의 상태로, 3~8세 나이가 되었을 때에는 말을 잘 듣지 않고 공격적인 것으로 분류될 위험에 빠진다고 지적하고 있다. 그러나 여기서 문제는 생태학이론이 어머니의 애정에 대해서 빠른 해답을 제공해 준다는 것은 아니다. 실로 생태학 변수가 포함되어 분석이 더 복잡해진다. 그러나 장기적으로는 이러한 맥락적 변수가 포함됨으로써 연구 결과는 더 많은 타당성을 가지게 될 것이다.

② 비판 : 생태학의 호소력 있는 논리와 포괄적인 견해에도 불구하고 이 접근방법의 논리에 대해 비판하고 있다. 즉 아동발달만을 너무 집중적으로 다루어져 환경의 상호작용과 성장에 대한 진술을 당연한 것으로 여겨진다. 아동기 발달뿐만 아니라 인생 전체도 모델에 포함되어야 하고 퇴화에 대한 논의는 없다. 생태학이론의 또 다른 주요 문제는 언제 유전적 원인이 사회발생적 원인으로 변화하는지를 상세히 밝혀야 할 필요가 있다는 것이다. 그리고 가치판단을 함축한 인간생태학이론에 대한 비판이 있다. 사회과학이론을 산출하든지 일반적 가치판단을 내리든지 선택해야 하는 것처럼 보인다. 한편으로 모든 과학이론이 어느 정도 가치판단을 수반한다고 주장할 수 있다. 그러나 인간생태학은 더 개발할 가치가 있는 이론적 배경임은 틀림없다.

제 4 장

건강가정의 이해

1. 건강가정의 의의

1) 개념

우리나라에서는 아직까지 건강가정에 대한 명확한 개념정리가 되어 있지 않다. 아직까지 건강가정에 대한 연구의 역사가 짧고, 건강가정정책 및 실천에 대한 프로그램이 부족하기 때문이다.

건강가정이란 건강과 가정에 대한 합성어로 볼 수 있다. 가정에 대한 개념은 지금까지 많이 연구되어 왔기 때문에 건강이라는 용어정리가 필요하다. 건강이라는 용어도 시대에 따라 다양하게 접근할 수 있다. 건강가정은 건강한 가정임으로 건강이란 가족의 경제, 사회문화, 정서적, 심리적 모든 측면을 포함한다고 할 수 있다. 또한 이러한 안정을 통하여 가족구성원들 간의 관계에서도 건강, 즉 만족해야 한다는 것이다. 즉 아무리 가족환경에 좋다고 하더라도 가족환경에서의 교류가 건강하지 못한다면 건강가정으로 볼 수 없을 것이다. 그리고 이번에 제정된 건강가정기본법에서의 개념정리를 살펴보면 다음과 같다(건강가정기본법 제3조).

① '가족'이라 함은 혼인・혈연・입양으로 이루어지는 기본적인 생활단위를 말한다.
② '가정'이라 함은 가족구성원이 생계 또는 주거를 함께 하는 생활공동체로서 구성원의 일상적인 부양・양육・보호・교육 등이 이루어지는 생활단위를 말한다.
③ '건강가정'이라 함은 가족구성원의 욕구가 충족되고 인간다운 삶이 보장되는 가정을 말한다.

④ '건강가정사업'이라 함은 건강가정을 저해하는 가정문제의 발생을 예방하고 해결하기 위한 여러 가지 조치와 가족의 부양·양육·보호·교육 등의 가정기능을 강화하기 위한 사업을 말한다.

우리보다 먼저 가족에 대한 연구를 시작하고 건강가정의 모형개발을 위해 실천하고 있는 국가들의 건강가정에 대한 개념들에서 공통적으로 나타나고 있는 특징을 살펴보면, 건강가정이란 강력한, 기능적인, 건강한, 적합한, 최적의, 정상적, 치료경험이 없는 가정 등으로 표현하고 있다(최경석 외, 2003).

이러한 내용에서 살펴본다면 건강가정이란 가족구성원들의 개별성을 서로 인정하는 동시에 외부의 압력에 대해 가족구성원들의 대처능력을 통하여 극복할 수 있는 가족이다. 그리고 가족관계에서의 자율성과 적절한 가족체계 구성을 통하여 가족기능을 정상적으로 유지할 수 있는 가족이다. 또한 현대사회에서는 가족의 경제사회적 위치도 무시할 수 없을 것이다.

2) 접근방향

일반적으로 각국에서는 건강가정을 유도하기 위한 법적·정책적 가족서비스를 강화하고 있다. 우리나라의 경우에도 가족 관련법규에 건강가정을 위한 내용들을 포함하고 있다. 예를 들어 아동복지법 제4조 국가책임의 규정을 살펴보면 다음과 같다.

① 국가와 지방자치단체는 아동의 건강과 복지증진에 노력하여야 하며 이를 위한 시책을 시행하여야 한다.
② 아동의 보호자는 아동을 가정 안에서 그의 성장 시기에 맞추어 건강하고 안전하게 양육하여야 한다.
③ 모든 국민은 아동의 권익과 안전을 존중하여야 하며, 아동을 건강하게 양육하여야 한다.

예를 들어 가족체계적인 측면에서 건강한 가정과 건강하지 않은 가정을 비교해 보면 다음과 같다. 일반적으로 가족구성원들 사이의 상호작용에는 일정한 경계선이 존재하는데, 가족구성원들 간에 경계선이 개방적이면 구성원들 사이에 경계가 유연하고 상호작용이 빈번하며, 서로가 거리감이 없고 강한 소속감을 지니게 된다. 이러한 경우에 한 구성원의 변화는 즉각적으로 다른 구성원에게 영향을 미치게 되어 가족문제를 해결하는 데 유익하다. 이런 경우는 건강가정으로 볼 수 있다.

반면에 가족구성원들 사이에 경계선이 폐쇄적이면 경계가 분명하고 경직되어 있으며, 구성들 간에 상호작용이 거의 없게 된다. 이러한 경우에 구성원들이 독립적이고 자율적으로 기능하게 되지만, 가족 내의 의사소통에 어려움이 있으며, 가족이 구성원들에 대한 보호기능을 제대로 수행할 수 없게 되는데, 이런 경우는 건강한 가정으로 볼 수 없을 것이다.

그리고 가족의 가족강점이라는 측면에서 건강가정의 개념을 살펴보면 다음과 같다(서울대 사회복지실천연구회 역, 1998).

① 가족구성원들이 서로 신뢰하고, 존경하며 즐거워한다.
② 가족구성원들이 서로 의견이 맞지 않은 의견도 듣고, 존중하며, 의사소통을 명확히 하고, 긍정적이며 생산적으로 접근한다.
③ 가족구성원은 명백하고 합리적인 가족규칙을 가지고 있다.
④ 가족구성원의 사고방식, 선호, 욕구는 가족들에게 영향을 미치는 결정은 미리 고려되어야 한다.
⑤ 가족구성원은 가족력과 소속감 및 정체성을 가질 수 있는 가족의식을 갖고 있어야 한다.
⑥ 가족구성원은 서로를 돕기 위하여 서로 공유해야 하고 희생을 해야 하고, 가족문제를 같이 해결해야 한다.
⑦ 가족 사이의 갈등을 이해하고 같이 해결해야 한다.

3) 건강가정의 구성요건

건강가정의 개념과 건강가정의 기능 등 여러 가지 요소들을 감안하여 건강가정의 구성요건을 살펴보면 다음과 같다.

① 가족구성원들이 의사소통을 자주하고, 자주할 수 있는 기회가 마련되어야 한다.

② 가족구성원들이 가족문제에 대해 서로 지지하고 이해해야 한다.
③ 가족윤리와 가족규범에 의해 가르치고 생활하여야 한다.
④ 가족구성원이 동일한 종교적 배경을 통해 종교적 갈등이 없어야 한다.
⑤ 가족구성원들의 개성을 인정해주고 이해하도록 노력하여야 한다.
⑥ 가족문화에 흡수될 줄 알고 가족문화를 배울 수 있도록 해야 한다.

2. 건강가정의 기능

건강가정의 기능은 매우 다양하다. 그리고 시대와 국가에 따라 달라질 수 있다. 그렇지만 건강가정을 유지하기 위한 기본적 기능을 살펴보면 다음과 같다. 건강가정은 구성원들을 위해서나 더 큰 사회를 위해서 다양한 기능을 수행한다. 건강가정은 구성원들을 보호하고 그들 상호간에 친밀한 정서적 관계를 유지하며, 구성원들을 경제적으로 부양한다. 건강가정은 자녀를 양육하고 사회화시키며, 성 행위를 대외적으로 통제하고 종족을 보존한다. 또한 가족은 새로운 사회적 역할을 부여하며, 자녀를 교육시키고 종교적 활동을 수행해야 한다(이근홍, 2003; 김익균 외, 2004).

1) 보호와 애정의 기능 및 정서적 연대

건강가정은 구성원의 생명이나 재산을 보호하는 기능을 수행한다. 가족은 아동, 노인, 장애인, 환자 등과 같이 특별한 보호가 필요한 사람들은 물론 가족구성원 모두의 안전과 복지를 제공하는 기능을 수행한다. 최근 이러한 기능이 국가기관을 비롯한 다양한 기관에서 분담하여 수행하고 있지만, 가족의 보호는 무엇보다도 중요하다.

건강가정은 구성원들 간에 친밀한 관계를 유지하고 사랑과 애정을 공유해야 하는 집단이다. 즉 가족은 부부간의 친밀한 관계를 바탕으로 자녀들을 사랑으로 양육하고, 부모를 부양하는 기능을 수행한다. 최근 가족의 애정적 기능이 약화되어 이혼, 별거, 가출, 학대 등과 같은 다양한 문제들이 발생하므로, 가족의 애정적 기능이 강화될 필요가 있다. 즉 이러한 애정기능을 통한 정서적 연대를 강화할 수 있다.

2) 경제적 기능

건강가정은 경제의 기본단위로서 생산활동과 소비활동을 동시에 수행하고 있으며, 경제활동을 통해서 구성원의 생계를 유지하고 재산을 소유한다. 현대사회에서는 농업이나 가사를 제외하고는 대부분의 생산활동이 가족 이외의 직장에서 이루어지고 있기 때문에, 가족은 전형적인 소비기능을 수행하는 단위가 되었다. 건강가정은 소비기능을 통하여 구성원의 다양한 욕구를 충족시키고 있다. 한편 전통적인 사회에서는 경제적 부양이 대부분 남성의 역할이었으나, 현대사회에서는 남녀간의 공동의 역할로 변화되고 있다.

3) 자녀의 양육과 사회화 및 문제해결기능

건강가정은 자녀가 독립적이고 책임감 있는 성인으로 성장할 수 있도록 양육한다. 즉 건강가정은 자녀의 신체적 · 인지적 · 사회적 발달을 촉진하고 훌륭한 사회인으로 성장할 수 있도록 지도하고 원조한다. 또한 건강가정은 자녀가 사회에 잘 적응하면서 인간답게 살아갈 수 있도록 하는 데 기여하는 각종 기술을 습득할 수 있게 한다. 즉 건강가정은 사회생활에 필요한 기술을 익히는 일차집단이며, 인간의 성격 형성에 가장 중요한 구실을 하며, 문화를 학습시키는 사회화의 장인 것이다. 그리고 이러한 사회화 과정을 통하여 가족구성원들이 문제해결을 할 수 있는 능력을 갖추어야 한다.

4) 종족보존과 성행위의 규제

건강가정은 자녀를 출산하여 종족을 보존하는 기능을 수행한다. 이것은 건강가정이 갖고 있는 고유하고도 가장 중요한 기능으로서, 자녀의 출산을 통하여 노인세대의 사망 이후에 사회가 계속적으로 유지될 수 있도록 한다. 최근 자신의 후손에 대한 관념이 점점 약화되어 자녀의 출산율이 계속적으로 낮아지고 있다. 또한 건강가정은 성적 욕구를 충족시키는 역할을 수행하면서 가족 외부에서의 성행위를 규제하여 정상적인 가족관계를 유지하도록 하는 역할을 수행한다.

5) 가족구성원간의 역할인정 및 의사소통망의 형성

가족구성원들 간의 역할을 인정하고 가족구성원들이 자신을 역할을 수행하여야 한다. 가족역할은 시대적으로 변화하기 때문에 구체적으로 나열할 수는 없지만 나름대로의 기준에 의하여 가족역할이 구성되어야 한다. 그리고 이런 가족역할은 원활한 의사소통을 통해 이루어져야 한다.

〈자료〉 분열증가족의 연구 : 전체로서의 가족

정신분열증에 대한 심인론적 연구가 많아짐에 따라 가족에 대한 관심이 증대되었다. 그 배경에는 개인의 정신적 건강은 가족 내의 역동에 의해 규정된다고 하는 생각이 1950년대 미국을 중심으로 있었던 것이다. 또한 가족시스템론이 부각되면서 '개인은 가족시스템 자체가 변해야만 변할 수 있으며, 가족시스템은 부분의 총합보다 큰 총합성을 갖고 있다'라고 하는 가설을 기초로 가족을 하나의 전체로서 접근하는 것이 중요하다고 생각하게 되었다. 그래서 개인을 이해하기 위해서는 가족 그 자체에 대한 이해가 필요하다고 하는 인식이 확산되었던 것이다. 1980년대에 들어서서 분열증 가족연구에서도 개개인의 문제가 아니라, 복잡하게 기능하고 있는 '전체로서의 가족(family as a whole)'의 문제로 보기 시작한 것이다. 즉 모자관계를 출발점으로 해서 부자관계, 부부관계, 그리고 가족 전체의 문제로서 생각하게 된 것이다(현정환 · 김익균, 2006).

6) 교육적 · 종교적 기능

건강가정은 자녀에게 도덕교육을 비롯한 다양한 교육을 실시하는 기능을 수행한다. 자녀에 대한 교육은 전통적 사회에서는 가정에서 주로 담당하였으나, 현대사회에서는 대부분 전문적인 교육기관에서 담당하고 있다. 앞으로 점점 약화되고 있는 가정에서의 자녀교육을 더욱 강화할 필요가 있다. 또한 가족은 제사나 기도 등을 통하여 종교적 기능을 수행하고 있다. 종교적 기능은 현대사회에서는 주로 교회, 성당, 사찰 등의 종교단체에서 이루어지는 경우가 많다.

3. 가족건강성

1) 개념

가족건강성에 대한 개념정리도 건강가정의 개념정리와 같이 어려운 문제이다. 가족의 건강성이란 가족의 행복 정도, 안정성, 역동성, 문제해결능력 등의 요소로 구성될 수 있다. 그러므로 가족건강성에 있어 어떠한 측면을 강조하느냐에 따라 가족건강성의 개념은 달라질 수 있다는 것이다.

가족은 우리사회를 구성하는 가장 기본적인 단위이며, 개인에게 있어서도 가장 중요한 환경이다. 그리고 개인이 가족구성원으로 건강하고 행복한 인생을 살 수 있기 위해서는 자신이 속한 가족의 건강성을 확보하는 것이 중요하다(최선희, 2003). 그리고 이러한 가족건강성은 각국의 사회문화적 배경에 따라 적절하게 개발해야 한다.

2) 영역

건강가정은 사회를 형성하는 구성요소로서 가족구성원들에게 정서적 안정과 지원을 제공하며, 구성원들 간의 상호작용을 통해서 서로에게 영향을 미치는 하나의 사회체계이다. 즉 가족은 부부관계, 부모자녀관계, 형제자매관계를 통해서 서로에게 영향을 주고 영향을 받기도 하면서 가족 전체의 기능에 기여하는 상호연결된 체계인 것이다. 이런 가족체계에서 어떻게 하면 가족건강성을 유지하느냐가 중요한 문제이다. 가족건강성 영역을 각 학자와 가족치료 및 우리나라의 가족의 특성을 중심으로 구성해보면 다음과 같다.

(1) 의사소통

가족구성원에서의 의사소통이라는 것은 단순히 대면에 의한 만남이나 교류가 아니다. 의사소통의 실질적인 내용을 구성하고, 그 매체가 되는 것은 가족구성원에서 행해지는 의사소통이다. 가족은 만남의 시작에서부터 헤어질 때까지 끊임없는 의사소통으로 이루어진다. 그러므로 가족구성원 사이에 효율적인 의사소통망을 구성한다는 것은 건강가정을 위해서 매우 중요한 문제이다. 현대사회에서 발생하는 많은 가족문제는 가족 내의 의사소통의 과정에 기인하는 경우가 많다. 그리고 건강가정을 지속적으로 유지하기 위해서는 끊임없는 가족 내의 의사소통만을 개발해고 발전해 나가야 할 것이다.

(3) 가족체계 내의 의사소통

가족 내에서의 의사소통이란 가족구성원이 무엇을 어떠한 방법으로 누구에게 말했고, 결과적으로 어떠한 변화를 가져왔는가? 하는 것을 순차적으로 살펴보는 것이다.

기본적으로 의사소통이란 한 개인이 다른 사람에게 의도적 또는 비의도적으로 정보를 전달하는 과정으로 일상생활 및 전문영역에서 사용되는 중요한 요소이다. 의사소통은 언어적, 비언어적 의사소통을 포함하며, 다양한 방법으로 이루어진다. 또한 가족의 의사소통에 내재된 한계와 복잡성을 인정해야 한다. 각 가족은 독특한 특성과 경험을 가지고 있음으로 의사를 전달하고 수신되는 방법에 영향을 미치는 사고구조와 전달과정이 다르다. 가족 내에서 의사소통이 명확하게 이루어지지 않으면, 가족문제가 발생하는 데 중요한 영향을 미친다. 가족 내에서의 의사소통의 문제의 유형은 다음과 같다.

① 가족구성원 사이에 의사소통을 하는 데 편견이나 선입감을 가지고 있는 경우
② 다른 가족구성원이 말을 경청하지 않거나 시간을 가지지 않을 경우
③ 자신의 문제나 상황을 다른 구성원들에게 말하지 않을 경우
④ 미리 다른 가족구성원들이 나의 이야기를 듣지 않을 것을 미리 생각할 경우
⑤ 가족구성원 사이에 적절한 의사소통망이 형성되어 있지 않을 경우

〈자료〉 가족 의사소통의 유형

가족 내의 의사소통의 유형은 다양하다. 이런 다양한 의사소통의 유형은 가족의 특성에 따라 달라진다. 가족문화와 윤리적인 측면이 가족의사소통에 영향을 미친다. 그러므로 건강가정사는 이런 다양한 유형을 관찰하고 이해해야 한다. 그 유형을 구체적으로 살펴보면 다음과 같다.

① 누구에게 자주 말을 하며, 먼저 시작하는가.
② 말을 했을 때 누가 반응을 하고 경청하는가.
③ 가정 내에서 누가 가장 말을 적게 하는가.

④ 의사소통의 순서는 어떻게 이루어지는가.
⑤ 가족 내의 구성원들 간의 의사소통의 빈도의 차이는 어떠한가.
⑥ 가족 내에서 의사소통의 양이 제일 많은 가족구성원은 누구인가.
⑦ 가족 내에서 의사소통의 양이 제일 적은 가족구성원은 누구인가.

(3) 문제해결능력을 통한 자율성의 확보

문제해결이란 문제를 주어진 상태에서 목적한 상태로 변화시키는 데 주력하는 인지활동으로 규정지을 수 있다. 인간은 목적한 바를 얻기 위해 이성과 논리의 인지적 힘을 사용하는 능력을 생득적으로 지닌 존재이다. 이러한 능력은 인간으로 하여금 환경으로부터 정보를 얻게 하고 생물학적, 심리적, 문화적 및 사회적 욕구들을 충족시키는 데 이 정보들을 사용하도록 한다. 이러한 인간능력에 대한 믿음을 바탕으로 삶 자체를 하나의 지속적 문제해결과정을 가족구성원 사이에서 어떻게 구축해 나가느냐는 건강가정 유지에 필수적이다. 또한 문제해결과정을 통하여 가족구성원들의 자율적인 해결능력도 발전시켜야 한다.

그리고 자율적이고 창의적인 사람이 되느냐, 아니면 의존적이고 자기회의로 가득찬 부끄러운 인간이 되느냐 하는 것이다. 부모로부터 신뢰감을 획득하게 되면 유아는 독립심에 대한 강한 욕구를 갖게 된다. 가족 내에서 자신의 행동주체가 자기 자신이라는 것을 깨닫게 되어 의도적인 행동을 보이며, 이러한 의도적인 행동을 통해 자율성을 획득하게 된다.

(4) 가족구성원들 간의 신뢰와 지지

신뢰감은 건강한 성격의 초석으로 다른 사람에 대한 믿음과 자신에 대한 믿음을 포함한다. 인간은 최초로 사회적 관계를 맺게 되는 어머니가 심리사회적 욕구를 민감하게 알아차리고 적절하게 충족시켜 주면 어머니에 대한 신뢰감을 갖게 된다. 즉 가족으로부터 신뢰감을 얻을 수 있는 능력의 정도는 가족구성원들이 가족생활과 가족생활에 중요한 영향을 미친다. 그리고 이러한 신뢰와 동시에 가족구성원에 대한 지지를 통해 가족구성원간의 신뢰감을 형성해 나갈 수 있는 것이다.

(5) 사회화과정

인간은 가족이라는 사회 속에서 생활함으로써 사회적 행동을 배우게 되고 사회성을 변화시키고 발달하는데, 이러한 과정을 사회화라고 부르고 있다. 일반적으로 가족 내에서의 사회화 과정은 다음과 같은 내용을 포함하고 있다.

첫째, 사회화과정은 가족에 의해 허용되는 행동을 습득하는 발달과정으로 일정한 가족의 사회규범을 통해 사회화를 거친다. 둘째, 가족의 사회적 역할로서 모든 가족에는 역할이 있고, 이 역할이 관습화된다. 셋째, 다양한 가족제도와 가족규범 통해 사회화된다. 이러한 사회화 과정이 어떻게 진행되느냐에 따라 가족건강성의 정도가 결정된다.

(6) 자녀양육의 형태

건강가정의 요인에서 자녀양육형태는 매우 중요하다. 자녀양육에 있어 성숙된 부모의식을 갖지 못한 경우, 부모에게 순종하지도 않고, 스스로의 행동에도 책임감이 적으며 권위를 무시하고, 공격적 · 적대적이 되며, 부주의하고, 집에서는 폭군적이나 집 밖에서는 매사에 두려움을 갖거나, 반대로 자신감을 갖게 된다.

이와 같이 자녀양육 방법과 방식에는 여러 가지가 존재하지만, 부모가 어느 정도의 애정을 가지고 어떤 '양육방식'을 사용했느냐 하는 것이다. 가정환경과 성격발달에 관한 문제를 논의할 때 자녀양육방법과 더불어 중요한 것은 그 가정을 지배하고 있는 분위기 내지는 일반적인 적응상태이다.

〈자료〉 부모 · 자녀관계에서 양육방식과 아동발달

양육방식과 성격발달에 관한 연구는 편의상 이유(離乳), 배설훈련, 공격성, 의존성과 같은 아동의 특정한 행동과 관련된 아동방식과 성격발달 간의 관계연구, 그리고 부모 · 자녀관계의 분위기와 성격발달과의 관계가 밀접하다.

1. 수용적 육아형

부모가 아동과 정서적으로 밀착된 관계를 맺고 따뜻하고 자애로운 태도로 아동을 대하여 가정에서 아동이 차지하는 위치를 중요하게 볼 때 수용적이라 할 수 있다. 언제나 아동에게 깊은 관심을 갖고 인격적 존재로 아동을 받아들이며 부모자신의 갈등에 따라 아동을 대하지 않는다. 이런 부모는 성숙된 인격의 소유자로서 성숙된 부모의식을 가지는 사람이라 할 수 있다.

이러한 부모 밑에서 성장하는 아동은 대체로 자신을 존중할 줄 알고 자신과 타인을 긍정적으로 대하며, 책임감이 높고, 사교적이며, 협동적이다. 또 자기 일에 성실하고 정서적으로 안정되어 있고 명랑하다.

2. 과도한 관심의 육아형

부모가 아동을 애지중지하게 생각한 나머지 사랑과 관심을 지나친 방법으로 표현하는 육아형이라고 할 수 있다. 예컨대 늘 아동이 다칠까 근심하며, 아동의 성장발달과는 관계없이 언제나 보호받지 않으면 안 되는 아기로 생각하고, 시중들고 돌봐주는 부모가 있다. 다 큰 아동을 데리고 자고, 유아기처럼 우유를 빨아서 먹게 하고, 옷을 입혀주고 신을 신겨주는 등, 아동자신이 스스로 할 수 있는 일까지 부모가 전부 대신해 주며, 아동이 요구하면 그 당장 그 요구에 응해 주고, 또 그렇게 해주는 것이 아동을 사랑해 주는 것으로 생각하는 부모가 있다.

부모의 이런 육아방식은 아이들에게는 신경질적인 성격으로 나타나기도 하여, 잘 흥분하거나 지나치게 수줍고, 불안감, 초조감이 심하며, 주의집중력이 결여된 아동이 되기도 한다. 과잉보호를 받고 자라는 아동은 정서적으로 안정되지도 성숙되지도 못하여, 또래집단에 끼어들지 못하고, 항상 타인을 경쟁의 대상으로 받아들이며, 협동의 태도가 부족하고, 자신감도 갖지 못한다. 이런 아동은 일단 집단에 소속되면 지나치게 집단에 의존하고 쉽게 타인의 영향을 받는다.

3. 허용적 육아형

부모가 아동에게 무엇이나 허용하여 아동이 가정을 좌지우지하도록 내버려두는 경우가 있다. 아동이 원하는 것, 바라는 것은 무엇이나 충족시켜 주기 때문에 부모는 아동의 노예가 되어 사실상 아동이 부모를 지배하여 부모에 대한 존경심을 갖지 못한다.

성숙된 부모의식을 갖지 못한 경우, 이런 육아태도를 취하게 되는데, 아동은 이런 부모에게 순종하지도 않고, 스스로의 행동에도 책임감이 적으며 권위를 무시하고, 공격적・적대적이 되며, 부주의하고, 집에서는 폭군적이나 집 밖에서는 매사에 두려움을 갖거나, 반대로 자신감을 갖게 된다.

4. 거부적 육아형

아동을 키우는 부모의 태도가 아동의 성장발달에는 무관심하거나, 성장하는 아동과는 관계없는 집안 분위기를 조성하는 부모가 있다. 때에 따라서는 아동이 자기 인생을 방해한다는 생각으로 자기 아동에게 적대감을 표시하기도 하는데, 의식적, 무의식적으로 이런 태도를 취하는 경우를 거부적(rejective)인 육아방식이라고 한다.

대체로 이러한 부모는 자신이 우둔하여 이런 육아태도를 취하기도 하지만, 자신의 문제 때문에 자기 갈등을 아동에게 투사(projection)하는 것이 이유가 되기도 한다. 즉 결혼생활에 불만을 가졌거나, 스스로 불행해서 또는 부모 중 어느 한 사람이 정서적으로 안정되거나 성숙되지 못해서 아동에게 사랑을 표시하면 아이를 망친다는 생각을 하기도 한다. 그래서 의식적으로 사랑을 억제하고 무관심의 태도를 보인다. 어느 때는 지나친 사랑을 보이는 등 일관성 없는 애정을 표시하여 아동을 당황하게 하기도 한다.

5. 지배적 육아형

엄격한 부모는 아동을 지나치게 통제하고 지나치게 사랑을 절제하며 아동의 행동을 지나치게 통제하면서, 그렇게 하는 것이 아동을 위하는 것으로 합리화한다. 이런 부모는 곧잘 아동에게 증오를 보이기도 하고 작은 잘못에도 가혹하게 처벌하는 경우가 많다. 지배적인 양육태도를 취하는 부모는 자신이 지배적인 부모에 의해 키워진 사람으로서, 자신의 권위를 아동과의 관계에서 찾으려 한다.

지배적으로 양육된 허용적·수용적인 방식으로 키워진 아동보다 사회생활에 더 잘 적응한다. 이런 아동은 겸손하고 조심성 있으며, 정직하고, 수줍고, 온순하고, 순종적이다. 그리고 민감하여 자기를 자주 의식하고 열등감을 쉽게 느끼며, 무슨 일에나 확신을 갖지 못하고 혼동하길 잘하며, 금지당한 감정을 느낀다. 따라서 가족이나 주변 사람에게 순종하고 수동적인 행동을 하며 쉽게 지배를 당한다.

6. 과잉기대

부모는 어떤 식으로든 아동에게 기대를 가지고 키운다. 기대를 갖지 않는다 해도 기대하지 않는 것이 바로 기대이기도 하다. 부모는 자신의 처지에 따라서 아동에게 지나친 기대를 가질 수 있다. 자신이 이루고자 했다가 이루지 못한 높은 성취나 탁월한 행동을 자기 자식이 대신 이루어 주기를 바란다. 이런 부모의 기대는 의식적, 무의식적으로 육아태도로 나타나서 아동에게는 압력으로 느껴지게 된다.

아동은 부모의 기대수준만큼 행동하지 못할 때, 열등감을 느끼고 죄의식에 사로잡히어 화를 잘 낸다. 이때 아동은 스스로의 죄의식과 열등감 때문에 사소한 일에 화를 잘 내게 된다. 때로 이런 아동은 환상이나 백일몽에 사로잡히고, 책임감이 없으며 잘 다툰다. 그러나 부모의 기대가 아동의 능력에 맞게 적절히 높을 때는 아동을 조숙하게 하고 경쟁에서 이기려는 욕망을 갖게 한다. 반면 자신이 잘못하거나 성공하지 못하는 환경에 대하여는 가급적 피하려 드는 경향이 있다.

이상에서 6가지의 육아형태를 살펴보았으나, 보다 중요한 것은 부모가 어느 정도의 애정을 가지고 어떤 '양육방식'을 사용했느냐 하는 것이다. 가정환경과 성격발달에 관한 문제를 논의할 때 어린이의 양육방법과 더불어 중요한 것은 그 가정을 지배하고 있는 분위기 내지는 일반적인 적응상태이다.

〈자료〉 최근의 육아능력

이제까지 육아능력은 출산과 수유능력을 갖고 있는 여성의 생물학적, 생득적 특성으로만 인식해왔는데, 최근의 연구에서는 아이에 대한 공감능력이나 양호능력은 생모(生母)만의 적성이 아니라, 성숙한 인간의 대인 관계능력으로 이해해야 한다는 주장이 학계에서 설득력을 얻고 있다. 이는 사회적, 문화적 요인 배경으로 하면서 전개되는 한 사람의 개인적 특성이며, 또한 자녀의 성장발달을 통해 부모 자신도 성장 발달한다는 관점을 가지는 것도 중요하다.

(7) 소속과 사랑

소속과 사랑의 욕구(belonging and love needs)는 생리적 욕구와 안전의 욕구가 충족되었을 때, 개인에게 나타나는 욕구이다. 이 단계에서는 남들과의 애정, 가족 내에서의 위치, 준거집단 등을 갈망하며, 집단의식이 개인의 주요한 목표가 된다. 소속에 대한 욕구는 산업화・도시화에 따른 사회적 이동성의 증가로 인하여 점점 충족되기 어렵다. 그리고 현대사회에서 가족에 대한 소속감을 느끼지 못하고, 이로 인하여 가족으로부터 사랑을 받지 못한다면 여러 가지 측면에서 가족생활과 사회생활을 하는 데 많은 문제점들이 발생할 것이다.

4. 건강가정의 구조적 접근방향

1) 가족체계

건강가정에서 가족구성원간의 구조적 문제도 중요한 요인이다. 가족체계에서는 가족과 사회적·물리적 환경과의 상호작용을 바탕으로 상호 의존적이고 변화하는 구조를 네 개의 주요한 관계체계로 규정하였다. 그리고 생태학이론에서 체계수준을 미시체계, 중간체계, 외부체계 및 거시체계로 구분하고 있다.

(1) 미시체계

미시체계(microsystem)는 가족이 가장 밀접하게 상호작용을 하는 사회적·물리적 환경을 말한다. 즉 이것은 가족과 가장 인접한 수준의 환경으로서, 가족, 친구, 학교, 종교단체 등이 여기에 속한다. 즉 가족이 살고 있는 집의 크기, 근처에 있는 운동장의 시설물, 학교도서관에 구비된 책 등과 같은 물리적 특성을 포함하고 있다. 또한 미시체계는 성장하는 개인이 친밀한 대면적인 환경 내에서 경험하는

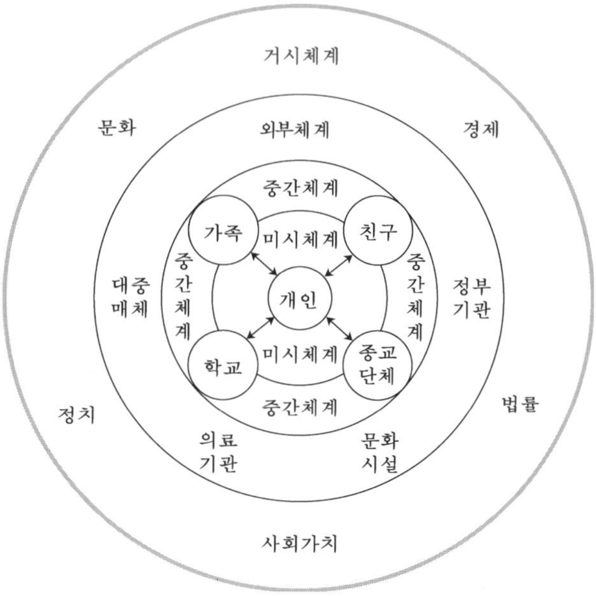

〈그림 4-1〉 생태학이론의 체계수준

활동, 역할, 대인관계의 유형을 포함한다(Bronfenbrenner, 1993). 미시체계는 직접적으로 대면적인 상호작용을 하는 익숙하고 친밀한 사회적 관계망으로 구성된다. 가족은 그의 삶에 영향력을 미치는 사람들과의 지속적인 상호작용을 통하여 영향을 받으며, 개인은 또한 그들에게 영향을 미치는 과정이 반복된다. 미시체계는 끊임없이 변화하며, 가족이 성장하면서 점점 상호작용이 약화된다.

(2) 중간체계

중간체계(mesosystem)는 미시체계들 상호관계를 포함한 환경과의 관계를 의미한다. 그리고 특정한 시점에서 미시체계들 간의 상호작용을 의미한다. 즉 이것은 가족이 하나의 미시체계에서 일어나는 일이 다른 미시체계와 상호 관련되어 있으며, 그들 간에 상호작용을 하는 것을 말한다. 예를 들면, 가정생활과 학교생활, 가정생활과 친구관계, 가정생활과 종교생활 등이 상호작용을 하는 것은 중간체계이다(이근홍, 2003).

(3) 외부체계(외체계)

외부체계(exosystem)는 가족이 직접 참여하지는 않지만 가족에게 영향을 미치는 환경을 의미한다. 지역사회 수준에서 기능하고 있는 주요한 기관들로서, 학교제도, 언론매체, 정부기관, 교통시설, 통신시설, 의료기관, 직업세계 등을 말한다. 외부체계는 가족과 밀접하게 상호작용을 하는 것은 아니지만 점차 성장하면서 생활의 주요한 요소가 되며, 가족의 행동발달에 영향을 미친다.

(4) 거시체계

거시체계(macrosystem)는 미시체계, 중간체계, 외부체계를 포함된 모든 요소에다 가족이 살고 있는 문화적 요소까지 포함한다. 가족이 속한 사회의 이념이나 제도의 일반적인 형태로서, 정치, 경제, 사회, 법, 문화, 관습, 가치관 등을 말한다. 거시체계는 법과 같이 명백한 형태를 가진 것도 있지만, 문화와 가치관과 같이 일정한 형태가 없는 것도 있으며, 이것은 가족의 행동발달에 지속적인 영향을 미친다. 거시체계는 가족의 생활에 직접적으로 개입하지는 않지만, 간접적이면서도 전체적으로 강력한 영향력을 발휘한다. 또한 거시체계의 변화는 개인, 미시체계, 중간체계 및 외부체계에 영향을 미친다. 예를 들면, 경제적 위기는 개인생활, 가족생활과 학교생활의 관계, 직업세계 등에 크게 영향력을 미친다.

2) 가족관계의 접근방법

일반체계이론에서 가족관계를 접근해 보면 가족은 가족구성원이 상호작용을 하는 여러 부분들로 구성되어 있으며, 그리고 가족구성원들 간에 상호교류를 하고 정보와 에너지를 교환한다. 체계는 부분들의 총합으로서 지속성과 경계를 지닌 전체이며, 긴장을 가져오기도 하지만 변화와 안정상태를 유지한다.

(1) 가족관계에서의 경계

가족관계에서의 경계(boundary)란 가족관계의 내부와 외부를 구분하는 폐쇄된 테두리로서, 체계 내부로의 에너지의 흐름과 외부로의 에너지의 유출을 규제한다. 경계의 기능은 그것의 환경으로부터 체계를 구분하는 것이며, 기능수행을 방해할 환경의 영향력으로부터 체계의 부분들을 보호하는 것이다. 체계의 경계는 환경 내에서 투입과 산출의 교환을 위해서 항상 투과성을 허락한다(Norlin & Chess, 1997).

경계는 체계의 부분들과 환경 사이의 상호작용을 관찰함으로써 규명될 수 있다. 그러므로 사회관계에서 경계의 위치와 성질을 구별하는 것이 중요하다. 어떤 경계는 그것들의 투과성 때문에 가시적이지만, 다른 경계들은 경계를 건너는 에너지의 교환이 빈번하고 강렬하기 때문에 찾아내기가 힘들다. 경계가 반드시 장벽을 의미하는 것만은 아니며, 일정한 경계를 가지면서도 경계를 건너는 에너지의 이전에 아주 개방적일 수 있다. 두 개의 체계가 그들의 경계를 넘어 에너지를 교환할 때 그들은 연결되어 있거나 서로 연결을 가질 수 있게 된다.

(2) 경계의 유형

가. 개방체계 : 가족관계에서의 개방체계(open system)는 일반체계이론에서의 주요한 개념으로서, 체계가 가족환경과 역동적으로 연결되어 있는 것을 말한다. 즉 이것은 체계가 체계 내에서나 다른 체계들과 빈번하게 상호작용을 하는 것을 말한다. 개방체계는 가족환경으로부터 투입(input)을 받아들이며, 환경에서 산출(output)을 생산한다. 가족관계의 계속성과 변화는 환경 내에서 부분들 간의 상호교환에 의해 이루어진다. 이러한 가족환경과의 상호교류 및 가족환경 내에서의 상호교류

가 체계의 생존에 기초가 된다. 가족관계가 성장하고 발전하는 것은 다양한 질서와 복잡성을 극복할 수 있는 개방성을 갖고 있기 때문이다.

나. **폐쇄체계** : 가족관계에서의 폐쇄체계(closed system)는 체계들이 다른 체계들과 상호작용을 하지 않는 것을 말한다. 즉 가족관계가 다른 체계들로부터 투입을 받아들이지 않을 뿐만 아니라 다른 체계에 산출을 생산하지도 않는다. 이러한 체계들은 엔트로피(entropy)라고 불리는 특성을 가지고 있다. 이것은 가족관계의 요소들의 분화가 적어지고 조직과 기능이 상실되는 경향을 의미한다(Compton & Galaway, 1984).

(3) 가족관계에서의 안정상태

가. 개념 : 가족관계에서의 안정상태(steady state)는 가족관계의 내부 또는 외부로부터 정보와 자원의 흐름으로 인하여 체계가 제대로 기능할 수 있는 상태를 말한다. 즉 이것은 가족구성원들이 부분들 간의 관계를 유지하고 에너지가 계속적으로 체계를 위해 활용되고 있는 상태를 의미한다. 안정상태는 전체 가족관계가 평형상태를 유지하는 것이며, 가족관계가 가족환경과 성숙한 관계를 유지하고, 가족관계의 기능들이 가족의 유지를 위해서 역동적으로 수행되고 있는 것을 말한다. 안정상태는 고도의 조직성, 복잡성 및 가족환경에 대한 개방성의 특성을 지니고 있다.

나. 가족관계의 균형과 항상성 : 가족관계의 안정상태와 유사한 개념으로 균형과 항상성이 있다. 그러나 이러한 개념들은 안정상태와 중요한 차이가 있다. 균형(equilibrium)은 가족관계가 고정된 구조를 가지고 부분들 간의 수평적인 상호작용을 하면서 환경으로부터 투입이 없이도 가족관계를 유지할 수 있는 능력을 말한다. 항상성(homeostasis)은 가족관계가 균형을 유지하고 있으며, 균형이 위협을 받을 때 회복하고자 하는 역동성을 지닌 경향을 말한다. 그러므로 가족관계의 균형과 항상성은 고정된 평형을 유지하며 가족관계의 구조에 큰 변화가 없는 것이지만 안정상태는 고정된 평형이 아닌 새로운 평형과 종전의 구조와 다른 새로운 구조를 포함한다(Anderson & Carter, 1986).

제 5 장

가족관계와 건강가정

1. 가족관계의 이해

1) 개념

일반적으로 가족관계란 가족구성원간의 다양한 인간관계로서 모든 인간은 출생과 더불어 가족관계가 시작된다. 인간은 사회화과정으로 가족관계는 인간관계의 출발인 동시에 인격형성의 중요한 관계망이다. 그러므로 가족관계를 어떻게 구성하고 유지하는 것은 가족문제의 예방과 차료에 많은 영향을 미친다. 그러므로 현대사회에서 가족문제를 체계적으로 접근하여 해결하기 위해서는 다양한 가족관계를 이해하고, 지속적으로 연구해야 할 것이다.

2) 가족관계에서 필수적으로 다루어져야 할 가족관계 지표

가족관계는 가족형태와 구조에 따라 매우 다양하게 나타난다. 그리고 가족관계는 그 나라의 사회문화적 배경, 가족의 변천과정, 가족구조는 특징, 종교, 가치관 등 다양한 요인에 따라 달라진다. 그러므로 가족관계를 획일적으로 접근하기에는 문제점이 많다. 그러나 이러한 가족관계의 다양성에도 불구하고 공통적으로 다루어야 할 가족관계의 지표는 다음과 같다.

부모태도지표 : 아동과의 갈등
어머니에 대한 아동의 태도 : 어머니와의 갈등

아버지에 대한 아동의 태도	:	아버지와의 갈등
형제관계지표	:	형제와의 갈등
자매관계지표	:	자매와의 갈등
가족관계지표	:	가족 내 스트레스
아동행동척도	:	행동장애

2. 가족관계의 발달과정

1) 유아기의 가족관계

유아가 최초로 맺게 되는 사회적 관계는 부모와의 관계이다. 유아는 부모와의 관계에서 성격과 사회성 발달에 중요한 영향을 받게 되며, 이러한 부모・자녀관계에 중심이 되는 것은 자녀에 대한 부모의 양육태도와 유아의 성격 형성과의 관계이다. 부모의 양육태도가 수용적이면 서도 권위 있는 태도를 가질 경우에는 유아가 자신을 수용할 수 있고 자신감을 갖게 되며, 자신의 감정을 보다 자유롭게 표현할 수 있고, 다른 사람과의 관계에서 개방적이다. 또한 유아는 다른 사람을 사랑할 수 있는 능력을 갖게 되며, 사회적으로 책임감이 있고 독립적이며, 성취지향적이고 다른 사람들과 협조적이 된다(최경숙, 2001).

유아기 동안 어머니와 장기간 격리되어 있거나 어머니가 없을 경우에는 신체적, 인지적, 정서적, 사회적 발달에 지체현상을 갖게 되어 성장하여 대인관계를 원활히 맺을 수 없으며, 건전한 자아형성이 어렵게 된다는 것이다. 유아기 동안 아버지가 없는 경우에 남아는 인지발달에 장애를 갖게 되고 성역할의 학습에도 좋지 않은 영향을 받게 되며, 여아는 의존성이 강해지고 정서적인 문제와 부적응의 문제를 갖게 된다는 것이다.

유아의 성격과 사회성 발달에 영향을 미치는 또 다른 중요한 사회적 관계로는 형제자매관계와 또래와의 관계가 있다. 형제자매관계는 유아에게 행동, 갈등, 협동, 경쟁 등을 배우게 하는 원천이 되며, 이것은 출생순위, 성별, 연령차에 따라 다르게 나타난다. 또래는 유아에게 인지적, 정서적, 사회적 발달에 영향을 미치게 되며, 유아의 사회화 과정에서 강화 제공자, 모델, 표준 등의 역할을 수행한다. 2

세 이후가 되면 유아는 그들끼리 보다 우호적, 협동적인 반응이 많아지게 되며, 집단생활과 놀이에 민감해진다.

2) 아동기의 가족관계

아동기에는 학교생활을 하면서부터 부모에 대한 의존이 줄어들고 교사 및 또래 집단과의 관계가 빈번해지기 때문에, 부모는 아동의 행동을 보다 잘 이해하고 너무 간섭하거나 금지하는 태도를 지양해야 한다. 또한 부모는 아동의 자유시간과 의사를 존중하고 아동의 행동에 적응할 필요가 있다. 그리고 아동기부터는 점차 가족관계를 떠나 사회활동을 통하여 인간관계를 확대해 나간다.

3) 청소년의 가족관계

청소년은 자기 자신과 친구에게 의존하기 시작하면서 부모와 가족으로부터 점차 멀어지기 시작한다. 부모는 청소년의 성장하는 모습을 보면서 자신의 역할을 다하고 있다는 기쁨과 함께 자녀들로부터 거부당하는 느낌을 동시에 갖게 된다. 특히 아버지보다는 어머니가 그에게서 멀어져 가는 자녀의 행동을 수용하지 못한다.

청소년은 독립된 인격체로서 부모에게 대우받기를 원하며, 자율성을 추구하고자 하는 욕구가 강해진다. 그와 더불어 청소년이 신체적으로 성장하면서 부모의 물리적인 처벌이나 통제가 어려워지며, 인지발달로 인하여 부모가 제시하는 규칙이나 가치관에 대해 의문을 제기하기도 한다. 따라서 청소년을 가진 부모는 아동기와는 달리 보호자로서의 역할을 재정립할 필요가 있다.

청소년은 자율성과 부모와의 애착이나 통제 사이의 균형을 유지해야 하는 새로운 과제에 직면하게 된다. 이러한 과정에서 부모와 청소년 자녀 사이에 갈등이 존재하며, 이것은 청소년의 독립성과 자아의 확립을 위해 필요하다는 것이다. 갈등은 청소년에게 도덕적 규칙, 태도, 관념, 가치관 등에 대한 의문을 제기하게 하며, 그 결과 자신과 세계에 대한 보다 나은 이해를 획득하도록 한다는 것이다(김태련·장휘숙, 1996). 청소년기 부모자녀관계에서 가장 중요한 것은 행복하고 안정된 가정생활을 영위하면서 부모와 자녀의 의사소통의 기회를 확대하고 서로간의 차이를 발견하고 해결해 나가는 것이다. 한편 청소년기에는 형제와 자매 간의 경쟁이 점차 감소되고 형제자매를 인생에서 중요한 타자들로 생각하는 경향이 증대된다.

〈자료〉 부모가 되는 것

요즘 아이를 원하지 않는 부부나 자녀 양육에 대한 기본적 지식이 부족한 부모의 증가가 하나의 사회적 문제로 대두되고 있다. 그 이유로는 저출산으로 인해 어릴 때부터 형제가 적은 생육환경으로 인해 육아환경이 이전에 보다는 열악해졌다는 지적을 할 수 있다.

우리나라의 출산율은 다른 어느 나라보다 심각한 상태로 세계 최고의 저 출산율을 기록하고 있다. 통계청의 발표에 의하면 출산 아동의 수가 1995년 77만 명, 2000년 63만 7천 명, 2001년 55만 7천 명, 그리고 2002년에는 49만 4천 명으로 급속히 감소하는 추세를 보이고 있으며, 또한 여성 한명이 가임 기간 동안에 출산하는 자녀의 수가 1.17명으로 나타나고 있고 최근에는 1.03명까지 감소한 적도 있다. 이 수준은 일본 1.33명, 이탈리아 1.20명, 프랑스 1.89명, 영국 1.64명, 스웨덴 1.51명, 미국 2.04명보다 훨씬 낮은 수치이다. 저출산현상에 따른 사회적 문제로서 금후 노동인구 감소로 인한 경제성장의 둔화, 고령화 사회로 인한 국가 재정부담의 증대 등의 다양한 문제가 있지만,

특히 저출산이라고 하는 사회현상은 아동의 발달적 측면에 미치는 영향도 결코 무시할 수 없다. 한 가정의 자녀수가 한 두 명인 경우, 자녀가 많은 경우보다 부모의 과보호, 지나친 기대나 간섭 등의 문제로 아동의 자립이나 사회성의 발달 등에 부정적 영향을 미치게 되면서 학교 장면에서 학급붕괴나 등교거부 등의 문제를 일으키는 등 아동의 심리적 발달에 미치는 부정적 영향을 간과할 수 없다. 또한 저출산현상은 또래의 수의 감소라고 사회현상을 발생시켜 타인과의 관계나 또래와의 놀이 등 타인과의 교류 기회가 줄어들어 아동의 사회성 발달의 어려움이 예상되기도 한다. 이 문제는 이들이 성인이 되었을 때 그 영향이 지속되어 비록 몸은 어른이지만 마음은 아직 미성숙의 어른, 즉 adult children의 성인이 되는 경우도 적지 않다. 그 영향으로 인해 결혼을 하여도 부모로서 성장하지 못하여 육아불안을 느끼거나 자녀를 학대하는 등, 육아능력의 저하라고 하는 2차적 문제가 발생하기도 한다. 正高(1995)는 형제의 수가 적은 어머니는 일상적 언어와 달리 자녀에게 향하는 어머니 특유의 억양이나 템포의 발현빈도가 일반 어머니에 비해 훨씬 적다는 사실에 주목하면서 저출산문제는 부모의 양육능력의 저하라고 하는 새로운 문제를 발생시킬 수 있다고 지적하고 있다. 이런 저출산현상의 문제 이외에도 핵가족화의 가속화, 맞벌이 부부의 증가, 소원해진 이웃관계 등의 사회현상도 오

늘날 청년들이 부모가 되는 것을 더욱 어렵게 만들고 있다.

일본의 심리학자 小嶋(1988)는 부모가 되기 위한 준비에 있어서 생각해야 하는 중심 개념으로 '양호성'과 '지원체제'를 제안하고 있다. 양호성이라는 개념은 Murray(1983)가 이전에 양호요구라는 표현을 사용하였는데 "상대방의 건강한 발달을 촉진시키기 위한 공감성과 기능"이라고 정의하고 있다. 이 양호성의 대상은 대개는 자신보다는 어린 연소자를 의미하고 있는데, 여기에는 이런 사람만이 아니라 노인, 환자, 부상자, 우울한 사람 등도, 심지어 동식물까지도 포함을 하고 있다. 그러므로 양호성은 유아도 충분히 수용할 수 있다는 특성을 나타내고 있으며, 부모가 되었을 때 자녀에 대해 발휘하게 되는 양호성은 실제 부모가 되기 이전, 유아기 때부터의 경험의 축적에 의한 결과라고 할 수 있다.

지원체제란 부모로서의 기능을 충분히 발휘하기 위해서 존재하는 가족 내외의 구성원에 의한 지원을 의미하고 있다. 미국의 이혼가정이나 자녀학대 가정에서는 어머니의 친척, 친구, 이전의 남편으로부터의 지원 효과가 크다는 사실이 밝혀지고 있다. 요즘은 이외에도 보육시설 등 공적 기관으로부터의 정신적인 면과 실제적인 면에서의 지원이 어머니의 육아불안을 경감시키기 때문에 자녀의 건강한 발달을 위해 필수조건이라는 사실이 밝혀지고 있다.

이제까지 육아능력은 출산과 수유능력을 갖고 있는 여성의 생물학적, 생득적 특성으로만 인식해왔는데, 최근의 연구에서는 아이에 대한 공감능력이나 양호능력은 생모(生母)만의 적성이 아니라, 성숙한 인간의 대인관계능력으로 이해해야 한다는 주장이 학계에서 설득력을 얻고 있다. 이는 사회적, 문화적 요인 배경으로 하면서 전개되는 한 사람의 개인적 특성이며, 또한 자녀의 성장발달을 통해 부모 자신도 성장 발달한다는 관점을 가지는 것도 중요하다(현정환 · 김익균, 2006).

4) 중년기의 가족관계

(1) 부부관계

중년기는 부부간에 적응과정의 어려움을 극복하고 진정한 동반자로서의 의식을 강화시켜 나가는 시기이다. 중년기가 되어 자녀들이 어느 정도 자율적으로 생활하게 되면서 부부가 전보다 더욱 밀착된 관계로 발전해 간다. 이 시기에 부부간에 서로 노력하게 되면 참다운 동반자로서 인생의 새로운 만족을 경험할 수 있다. 그러나 상대방에 대한 지식과 이해의 부족, 친밀감의 부족, 의사소통의 결여 등은 서로간에 만족하지 못하고 인생의 무의미함을 느낄 수 있는 요소가 될 수 있다.

(2) 자녀와의 관계

부모가 중년기가 되면 자녀들이 청소년기나 장년기가 되기 때문에 이들에 대한 지원과 지도가 필요하다. 부모는 청소년 자녀가 신체적 성장과 성적 성숙에 적응할 수 있도록 그들에게 적절한 교육과 지도를 해야 하며, 그들과 효율적으로 의사소통을 해야 한다. 중년기의 부모는 청소년 자녀가 자아개념을 발달시키고 자아정체감을 확립할 수 있도록 지원해야 한다. 부모는 청소년들이 자율적이면서 독립적으로 행동할 수 있도록 지지하고 안내하며 지원할 책임이 있다(조복희 · 정옥분 · 유가효, 1997).

중년기의 부모에게 자녀의 학교교육과 진로선택은 상당히 어려운 문제이다. 학교교육이 자녀의 장래 사회적 성취와 상당히 관련되어 있기 때문에 중년기 부모에게 스트레스를 유발시키는 요인이 된다. 학교교육에 대한 부모의 기대가 지나치면 자녀에게 심각한 부담과 좌절감을 안겨줄 수 있으며, 부모가 무관심하거나 지원을 하지 않으면 자녀에게 상처가 될 수 있다. 따라서 부모가 자녀에 대하여 어느 정도 적절한 기대를 하도록 하며, 자녀의 교육에 필요한 지원을 적극적으로 하도록 해야 한다. 그와 더불어 자녀들이 적성, 능력, 기대, 소질 등에 적절한 진로를 선택할 수 있도록 지도해야 한다.

중년기 후반이 되면 자녀가 장년기가 되어 취업과 결혼을 해야 하기 때문에 새로운 부모의 역할이 요구된다. 이 시기에 자녀들이 결혼을 하고 새로운 가정을 형성하여 분가하므로, 부모는 물리적으로나 심리적으로 공허감을 감당해야 하며, 부부관계를 더욱 향상시킬 수 있도록 노력해야 한다.

(3) 노부모의 부양

중년기에 접어들게 되면 부모세대가 신체적으로 노화와 질병 등으로 어려움을 겪게 되고, 경제적으로나 심리적으로 의존적인 시기이므로 이들에 대한 부양자로서의 역할을 수행해야 한다. 중년기 자녀들은 대개 노부모에 대한 은혜에 보답하고 그들을 부양해야 한다는 도덕적 의무감을 느끼고 있다. 그러나 자신의 신체적・심리적 노화를 경험하면서 사회적으로 스트레스를 많이 받게 되는 중년기에 노부모를 부양한다는 것이 결코 쉬운 일이 아니며, 경제적으로 빈곤하고 거동이 불편한 허약한 부모인 경우에는 더욱 어렵다.

최근 가족구조의 변화, 평균가구원수의 축소, 자녀세대의 노부모 부양의식의 약화, 노인세대의 증가, 여성의 사회참여 증대 등으로 인하여 노부모들이 자녀의 부양을 제대로 받지 못하고 있다. 자녀의 부양을 받는 경우에도 자녀들이 신체적・정신적・경제적으로 상당한 부양부담을 느끼고 있기 때문에, 부모자녀관계는 물론 가족의 분위기를 해치고 부부관계의 불화를 일으킬 수 있어서 노부모에 대한 부양은 더욱 어려워지고 있다.

중년기에 부모를 부양한다는 것이 어려운 과제이지만, 노부모의 부양에 따른 긍정적인 면도 존재한다. 노부모의 부양을 통하여 자신의 노후문제와 죽음에 대한 인식을 새롭게 하면서 인간적으로 더욱 성숙해질 수 있으며, 중년기에 노부모를 잘 보살펴 드린 자녀는 자신이 노부모가 되었을 때 자녀의 보살핌을 제공받을 가능성도 커질 수 있다.

(4) 중년기의 위기

중년기의 위기와 관련하여 성인기(17~60세)의 발달모델을 제시한 Gould(1972)의 이론을 소개하면 다음과 같다. 그는 성인기를 7개의 발달단계로 나누고, 각 단계

〈표 5-1〉 Gould의 성인생활의 7개의 단계(Santrock, 1983)

단계	추정연령	발 달 내 용
1	16~18	부모로부터 독립하고자 한다.
2	18~22	동료나 친구와의 관계를 중요하게 생각한다.
3	22~28	자립을 추구한다 : 직장을 갖고 자신의 가정을 만든다.
4	29~34	자신에 대한 의문을 갖는다 : 역할갈등, 결혼생활, 직장에서의 불만으로 인해 스트레스를 받는다.
5	35~43	조급하게 목표에 도달하고자 한다 : 시간이 얼마 남지 않은 것을 깨닫는다. 목표의 재정비
6	43~50	침착성과 여유 : 자신의 인생을 수용한다.
7	50~60	관용성이 보임 : 과거의 수용, 성숙한 모습을 보인다.

에는 각각 독자적인 자기에 대한 사고가 있다고 보았는데, 〈표 5-1〉과 같이 각 연령대의 역할이나 발달내용을 제시하고 있다.

이 발달모델을 보면 1~3단계는 인생의 상승기로 기술하고 있지만, 4~5단계에는 큰 변화에 대한 위기적 상황, 즉 중년기의 위기적 상황이 반영되어 있다. 그러다가 자신의 모든 것을 수용하는 성숙단계로 이어지는 과정으로 그려지고 있다. 특히 여기서 주목해야 할 부분은 단계 4, 5의 중년기인데, 그는 이 시기를 불안정한 위기의 시기로 간주하면서 가치나 목표의 존재에 의문을 던진다고 보았다.

한편 레빈손(Levinson, 1978)은 중년기를 과도기와 안정기도 나누면서 각각에 있어 발달과제를 다음과 같이 제시하고 있다. 먼저 인생의 중반에 해당하는 과도기에는 ① 과거를 다시 돌아본다, ② 생활구조를 수정한다, ③ 젊음과 늙음, 파괴와 창조, 남자다움과 여자다움, 애착과 분리의 4가지 발달과제를 통합하는 것이 부여되어 있다고 보았다. 또한 이 시기는 자신의 내부에서의 갈등과 외부와의 갈등이 일어난다고 보았다. 갈등의 정도는 차이가 있지만, 그는 이것을 위기라고 보면서도 정상적인 발달의 과정으로 간주하고 있다. 과도기가 끝나면 새롭게 안정된 시기, 즉 중년에 접어들게 되는데 이 시기는 이미 모든 것을 재통합할 에너지가 없기 때문에 과거를 재수정할 수가 없다. 그래서 자신에게 적합한 일을 찾거나 자신의 마음에 드는 직장이나 주거환경을 찾아서 이를 통해 만족한 생활구조를 구축해 나가는 것이 과제가 된다.

5) 노년기의 가족관계

(1) 부부관계

노년기에는 가족생활의 관심이 자녀로부터 배우자에게로 이동하게 되어 부부관계가 더욱 중요하게 된다. 즉 노년기가 되면 자녀들이 독립해 나갈 뿐만 아니라 친구들도 점차 세상을 떠나게 되므로 친밀감을 나눌 수 있는 유일한 대상이 배우자가 된다. 배우자는 인생의 반려자로서 더욱 소중한 사람으로 인식되며, 자신이 의지하고 대화하며 의논할 수 있는 훌륭한 대상이 된다.

노년기의 부부관계는 비교적 안정적이며, 결혼생활의 만족도가 중년기보다 더 높은 것으로 나타나고 있다. 이것은 노년기가 되어 부부간에 서로 친밀감을 나누고, 상호 의지하며, 서로에 대한 소속감을 갖기 때문인 것으로 보인다. 이러한 노년기의 부부관계가 더욱 성공적이기 위해서는 애정, 서로에 대한 존중, 공통 관심사의 증진, 동료의식, 성적 친밀감, 서로간의 감정을 솔직히 표현할 수 있는 기회의 증진 등이 필요하다(정옥분, 2000).

노년기의 부부관계에서 배우자와의 사별은 흔히 볼 수 있는 일이지만, 살아있는 배우자가 새로운 삶에 적응해나간다는 것은 매우 어려운 일이다. 배우자와의 사별은 인생에서 가장 심각한 스트레스로서 정서적으로 우울증, 의기소침, 분노, 죄의식, 비통함, 불안감, 사망한 배우자에 대한 끊임없는 상념 등을 경험하게 한다.

한편 노년기의 형제자매관계는 서로에게 친밀감을 느끼게 하며 생활의 만족을 줄 수 있다. 형제자매관계는 서로에게 정서적 지지는 물론 다른 도움도 줄 수 있기 때문에 노년기 생활에서 중요한 부분이 된다. 특히 배우자와 사별하고 혼자서 살아야 하는 시간이 많은 여성들에게 자매관계는 노년기를 살아가는 데 큰 도움이 된다.

(2) 부모자녀관계

노년기에는 성인자녀와 적절한 유대관계를 형성하고, 서로간에 부모와 자녀로서의 역할을 적절히 수행하면서 협력해나가야 한다. 전통사회에서는 노인이 자녀로부터 보살핌을 받을 것이 보편적이었지만, 최근에는 노인들의 의식이 변화하여 자녀에게 의존하기보다는 독립적으로 노후를 보내려는 사람들이 증가하고 있다. 노인들이 과거처럼 자녀의 효도에 의존하지 않고, 건강이 허락하는 한 여가활동, 운동, 취미생활 등을 통해 즐겁게 생활하고자 한다.

노년기가 되어 건강이 약화되고 경제적으로 어렵게 되면 자녀에게 의존하게 된다. 그러나 성인자녀의 도움을 원하는 노인들은 경제적 지원보다는 그들을 자주 방문하고 정서적으로 지지하기를 더 바라고 있다. 성인자녀가 노부모를 모시고 있는 경우에 부모자녀관계에 갈등이 존재할 수 있다. 특히 고부간의 갈등은 전체 가족관계에도 영향을 미치기 때문에 적절히 해결해야 한다.

노년기에는 자녀에게 일방적으로 의존하기보다는 가능한 한 교환론적 입장에서 상호지원체계를 유지하는 것이 필요하다. 즉 성인자녀가 노부모에게 정서적 지지와 경제적 도움을 주고 노부모는 손자녀를 양육하는 것이다(최성재 · 장인협, 2002). 노부모와 성인자녀의 관계는 의무감에서가 아니라 애정적인 유대감에서 비롯되어야 노년기의 생활만족도를 높일 수 있다.

(3) 손자녀와의 관계

노년기가 되면 노인들이 조부모의 역할을 수행하게 되며, 이러한 역할은 노년기의 삶에 중요한 의미를 갖는다. 조부모는 손자녀를 자기 삶의 중요한 부분으로 인식하고 있으며, 조부모로서의 역할을 통해 자신의 존재가치를 확인하고, 상실감을 극복하며, 삶에 대해 보다 의욕적인 자세를 가질 수 있다(정옥분, 2000).

조부모는 자녀양육에 대한 경험이 많으므로 손자녀를 잘 양육할 수 있으며, 그들에게 정서적 안정감을 제공해줄 수 있다. 조부모는 손자녀에 대한 직접적인 의무감이나 책임감이 없기 때문에 순수한 애정적인 관계에서 유대감을 형성하고 그들을 돌볼 수 있다. 또한 조부모는 육아와 관련된 지식, 삶의 지혜, 사랑, 관용이 풍부한 사람으로서 손자녀의 삶에 많은 영향을 미치며, 그들에게 노인에 대한 긍정적인 태도를 심어 줄 수 있다.

〈표 5-2〉 가족생활주기별 변화과정

가족생활주기단계	정서적 과정과 주요원리	발달과정에 따른 2차적 변화
1. 가족과의 이별	정서적, 재정적 책임의 수용	-원가족에 대한 자아의 분화 -새로운 관계의 개발 -직업과 재정적 독립
2. 결혼	새로운 체계에 대한 적응	-부부체계의 형성 -확대가족, 배우자를 포함한 새로운 가족관계 재조정 -결혼에 따른 심리적 변화의 적응
3. 아동이 있는 가족	새로운 성원을 체계 내에 수용하기	-부부체계를 아동을 위한 공간을 확보하는데 적응 -아동양육, 재정, 가사적인 과제수행을 함께 하기 -새로운 구성원에 대한 배려
4. 청소년이 있는 가족	아동의 독립과 조부모의 취약성 등의 가족의 경계상의 융통성의 증진	-청소년이 체계 내부와 외부로 이동할 수 있도록 부모관계의 전환 -부부의 직업상의 문제에 재초점 -청소년의 변화에 따른 가족체계의 변화
5. 생활후기가족(노인)	세대간 역할변화의 수용	-신체, 심리사회적 변화에 적응 -새로운 가족과 사회적 역할선택의 탐색 -노년기에 적당한 공간체계의 재구성과 생의 마무리의 준비 -배우자, 형제, 그리고 동료들의 죽음에 대한 상실의 준비

(출처 : Betty Carter, and Monica McGoldrick, 1989에서 재구성)

손자녀의 양육과 관련하여 조부모는 자녀와 양육방법에 있어서 갈등을 경험하기도 하며, 손자녀의 양육보다는 노인 자신의 관심추구에 시간을 보내기를 원하기도 한다. 최근에는 조부모가 손자녀를 양육해주는 일이 줄어들고 있으며, 필요에 따라 방문하여 손자녀를 돌보며 즐거운 시간을 보내는 경우가 많다(김태련·장휘숙, 1996).

3. 부부관계

1) 부부관계의 의의

부부관계란 서로 다른 가정에서 성장한 성인이 만나서 결혼이라는 사회적 의식을 통하여 형성되는 가족관계다. 부부관계의 형태나 구조는 국가의 문화적 차이나 따라 다소 차이가 있다. 그리고 부부는 단순히 육체적인 결합이 아니라 정서적, 심리적 결합의 새로운 관계의 성립이다.

또한 부부관계는 시대에 따라 그 개념이 변화하고, 부부관계와 관련된 여러 가지 관련요인들도 변화하고 있다. 특히 가족관계에서 부부관계의 유형이 그 가족관계를 구축하는 데 중요한 영향을 미친다.

배우자와 사별한 노인은 배우자와 같이 사는 노인에 비하여 우울증과 정신장애를 가질 확률이 높다. 남성은 아내와 사별한 후 6개월 이내에 사망할 가능성이 많으며, 여성은 남편과 사별한 후 만성질환이 더욱 진전되기 쉽다(Zastrow & Kirst-Ashman, 1997). 배우자와의 사별은 평생의 반려자에 대한 상실감으로 심리적 충격이 크기 때문에 사별에 대한 심리적 준비가 필요하며, 취미활동이나 사회적 관계를 통해서 적응해나가야 한다. 이와 같이 부부관계는 가족관계에서 차지하는 비중은 매우 높다.

2) 부부관계의 만족도

결혼생활의 만족도는 결혼 초기에 높게 나타나다가 자녀를 양육하는 시기에 낮아지며, 자녀가 독립하는 시기에 다시 높아지게 된다. 특히 청소년기의 자녀를 둔 부부에게 만족도가 낮으며, 이 시기의 결혼생활의 만족도는 부모가 동성의 청소년 자녀와 얼마나 친밀한 관계를 유지하는가와 관련되어 있다는 것이다.

중년기의 결혼생활의 만족도에는 성별로 차이가 있으며, 남성이 여성보다 만족도가 높게 나타나고 있다. 이 시기에 여성의 주된 불만은 남편이 너무 의존적이라는 것이다. 또한 중년기의 여성들은 친구나 성장한 자녀를 주된 의논 상대로 여기는 반면에 남성들은 연령이 증가하면서 배우자를 더욱 중요하게 인식한다(정옥분, 2000).

자녀들이 독립하게 되면서 중년기의 부부는 부모의 의무로부터 해방되어 부부간에 많은 시간을 갖게 되면서 결혼생활의 만족도가 높아지게 된다. 이 시기에 부부간에 서로에 대해 더 잘 알게 되고 즐거움과 슬픔을 함께 나누면서 동반자의식이 더욱 강화된다.

중년기 부부에게 이러한 동반자의식이 신장되지 못하게 되면 별거나 이혼과 같은 문제가 발생할 수 있다. 따라서 중년기에 부부간에 동반자의식을 가지고 결혼생활의 만족을 느끼면서 살아가기 위해서는 서로간에 충분한 의사소통을 하며, 서로의 인격을 존중하고, 친구나 동료와 같은 친밀감은 물론 성적 친밀감을 느낄 수 있도록 해야 한다.

〈자료〉 부부관계 만족도에 대한 설문지

사용설명 : 이 설문지는 부부관계에서 당신이 얼마나 만족하고 있는가에 대한 설문지입니다. 당신의 대답은 당신과 가족의 스트레스와 문제의 원인을 사정하는 데 도움이 됩니다. 각 항목에 대해 당신의 만족도가 가장 적합한 항목에 표시해주시기 바랍니다(서울대학교 사회복지실천연구회 역 편, 1998).

	매우 만족	약간 만족	보통	약간 불만족	매우 불만족
의사결정의 방식	( )	( )	( )	( )	( )
아동양육책임의 분배방식	( )	( )	( )	( )	( )
돈과 가계제정의 분류방식	( )	( )	( )	( )	( )
수입 정도	( )	( )	( )	( )	( )
부부갈등의 해결방식	( )	( )	( )	( )	( )
가사노동의 분담방식	( )	( )	( )	( )	( )
아이들과 지내는 방식	( )	( )	( )	( )	( )

아이들의 훈육방식	( )	( )	( )	( )	( )
친척(부모)들과의 교류방식	( )	( )	( )	( )	( )
여가를 보내는 방식	( )	( )	( )	( )	( )
대화의 방식	( )	( )	( )	( )	( )
함께 지내는 시간의 정도	( )	( )	( )	( )	( )
술을 마시는 정도	( )	( )	( )	( )	( )
서로간의 정서적 지지방식	( )	( )	( )	( )	( )
사생활의 만족 정도	( )	( )	( )	( )	( )
피임방식	( )	( )	( )	( )	( )
부부관계의 성적인 부분	( )	( )	( )	( )	( )
미래를 설계하는 방식	( )	( )	( )	( )	( )
이웃과 지내는 방식	( )	( )	( )	( )	( )
종교 관심사 다루는 방식	( )	( )	( )	( )	( )
분노와 좌절을 다루는 방식	( )	( )	( )	( )	( )

♲ 당신의 부부관계에서 다른 중요한 관심사가 있으면 적어주세요.

( )

♲ 당신의 부부관계에서 중요한 강점은 무엇이라 생각합니까?

( )

♲ 당신의 부부관계에서 가장 중요한 두 가지 문제는 무엇이라 생각합니까?

( )

〈자료〉 법률상의 부부관계

제826조 (부부간의 의무)

① 부부는 동거하며 서로 부양하고 협조하여야 한다. 그러나 정당한 이유로 일시적으로 동거하지 아니하는 경우에는 서로 인용하여야 한다.

② 부부의 동거장소는 부부의 협의에 따라 정한다. 그러나 협의가 이루어지지 아니하는 경우에는 당사자의 청구에 의하여 가정법원이 이를 정한다.〈개정 1990.1.13〉

③ 처는 부의 가에 입적한다. 그러나 처가 친가의 호주 또는 호주승계인인 때에는 부가 처의 가에 입적할 수 있다.〈개정 1990.1.13〉

④ 전항 단서의 경우에 부부간의 자는 모의 성과 본을 따르고 모의 가에 입적한다.

제826조 (부부간의 의무)

① 부부는 동거하며 서로 부양하고 협조하여야 한다. 그러나 정당한 이유로 일시적으로 동거하지 아니하는 경우에는 서로 인용하여야 한다.

② 부부의 동거장소는 부부의 협의에 따라 정한다. 그러나 협의가 이루어지지 아니하는 경우에는 당사자의 청구에 의하여 가정법원이 이를 정한다. 〈개정 1990.1.13〉

제829조 (부부재산의 약정과 그 변경)

① 부부가 혼인성립 전에 그 재산에 관하여 따로 약정을 하지 아니한 때에는 그 재산관계는 본관 중 다음 각조에 정하는 바에 의한다.

② 부부가 혼인성립 전에 그 재산에 관하여 약정한 때에는 혼인중 이를 변경하지 못한다. 그러나 정당한 사유가 있는 때에는 법원의 허가를 얻어 변경할 수 있다.

③ 전항의 약정에 의하여 부부의 일방이 다른 일방의 재산을 관리하는 경우에 부적당한 관리로 인하여 그 재산을 위태하게 한 때에는 다른 일방은 자기가 관리할 것을 법원에 청구할 수 있고 그 재산이 부부의 공유인 때에는 그 분할을 청구할 수 있다.

④ 부부가 그 재산에 관하여 따로 약정을 한 때에는 혼인성립까지에 그 등기를 하지 아니하면 이로써 부부의 승계인 또는 제삼자에게 대항하지 못한다.

제2부 건강가정정책과 실천

제 6 장
건강가정정책

1. 건강가정정책의 접근방향

1) 건강가정정책론과 방법론적 개념접근

아직까지 우리의 경우 건강가정사업에 대한 역사가 짧고, 전문적인 분야가 정착되어 있지 않기 때문에 가족정책 또는 가족복지정책을 통하여 건강가정정책을 고찰해보고자 한다. 건강가정의 체계화에 있어서 방법론과 정책론을 통합하는 것은 매우 어렵고 접근하기 힘든 작업이다. 일반적으로 방법론은 원조실천의 방법, 과정을 이론화한 것이고 정책론은 가족정책입안의 방법, 과정을 이론화한 것으로 전자를 가족임상학, 후자를 가족정책학이라 부르는 경우도 있다(김익균 · 고순철, 1997).

그리고 건강가정의 정책적 접근은 사회구조적인 측면에 초점을 두고 사회문제의 해결을 강조하는 입장이며, 임상적 접근은 인간 행위에 초점을 두고 문제해결을 도모하는 입장이다. 따라서 접근방법에 내재되어 있는 구조행위간 이론적 딜레마의 문제는 가족학에게만 있는 고유한 것이 아니며 사회과학 전반의 문제라고 할 수 있다.

그러나 지금까지 잔여적이라고 생각되었던 가족부문은 보편적 서비스 제공원칙의 확립과 함께 보건의료서비스, 재가복지서비스 그리고 소득보장제도와의 조정이 중요하게 되었다. 그리고 단순히 방법론과 정책론의 연결이 아니고 가족의 다양한 욕구를 충족시킬 수 있는 원조과정 연속선상에서 정책입안 과정을 계속하여 그것이 실천과정에 포함시키는 것을 의미한다.

그리하여 가족정책을 다루는 연구분야로서 가족임상학과 동일한 분야라고 생각하는 견해도 있다. 즉 가족욕구가 사회화됨에 따라 욕구충족의 조직화로서 서비스제도의 창출과 조정 및 개혁을 다루지만 이럴 경우 가족임상학에 관한 지식과 견해를 가지면서 정책면에서 욕구의 개념화와 측정, 서비스 제공시스템의 조직화, 자원의 조달과 개발 등을 그 연구분야로 하여 조직화된다는 것이다. 결국 가족정책론과 방법론은 상호연관 속에서 가족학의 이론화를 전개하면서 가족복지가 발전하고 있는 것이다.

이것은 지금까지 사용해 온 단일한 접근방법은 그 자체의 한계성이 있으며, 보다 효과적인 방법이 있을 수 있다는 가정에서 전문화된 방법들의 통합에 강조를 두고 과거의 접근방법들의 한계점을 극복하고 전문성을 강화하기 위한 적극적인 노력으로 사회사업방법에 관한 이론적 배경의 다양화와 건강가정사의 역할을 수정하는 데 통합성의 중요성이 있다. 이러한 측면은 건강가정사업 및 건강가정정책에도 그대로 적용될 것이다.

2) 건강가정정책과 방법론의 통합

건강가정사업에서 방법론과 정책론의 통합화를 어떻게 이룰 것인가가 중요한 문제이다. 가족복지는 일반적으로 복지정책학의 영향과 함께 방법론 쪽으로 광범위한 사회복지 원조기술로서 직접원조기술, 개별원조기술, 재가복지원조기술, 지역복지원조기술 등이 통합적으로 실시되고 있는 실정이다.

즉 건강가정사업은 건강가정정책을 통하여 우리나리 건강가정사업에 대한 전반적인 정책이나 프로그램을 개발하고, 이러한 건강가정정책을 통하여 전문적인 건강가정사업 실천에 대한 전문적인 방법을 개발해야 할 것이다.

3) 건강가정정책의 필요성

가정은 그 자체가 하나의 체계인 동시에 전체 사회체계의 한 하위체계를 이루고 있다. 그러므로 사회체계의 구조적 변화는 가족체계의 구조에도 영향을 미치게 된다. 가족은 개인들의 육체적 복지와 함께 가장 깊은 정서적 욕구를 충족시키며 자녀들의 사회화를 위한 생활교육과 훈련, 그리고 가계의 공동운영을 담당하는 중요한 기능을 해왔다. 그리고 현대가족은 산업화, 도시화 및 가치관의 변화로 가족구조 및 가족형태의 변화를 가져왔다.

핵가족화는 전통사회의 확대가족의 많은 의무로부터 해방시켜 주었으나 동시에 확대가족의 경제적 보장과 사회적 지원을 상실하게 하였다. 따라서 전통가족의 가족간의 상부상조하는 복지적 기능의 상실로 일어나는 가족문제를 해결하기 위한 조치로서 가족복지정책이 제기된다. 즉 건강가정사업은 과거 가족이 수행하였던 전통적 기능을 유지・보완・대치하기 위한 노력이다. 부모교육과 상담은 부모의 역할의무를 수행하기 위하여 자기의 능력을 강화시키는 노력이고 보육과 가사조력서비스는 어머니가 수행한 자녀양육과 가정관리의 기능을 보완하기 위한 것이며 건강가정정책은 가족문제를 예방하고 해결하기 위한 것이다.

예를 들어 유럽의 가족정책은, 첫째로 대가족을 위한 소득재분배 정책의 일환으로 가족수당・소득세정책 등이 실시되었고, 둘째로 인구정책과 장기적 인구계획에 대한 관심에서 실시되었으며, 셋째로 고아, 장애자, 노인, 빈곤자, 무주택자와 같은 피부양자와 부적절한 가족성원의 지원적・대리적 보호를 위한 공공정책으로 나타났다.

이러한 건강가정정책은 산업사회에 있어서 의존성과 다른 사회문제를 예방하기 위한 개념인데 특히 영・미・캐나다에서 볼 수 있다는 보완적 가족정책이다. 그러나 최근에는 가족정책의 관심이 아동・부녀 및 노인에게 확대되고 있다. 가족을 도와준다는 것이 아동의 생활조건을 개선시키는 가장 효과적인 방법이 되고 이것은 아동에 영향을 미치는 공동정책을 중요시하는 것이 되었다.

즉 건강가정정책은 가족복지를 실천하는 거시적, 제도적 방안으로 정부가 가족을 위해 시행하는 모든 활동을 의미한다고 할 수 있다. 즉 가족 외적요인인 산업화・현대화에 따른 사회경제적 조건의 변화로 인하여 문제가족이 야기되었다고 보고 가족이 처한 사회적 조건과 환경을 개선하려고 하는 국가적 모든 노력을 말한다(송성자, 1995). 따라서 건강가정사업 실천의 접근방법이 문제가족에 대하여 개별적, 심리적, 미시적으로 치료하는 서비스인 데 비해, 건강가정정책은 문제가족에 대해 예방적 처우라는 관점을 가지고 사회의 구조적인 문제에 대하여 제도적, 환경적, 거시적으로 접근하는 것이라고 볼 수 있다.

2. 건강가정정책의 유형과 특징

1) 유형

가족정책을 포함한 건강가정정책은 시대의 변화에 따라 그 범주가 점차 확대되고 있다. 첫째, 유럽에서는 가족복지정책을 가족수당, 보편가족급여, 소득세제 등과 같은 소득재분배의 의미로 사용하였다. 둘째, 인구정책과 장기간에 걸친 인구계획의 맥락이 추가되었다. 셋째, 부적응가족으로 불리는 소년소녀가장가족, 장애인가족, 노인가족, 빈곤가족, 무주택가족 등에 대한 지원의 개념으로 주로 사용되었다. 넷째, 최근의 개념이라 볼 수 있는 가족복지정책은 아동의 인권옹호, 취업여성에 대한 지원 등을 중심으로 확대되었다.

그리고 일반적으로 건강가정정책은 3가지의 개념으로 사용되고 있다. 즉 가족문제를 해결하기 위한 사회정책의 한 분야로서의 가족정책, 다른 정책의 수단으로서의 가족정책, 사회정책의 선택을 위한 관점 및 기준으로서의 가족정책으로 구체적으로 설명하면 다음과 같다(고수현 외, 2002).

(1) 사회정책의 한 분야로서의 건강가정정책

가족문제를 해결하기 위한 사회정책의 한 분야로 건강가정정책을 보는 것으로 가족을 위한 소득보장정책, 인구정책, 빈민・장애인・노인・무의탁자들과 같은 요부양 가족구성원에게 서비스를 제공하는 정책들이 여기에 포함되며, 아동보호사업과 아동보호를 위한 사회복지 급여, 취업모를 위한 지원서비스, 아동양육프로그램과 서비스에 관한 것, 대인복지서비스 등을 들 수 있다.

(2) 다른 정책의 수단으로서의 건강가정정책

다른 사회정책의 목적을 달성하기 위한 하나의 수단이나 도구로 건강가정정책이 활용되는 것으로 예를 들어 가족정책은 인구증가정책으로 가족수당, 아동수당 등을 지급하여 부모들이 자녀를 더 많이 낳도록 장려하거나 혹은 인구억제정책으로 가족계획을 통해 자녀출산을 제한하는 등의 방식으로 인구정책을 위한 수단으로 활용될 수 있다.

(3) 사회정책의 선택을 위한 관점 및 기준으로서의 건강가정정책

건강가정정책을 사회정책의 선택을 위한 범주나 관점으로 보는 것은 가장 최근의 개념으로 모든 사회정책은 가족에게 직·간접적으로 영향을 주기 때문에 가족정책의 관점에서 보아야 한다는 관점이다. 이 경우 모든 정책영역, 즉 조세, 교통, 군사정책, 토지이용 등도 가족정책의 영역에 포함될 수 있는 것이고, 정책결과의 평가뿐만 아니라 정책결정기준의 하나로서 가족복지를 이용하는 것이다(박민자, 1996). 그러나 현실적으로 모든 정책을 가족중심으로 고찰한다는 것은 매우 어려운 일이기 때문에 이것이 가능하기 위해서는 가족복지에 대해 사회적 합의가 있어야 할 것이다.

(4) 기타 유형

건강가정정책을 에스핑-안데르센의 유형을 토대로 분류하여 보면 건강가정정책의 국가별 유형은 가족과 친족 책임주의적 건강가정정책 국가, 특정가족의 기능을 보완하는 건강가정정책 국가 그리고 가족문제의 예방과 해결에 국가가 적극적으로 개입하는 가족친화적(family-friendly) 건강가정정책 국가로 나눌 수 있다(최경석 외, 2001).

가족과 친족 책임주의 건강가정정책의 특성은 가족성원에 대한 양육과 부양의 기능을 가족이나 친족이 우선적으로 책임지고, 국가는 최소한의 책임을 진다는 잔여적 정책을 지향하는 것으로 남부유럽, 우리나라를 포함한 동남아시아 국가들이 이에 해당한다. 특정가족의 기능을 보완하는 건강가정정책은 '기준'이 되는 가족형태를 선정하여 이에 해당하지 않는 많은 가족들을 '특정가족형태'로서, '보호해야 할' 가족으로 인식하고 그 가족기능을 지원하는 것으로 아일랜드, 영국, 한국을 들 수 있다. 또한 가족친화적 건강가정정책은 다양한 가족형태를 인정하고 양성 평등한 부부관계에 기초하여 가족의 전체성에 개입하고 가족문제의 예방과 해결에 있어 국가가 적극적으로 개입하는 정책접근으로 스웨덴, 노르웨이, 덴마크 등을 들 수 있다.

2) 건강가정정책의 접근방법

건강가정사업의 접근방법에 있어 정책적 접근방법이란 국가 또는 공공기관, 행정기관 등을 통하여 접근함으로써 가족문제의 원인이 개인에게 있다고 보지 않고 국가나 사회 전체의 책임이므로 다양한 정책을 통하여 문제를 해결해야 한다고 보고 있다.

(1) 사회보장제도

사회보장제도란 건강가정이 경제적으로 유지되어야 할 최소한의 소득보장으로 사회보험과 공공부조, 사회복지서비스 등을 통하여 국민들에게 최저한도의 소득 보장을 해주는 제도이고, 자발적 서비스나 산업적 또는 협동적 제반활동은 포함되지 않는다. 구체적인 사회보장제도의 특성을 살펴보면 다음과 같다.

첫째, 국가를 구성하는 전 국민을 대상으로 하는 제도이다.

둘째, 국민의 최저생활을 보장하는 제도이다.

셋째, 국가의 정치, 경제, 사회, 문화의 모든 영역에 있어서 국민의 최저생활이라 함은 여러 가지의 위험과 사고로부터 보호하는 것을 목적으로 하는 것을 의미한다.

넷째, 공공시설로서 서비스를 실시한다.

다섯째, 사회정책의 일부분이다.

그리고 대부분의 국가들은 가족복지정책을 사회보장정책의 일환으로 추진하고 있으며 우리나라도 어느 정도 차이는 있지만 이에 준하고 있다. 일반적인 가족에 대한 사회보장제도는 다음과 같다.

① 연금제도

가. 장애연금 : 피보험자가 재직중 불구가 된 경우 불구 정도에 따라 취업 수 없는 기간 동안 지급되며 배우자 및 부양하고 있는 아동을 위한 추가액이 지급된다.

나. 유족연금 : 피보험자가 재직중 사망하거나 노령연금을 받고 있던 수혜자 본인이 사망한 경우 그 유족을 위해서 지급된다.

다. 미망인연금 : 피보험자의 배우자이었던 자에게 지급되며, 그 배우자가 아동을 양육할 것을 조건으로 지급되는 경우도 있는데 이 경우 그 아동이 성장하여 일정한 연령을 초과하게 되면 지급을 중단하게 된다.

라. 고아연금 : 일정연령 이하의 피보험자의 자녀를 위하여 지급되며 대체로 양쪽 부모가 모두 없는 경우에는 한쪽 부모가 없는 경우에 비하여 많은 금액을

지급한다. 그리고 많은 나라에서 학업 계속 중이거나 견습공을 하고 있거나 불구 아동일 경우에는 연령제한을 완화하여 그 상한을 비교적 높게 하고 있다.

② 가족수당제도

가족수당은 기본적으로 자녀가 있는 가족에게 정규적으로 지급되는 현금급여를 말한다. 그러나 오늘날 학비, 출산비, 모자보건서비스 비용과 성인부양자수당 등이 포함되기도 한다.

가족수당제도의 시행형태는 2가지로 구분된다. 하나는 보편적 가족수당제도로서 일정한 수의 아동을 가진 모든 가구에 수당을 지급하는 경우이고, 다른 하나는 고용 관련 가족수당제도로서 모든 피용자에게 수당이 지급되는 경우이다. 후자의 제도를 가진 대부분의 나라에서는 피용자가 퇴직하였거나 일시적으로 휴직한 경우 또는 질병, 실업, 산재, 장애연금 등 급여혜택을 받는 기간 동안에라도 부양하여야 할 아동이 있을 때에는 가족수당을 계속 지급 받도록 하고 있다.

가족수당의 재원은 제도의 형태에 따라 다르다. 보편적 가족수당제도의 경우에는 일반조세에 의하여 해결함이 보통이고 고용 관련 가족수당제도의 경우에는 고용주의 기여금에 의하여 해결함이 보통이나 정부의 보조 또는 피용자의 기여금 등으로 보충하는 경우도 있다.

③ 아동수당제도

가족경제에 미치는 아동양육비의 부담을 경감시켜 가정의 빈곤화를 방지하고 아동이 건전하게 육성되도록 돕기 위하여 마련된 제도이다. 즉 국가가 그 나라의 경제사정을 고려하여 소정의 양육비를 부모에게 지급하는 것을 말한다. 우리나라에서는 아직 제도화되어 있지 못하나 영국, 프랑스, 일본 등의 대부분의 선진국가에서 실시되고 있다.

(2) 가족복지 관련법규

가. 가족복지 관련법 : 가족복지를 실천하고 가족복지정책을 수립하기 위해서는 법적 장치로서 법규를 마련해야 한다. 그리고 가족복지는 단일한 법으로는 완전한 가족복지정책을 실시할 수 없음으로 관련법규들이 통합적으로 접근하여 실시되어야 한다.

나. 가족복지법의 종류 : 가족복지법의 종류로는 건강가정기본법, 아동복지법, 영유아보육법, 모・부자복지법, 여성발전기본법, 모자보건법, 소년원법, 모성보호법, 청소년기본법, 국민기초생활보장법, 가족폭력관련법 등이 있다.

(3) 가족복지행정

가족복지행정은 사회복지의 한 분야로서 가족복지를 효과적으로 전달하기 위한 전달체계이다. 그러나 아직까지 가족복지에 대한 독립적이고 체계적인 행정구조를 구축하지 못하고 있는 실정이다. 즉 다양한 부처에서 가족복지행정을 실시하고 있어 통합적인 가족복지행정을 실시하기에 많은 어려움이 있다.

3) 건강가정정책의 특징

우리나라의 건강가정정책은 가족과 친족이 우선적 책임을 지고 국가는 최소한의 책임을 지는 잔여적 정책을 지향하는 가족과 친족책임주의 건강가정정책과 특정가족의 기능을 보완하는 건강가정정책 유형에 위치하고 있어 특정가족 중심적이며, 친족책임주의 성격이 강하다. 그리고 서비스 대상에 제한이 있는 요보호 대상자를 위한 복지정책에 집중되어 있어 예방보다는 치료에 접근하고 있는 정책이라고 볼 수 있다.

그러나 가족의 구조와 기능이 변화됨에 따라 건강가정정책의 방향이 가족친화적 가족복지정책을 지향하는 것이 바람직할 것으로 보인다. 가족친화적 건강가정정책은 가족 전체와 가족성원의 욕구가 모두 고려되며 양성 평등적이고, 가족 유형에 따른 차별이 없이 어떤 형태의 가족이든 가족으로서의 최소한의 생활이 보장되고 위험으로부터 보호되며, 건강한 가족생활을 할 수 있는 동등한 기회가 제공되도록 하는 가족중심의 건강가정정책을 의미한다.

3. 건강가정정책의 접근방향과 가치

1) 접근방향

(1) 사회복지의 차원

사회복지정책을 분석함에 있어 체계적인 방법을 제시하면서 사회복지정책은 그 기초가 되는 문화와 그 문화에 따른 가치 및 지식과 밀접하게 관련되어 있다고 보고, 네 영역에 걸쳐 고려되어야 할 중요 요소들을 다음과 같이 들고 있다.

① 문화적 가치와 관련된 고려사항으로서는 정책의 현대적 스타일, 사회복지가치, 사회의 다른 중요 가치 등과의 양립 여부와 공평과 정의에의 기여 여부를 들고 있다. ② 영향력의 차원과 의사결정에 있어서는 정책의 정치적 수용 가능성 및 이익집단의 만족 여부를 들고 있다. ③ 지식에 관한 고려사항으로서는 정책의 과학적 온전성 및 합리성 여부를 들고 있다. ④ 비용 및 급여에 관련된 요소로서는 정책의 경제적 실현가능성(대안보다 경제성 여부), 시행가능성 그리고 또 다른 사회문제를 야기할 가능성 여부를 들고 있다.

정책분석과 형성의 보다 세련되고 체계적인 과정에 있어서의 요건으로서 ① 합리적 방법의 활용, ② 명확하고 명시적인 방법, ③ 사회적 효용성의 극대화 방안, ④ 정책분석과 형성과정을 제한하는 생태학에 대한 이해, ⑤ 가능한 한 개개인의 이익과의 일치, ⑥ 현상유지를 포함한 각 대안에 있어서의 미래예측, ⑦ 제반 사회적, 개인적 가치와의 일치, 사회복지종사자의 만족스런 기능발휘를 위한 환경조성에의 관심 등을 들면서, 이러한 생태학적 원리에 의하여 사회사업은 체계적, 합리적 및 효율적인 방법으로 사회정책을 형성 · 분석할 수 있다고 보고 있다.

그리고 사회정책분석 및 통합의 준거틀로서 ① 정책에 의하여 다루어질 문제, ② 정책의 목적, 가치전제, 이론적 입장, 표적 부분 및 실질적 효과, ③ 사회정책의 일반적 영역과 중요 과정과의 연관성, ④ 정책과 정책개발 및 시행을 위한 세력간의 상호작용적 효과, ⑤ 대안적 사회정책의 개발(비교와 평가) 등을 열거하면서, 정책대안의 분석에 있어서 ㉠ 자원개발의 방법과 다양한 서비스 제공의 우선순위, ㉡ 사회성원에 대한 지위기능 및 과업의 할당방법, ㉢ 특권분배의 방법 등이 고려되어야 한다고 주장하고 있다.

(2) 가족복지정책의 차원

이상에서 사회복지정책의 주요 대상을 검토하였는데, 대상의 규모나 생산적이며 미래 지향적인 관점에서 볼 때, 사회복지정책에 있어 가장 중요한 정책분야의 하나로서 가족복지정책의 차원을 전술한 바와 같은 사회복지정책 차원의 테두리 속에서 우리나라 가족복지의 현황 분석과 방향제시를 검토해 볼 필요가 있을 것이다.

가. 가족복지 대상과 기능의 변화 : 가족복지정책은 특정의 문제를 가지고 있는 가정에 대한 대책은 물론이거니와 그 밖의 일반가정을 대상으로 하여 그들의 건전한 육성을 기하도록 하지 않으면 안 될 것이다. 또한 가족복지정책은 전술한 바와 같은 가족복지의 이념과 원칙을 실현하는 것이어야 하며, 특히 가족의 권리보장이란 관점에서 가족의 가능성을 믿고 그것을 충분히 발휘할 수 있는 장과 기회가 제공되도록 하지 않으면 안 될 것이다.

나. 가족욕구의 해결 : 가족복지정책은 가족의 발달과 생활을 보장하기 위하여 가족의 욕구와 밀접하게 관련하여 그들의 발달단계에 따라 서비스가 제공되도록 하지 않으면 안 될 것이다.

다. 국가책임의 강조 : 가정은 인격형성에 중요한 장이며, 학교와 지역사회 속에서 보호가 이루어짐을 감안할 때, 가족복지정책은 가족의 건전 육성을 위하여 각종 복지와 전인교육, 그리고 지역주민의 적극적인 참여를 통한 지역사회조직화를 뒷받침하는 것이어야 할 서이다. 나아가서는 가족보호의 책임에 있어 일차적으로 보호자의 책임하에 아동의 자유와 기본적 인권을 보호하도록 노력하며, 이차적으로는 국가나 지방 공공단체가 보호의 책임을 지는 방향으로 가족복지정책을 강구해야 할 것이다.

라. 가족정책의 방향 : 가족복지정책은 종래의 사후 처리적인 성격으로부터 탈피하여 예방 · 치료 · 에프터 케어로 이어지는 일관성 있는 방향으로 추진되어야 할 것이다. 가족복지정책은 그 급여의 내용을 중심으로 볼 때, 사회보장(경제적 원조)과 복지서비스의 양대 차원으로 분류된다. 사회보장에는 아동수당, 교육부조,

모자연금과 의료 및 사회복귀를 위한 것들이 복지서비스에 있으며, 수용보호, 통원지도, 방문지도 등과 같은 가족복지기관과 시설의 사업 및 지역사회에 있어서의 가족복지 활동 등이 있다.

따라서 가족복지의 이념과 원칙 및 가족의 권리 보장이란 관점에 입각하여 특정한 문제를 가지고 있는 가족뿐만 아니라 일반 가족을 그 포괄적 대상으로 하여 가정과 지역사회를 중심으로 보호자의 일차적 책임과 국가 및 지방 공공단체의 이차적인 보호책임하에 아동의 욕구에 맞게 사회보장과 복지서비스를 우리나라 가족복지의 현황분석을 통하여 그 방향을 모색해야 한다.

이러한 정책의 접근방향과 가치는 건강가정정책에도 동일하게 적용될 것이므로, 앞으로 집행되는 건강가정정책에 포함시켜야 할 것이다.

2) 건강가정정책의 가치

상술한 바와 같은 가족복지의 가치를 실현하기 위한 건강가정정책의 주된 가치이념으로서는 ① 개인주의와 집단주의, ② 자유와 평등, 그리고 민주주의, ③ 사회적 공정과 효율, ④ 소셜 미니멈(social minimum) 등을 들 수 있다.

(1) 개인주의와 집단주의

인간은 개별적 동기와 집단적 동기의 두 동기에 의하여 행동하며, 각국의 문화는 두 동기 중 어느 하나를 강조하는 경향을 갖는다. 집단주의의 문화에 있어 국민의 생활안정과 향상 또는 복지는 상부상조라고 하는 형태로 행해지고 있다.

우리나라는 급속한 근대화과정에 있어 구미(歐美)문화의 침투에 따라 개인주의화가 두드러진 가운데, 산업사회의 특징으로서의 업적주의에 의한 가치기준에 따른 현상(한국적인 경쟁의 가열 풍조)이 뚜렷해지고 있다. 따라서 이와 같은 개인주의와 집단주의를 어떻게 배합 또는 균형지울 것인가는 건강가정정책의 가치선택의 문제인 것이다.

(2) 자유와 평등 및 민주주의

자유와 평등의 가치이념은 인간을 움직이게 하는 기본적인 계기인 것이다. 이와 같은 자유와 평등은 건강가정정책의 시행에 있어 여러 가지 국면에서 대치되는 관계에 놓이는 경우가 많다. 자유는 개인과 개인이 외부로부터 제약을 받지 않는 것을 의미하며, 평등은 개인의 확립에 입각하여 개인간의 비교가능성을 전제로 하고 있다는 의미에서 양자는 다함께 개인주의의 문맥에서 정의할 수가 있으며, 그 틀 속에 있어 자유는 개별성을 그리고 평등은 집단성으로 표현하고 있다고 볼 수 있다.

따라서 이와 같은 개별성의 표현으로서의 자유나 집단성의 표현인 평등을 어떻게 정책에 양립시킬 것인가가 건강가정정책의 가치선택에 있어서의 과제가 될 것이다. 상술한 바와 같은 자유와 평등을 그 주된 본질로 하는 민주주의란 가치이념 또한 건강가정정책이 강조하는 중요한 가치인 것이다.

(3) 사회적 공정과 효율

정의에는 '교환의 정의'와 '분배의 정의'의 두 가지가 있는데, '교환의 정의'는 '시장사회(市場社會)'에 적용되는 정의이며, '분배의 정의'는 '조직'에 적용되는 정의라고 할 수 있다. 그런데 '조직' 가운데 있어 문제가 되는 '분배의 정의'는 '조직'에 있어서의 '올바른'기준이 무엇인가는 결과가 문제가 되는 한, 만인을 납득시킬 수 있는 분배의 기준이란 있을 수 없을지도 모른다.

그것은 이미 '정의'의 문제가 아니라 '조직'의 목적으로 본다면 어떠한 분배기준이 바람직한 것인가의 문제인 것이다. 즉 ① 생존, 안전, 건강 등과 같은 기초적 욕구의 우선적 충족을 위한 '욕구에 응하는 분배'의 원칙과, ② 그 이상의 욕구에 관한 '공헌도에 응하는 분배'의 원칙과, ③ 동일한 조건의 케이스는 차별함이 없이 동일하게 다룬다는 의미로서의 기회의 균등 내지 공평을 기하는 것이 공정한 분배라는 생각이 꽤 광범한 사회적인 합의를 얻고 있는 것 같다. 상술한 바와 같은 분배의 원칙은 어떤 의미에서는 '기회의 평등화'라고도 풀이될 수 있다.

(4) 소셜 미니멈(social minimum)

이상에 있어 검토한 바 개인주의와 집단주의, 자유와 평등, 능력원칙과 필요원칙 등의 모순과 긴장을 내포하고 있는 가치이념을 어떻게 조화시킬 것인가에 대한 해답이 미니멈(minimum) 수준의 설정이라고 생각된다. 즉 이것에 의하여 가족에게 최저한도의 필요를 보장하며, 동시에 상술한 바와 같은 대립하는 가치와 이념 간에 일단의 경계선을 긋는 것이다. 이와 같은 미니멈 수준설정의 근거는, 상술의 대립개념 중 집단주의, 평등, 필요원칙 및 그것과 밀접하게 관계하는 연대주의의 계열에 속하는 원리인 것이다.

4. 건강가정정책의 분석

1) 분석의 내용

건강가정정책의 분석은 다음과 같은 내용으로 접근해 볼 수 있다.

(1) 효율모형

정책의 실시에 필요한 자원의 비용과 정책이 가져오는 편익간(便益間)의 관련에서 착안한 모형이다. 이 모형에서 말하는 효율이란 비용과 편익 내지 비용대(費用對) 효과비(效果比)에 의하여 측정되는 것이다.

(2) 효과모형

정책의 효과를 결정하기 위한 모형이다. 이 모형은 바람직스러운 목적을 달성하게 하기 위해서는 어떠한 수단의 배열이 바람직스러운가 하는 점을 명확히 하기 위한 것이다.

(3) 실행가능성모형

바람직한 목적을 달성함에 있어서 수단의 실행가능성의 평가에 관한 모형이다. 즉 선택된 수단의 효과 내지 그 목적으로 하는 것이 의사결정자가 선택한 다른 정책목적과 부합하는가의 여부에 관한 것이다. 이 정책수단의 실시는 정치적 지지를 얻을 수 있는가의 여부에 관한 것이다.

(4) 윤리모형

정책의 윤리적 기반을 평가하려고 하는 모형이다. 즉 선택된 정책목표가 사회의 가치체계에 미칠 영향, 또한 그 역으로 사회의 가치체계가 정책목표에 미치는 영향의 상호작용을 다루는 것이다.

2) 건강가정정책 분석의 특징

효율, 효과, 실행가능성, 그리고 윤리 등 건강가정정책 분석의 네 가지 모형은 각각 정책분석의 목표를 나타내는 것이지만, 정책분석의 특징을 살펴보면 다음과 같다.

① 건강가정정책은 정책목표와 정책수단의 관련을 명확하게 하려고 하는 점에 있어 목적 지향적이다.

② 건강가정정책은 정책현상이 사회과정의 여러 가지 요인의 상호의존을 전제로 하고 있다는 의미에 있어 체계적인 것이다.

③ 건강가정정책 분석은 정책실시의 예측이나 서술뿐만 아니라 필요한 행위까지 관련된다는 점에 있어 행위 지향이다.

④ 건강가정정책 주체가 정책목적을 실현시키기 위한 수법의 탐구하는 의미에 있어서는 조작성이 강조된다. 또한 정책과정에 있어서는 정책과제의 분야에 응하며, 또 관여하는 주체의 성질에 응한다.

⑤ 건강가정정책은 다양한 성격을 가진다.

⑥ 건강가정정책은 문제에의 접근법도 학제적(學際的) 성격이 강조된다. 또 행위자향성이란 성격은 불확실성을 고려해 넣도록 요청하며, 사회적 행위는 통상가치(通常價值)에 기초를 두고 있기 때문에 정책연구는 당연히 윤리적인 의미를 갖는 것이 된다.

5. 선진외국의 건강가정정책

우리나라의 건강가정정책은 시작단계임으로 외국의 가족정책을 고찰할 필요성이 있다. 선진국가에서는 이혼율의 증가로 인하여 여성이 이끄는 가구가 급증하고 있는 미국과 유럽에서는 모자가정의 빈곤문제, 교육문제, 의료문제, 주택문제 및 심리정서적 문제의 해결을 위하여 국가가 개입하여 지원하여 줌으로써 이들 가정구성원들의 사회적 기능을 돕고 나아가서 자활을 촉진하기 위한 제도적 장치가 잘 발달되어 있다. 구체적으로 유럽과 미국, 일본의 건강가정정책을 가족복지정책을 중심으로 살펴보면 다음과 같다.

1) 영국

영국의 가족복지정책은 국민보험제도, 국민의료제도, 가족수당제도, 전쟁연금제도, 보충부조혜택제도를 주요 내용으로 하고 있다. 영국의 모자가정은 국민보험제도하에서 보험금 불입과 급부의 양측면에 연금, 자녀특별수당, 사망일시금, 퇴직연금, 산업재해보험혜택을 받을 수 있다. 특히 영국의 과부수당은 남편이 보험금을 불입하였다면 연령, 수입 정도를 불문하고 남편 사망 후 26주 동안 일정액을 받으며 근로소득에 연계된 보충혜택과 부양 자녀당 일정 수당을 받을 수 있는 특징이 있다. 또한 과부수당이 끝나면 부양자녀 유무에 따라 모수당이나 과부연금으로 이어지는 제도의 연계성을 보이고 있다.

영국의 아동수당(1975년 이전에는 가족수당이라고 불렀음)은 아동이 있는 모든 가족이 혜택을 받으며 면세가 된다. 보충부조혜택제도는 질병, 과부가 되거나 퇴직 등의 이유로 한 가족의 생계가 절대최저생활수준에 미치지 못하는 인구를 위하여 생계조사를 통하여 사회부조를 하는 종합적 국가부조제도를 가족의 형편에 따라 다양하게 지급되는 부조액 이외 집세와 재산세 부조, 난방료 및 광열비 지급, 우유와 비타민의 무료지급, 시약요금 면제, 학교급식 무료, 변호사 비용보조 및 무료변호 등이 추가로 이어진다. 이 보충부조혜택의 주 수혜자는 모자가정이다. 가족소득보충부조제도는 일을 하면서도 소득이 적고 부양자녀들이 있기 때문에 생활의 어려움을 겪는 가족을 돕는 제도이다.

2) 프랑스

세계에서 가족정책이 제일 잘 마련되어 있는 나라는 프랑스이다. 프랑스의 가족정책은 인구정책과 아주 밀접한 관련이 있는데 관련 사회제도로는 가족수당제도, 노령보험, 출산보험, 사망보험, 사회부조, 가족서비스 등이 있다. 이들 중 가족복지정책과 관련 있는 제도로는 가족수당제도, 출산보험, 가족서비스 및 사회부조가 있다.

첫째, 가족수당제도는 급여 종류가 다양한데 이를 목적에 따라 크게 분류하면 부양의 부담경감을 위한 일반적 급여로서 가족수당, 보충가족수당, 출산을 위한 급여로서 산전수당, 산후수당 및 주거수당으로 나눌 수 있다. 이 중 급여액이 많은 것은 가족수당이다. 가족수당제도는 다른 제도에 비해 보편주의에 입각하고 있다.

둘째, 출산보험은 사회보험제도의 일종으로 출산 전후, 휴가중의 소득상실, 출산에 필요한 의료비문제를 해결하기 위한 보험이다. 출산에 따른 특수한 사정을 고려하여 출산보험은 질병보험보다 유리한 급여를 그 내용으로 한다.

셋째, 사회부조제도로서 수입 혹은 자산이 없는 자 또는 수입이 불충분한 자에게 지급되는 보충적 성질을 갖는 법적 급여의 총체를 의미하며 관리주체는 지방공공단체지만 비용은 국가와 지방공공단체가 각각 부담하고 있다.

넷째, 가족서비스로서 탁아, 가족상담, 각종 세제혜택 및 주택정책 등이며 2인 이상의 부양자녀가족에게 교통운임의 할인혜택 등도 포함된다.

3) 독일

독일의 사회보장제도는 사회보험과 공적부조로 크게 나눌 수 있는데 사회보험에는 연금보험, 의료보험, 노동재해보험, 실업보험 및 개호보험 등 다섯 가지가 포함된다. 공적부조제도는 크게 생활부조와 특별한 생활상태에 관계되는 특별부조 두 가지가 있다. 생활부조는 고령자, 임산부, 편부모가족, 장애자 등에게 추가 금액이 지급되며, 특별부조에는 생활기반조성, 예방적 건강부조, 질병부조, 가족계획부조, 장애인통합부조, 시각장애인부조, 개호부조, 고령부조 등이 있다.

독일의 모자가정은 연금보험 중의 하나인 유족연금에 의해 보호받는데, 이에는 과부연금, 홀아비연금, 이혼 후 부인에 대한 급여, 고아연금이 있다. 독일의 과부와 유아의 90%가 생계비의 대부분을 연금보험에 의존하고 있으며, 과부연금은 과부가 연령이나 부양자녀 수에 제한 없이 지급되는 특징이 있다. 또한 피해자가 사망했을 경우 유족에게 지급되는 유족급여는 사망일시금과 유족연금이 있다.

독일은 가정과 아동을 불가분의 관계로 보고 완전가정으로 제 기능을 할 수 없을 경우나 편부모 가정에 있는 아동에 대해서는 최선의 조성을 하여야만 된다고 보고 있다. 즉 가정의 경제적 보장을 위하여 아동수당, 아동수당가산금 등의 급부제도와 아동에 관한 조세부담공제제도 등의 간접적 급부제도를 실시하고 있다. 이외에 교육조성과 사회부조를 통하여 모자가정이 지원받을 수 있으며, 특히 의료보험제도를 통하여 경영원조나 가사원조도 받을 수 있다.

4) 스웨덴

스웨덴의 사회복지제도는 건강보험, 국민기본연금, 산업재해연금, 실업보험 등이 있는데, 이 중 건강보험과 국민기본연금은 재정의 대부분을 일반세입에 의존하고 있는 공적 서비스 성격을 띠고 있다. 또한 스웨덴의 사회복지체제는 사회평등주의 이념 아래 다양한 사회보험제도와 공적 서비스를 통하여 전통적인 계급간의 장벽을 무너뜨리고 공적부조의 대상을 매년 격감시켜 사회복지제도의 성공사례로 되고 있다.

스웨덴의 국민기본연금은 유럽에서 최고수준을 지급하면서도 다른 국가들이 피고용자나 고용주의 보험금에 의해 지급하는 것과는 달리 보험금갹출 없이 일반세입으로 거둬들인 정부재정에서 100% 충당하고 있다. 이러한 국민기본연금에서 모자가정은 과부연금이나 아동수당을 받을 수 있다.

부가연금은 국민기본연금이 생활보장을 일률적으로 하는 데에 불만이 생겨나 마련한 것으로 현직에 있을 때 수입에 준한 보험금을 연금 자금에 불입해 두었다가 65세 이후 불입한 기간과 액수에 비례한 연금을 받는 적립보험방식의 연금이다. 이 연금 재정도 피고용자가 부담하지 않고 고용주의 100% 부담금에 의존하고 있다. 이 부가연금에서 모자가정은 과부연금과 아동연금을 받을 수 있다. 즉 스웨덴의 모자가정은 기본적으로 과부가 되었을 때 받는 연금 외에 자격이 있으면 부가연금에서도 과부연금과 아동연금을 이중으로 받을 수 있다.

산업재해연금에서 모자가정은 일시금과 유족연금을 받을 수 있고, 이혼, 유기, 사망, 별거 등으로 인하여 편부모 밑에 있게 되는 아동에게 일반적 아동수당 외에 아동수당의 약 2배가 되는 추가 급여가 지급된다. 이외에 모자가정을 대상으로 특별조세감면, 주택수당의 우선지급, 직업훈련보조 및 직업알선, 자녀 관리를 위한 탁아소 제공도 실시하고 있다.

5) 미국

미국의 가족복지정책은 다른 서구국가에 비해 발달 정도가 늦고 제도의 내용도 미약하다고 할 수 있다. 그 이유는 미국의 전통적 가치인 자유주의, 개인주의, 자유방임주의 등이 사회복지 발달을 지연시켜 왔기 때문이라고 할 수 있다.

미국의 경우 모자가정을 대상으로 하는 대표적인 공적부조로는 빈곤가족일시부조제도인 TANF가 있다. TANF는 종래 요부양아동가정부조인 AFDC가 1996년 8월 복지개혁의 일환으로 대치된 것이다. 종래 AFDC는 아동이 계속해서 자기 가정에서 부양될 수 있도록 요부양아동이 있는 빈곤가정에 제공되는 현금급여제도이다. AFDC프로그램의 역사를 살펴보면 AFDC의 원류는 Mother'Aid 또는 Mothers' Pensions이라고 불리는 프로그램으로서 20세기 초에 미국의 주(州)들이 요보호 아동들에게 제공되는 부조를 법률로서 공식화하였는데, 이러한 법률은 주로 부에게 신체적 장애가 있거나, 이혼 또는 유기로 인하여 부가 없는 아동에게 부조를 제공하기 위해 제정되었다. 연방차원에서는 1935년에 제정된 사회보장법의 일환으로 ADC(Aid to Dependent Children)프로그램이 나타났는데 이 프로그램의 주요 목적은 아동을 위하여 그 아동의 모에게 부조를 제공하는 것이다.

그러나 ADC프로그램 아래에서는 노동이 가능한 부와 함께 사는 가정은 ADC 급여수혜자격이 없었으므로 노동이 가능하면서도 실직상태인 부가 자기 가정이 ADC 급여수혜대상이 되도록 하기 위해 가정을 유기하는 경우가 발생하였다. 이러한 부작용을 방지하기 위해 ADEC프로그램은 1961년 ADC-UP(Unemployed Parent) 프로그램으로 바뀌었는데, ADC-UP프로그램에서는 부모가 실업상태에 있을 때에도 아동에 대한 부조가 가능하였다. 이 ADC-UP프로그램은 1962년 가족이라는 단위를 강조하기 위해 AFDC(Aid to Families with Dependent Children)로 이름이 바뀌었다.

원래 ADC프로그램은 부가 사망했거나 사회보장(연금) 급여를 받지 못하는 장애를 지닌 부가 있는 가정의 아동들을 현금으로 도움이 필요한 가정의 부가 사회보장법의 여러 가지 보험프로그램의 수혜자격이 있으며 자연히 사라지거나 불필요한 제도로 전락할 것으로 예견되었다. 그러나 이 예상은 완전히 빗나갔다고 할 수 있다. AFDC프로그램은 그 역사가 50년이 지났는데도 수혜대상 가정은 급격하게 증가하고 있다.

그리하여 TANF프로그램에서는 장기수급자의 자립지원, 재정개혁 등의 관점에서 주정부의 재량권을 강화하고 대상빈곤가정, 수입한도, 급부액 등의 기준을 주정부 차원에서 설정하도록 하였다. 또한 1996년부터 수급 기간의 제한, 취로여건의 강화 등 급부제한요인을 설정하여 시행하고 있다. 이 밖에 모자가정을 위한 사회복지프로그램으로는 무료식품권(Food Stamp)과 일반부조(General Assistance) 등이 있다.

6) 일본

일본의 가족복지정책은 서구와 같이 가족에 초점을 둔 이론이나 정책이 충분히 축적되어 오지 않았다. 그러한 이유는 일본 특유의 가족제도하에서 가족문제의 대두를 억제해 왔기 때문이다. 그리하여 가족복지정책은 주로 아동복지적인 측면에서 모자복지정책을 중심으로 발달하기 시작하였다.

가족복지정책으로 유족연금, 유족기초연금이 지급되는 외에 모자복지자금을 저리로 대부하도록 하여 경제적 자립을 꾀하고 있다. 모자복지자금의 대부제조는 도, 부, 현 및 지정도시를 실시주체로 하여 20세 미만의 아동을 부양하고 있으면서 배우자가 없는 여성에게 대부된다. 이 대부제도는 1953년부터 실시하고 있고, 그리고 고등학교에 다니고 있거나 또는 수업시설에서 지식이나 기능을 습득하고 있는 아동이 18세에 달함으로 인하여 아동부양수당의 급부 또는 아동부양자금의 대부를 받을 수 없게 된 모자가정에 대해서는 수학자금 또는 수업자금에 아동부양수당 상당액을 가산한 금액을 한정액으로 한 대부가 행하여지고 있다.

문제가정에 대한 상담지도의 내용은 모자가정의 전반에 실시되나 주된 것은 어머니의 취직, 자식의 교육, 모자복지자금 대부 등이다.

그리고 모자가정의 경우 매점 등의 설치, 전매품 허가 및 모자세대의 직장개척을 추진하기 위하여 국가나 지방의 공공시설관리자에 대하여 모자가정으로부터 신청이 있을 경우에는 그 공공시설에서 매점, 이용원 또는 미장원 등을 설치할 것을 허가해 준다. 부모의 이혼 등에 의해서 부와 생활을 같이 하고 있지 않는 아동에 대해서 수당을 지급한다. 수당의 지급을 받는 자는 지급대상 아동을 감호하고 있는 모 또는 모가 없거나 혹은 모가 감호하고 있지 않을 경우에는 양육자이다.

6. 건강가정정책의 과제

일반적으로 지금까지의 가족복지정책은 가족 전체를 대상으로 지원하는 통합적, 포괄적, 종합적인 측면에서의 가족복지정책이라기보다는 대상 영역별 사회복지인 개별적인 가족복지를 실시하였다. 즉 가족 전체를 대상으로 하기보다는 장애인, 요보호 노인, 요보호 아동, 요보호 여성 등의 문제가 발생 할 개인을 대상으로 접근해 왔다. 그러나 앞으로 가족복지 차원에서 다양한 가족의 욕구를 어떻게 충족시키느냐가 중요과제라고 할 수 있는데 이러한 측면에서 우리나라 가족복지정책을 중심으로 건강가정정책의 과제와 전망을 살펴보면 다음과 같다.

1) 건강가정사업 접근의 재구성

(1) 가족 및 가족복지 개념의 재정립

가족에 대한 재개념화와 이러한 재개념화에 근거한 가족과 사회, 국가의 책임에 바탕을 둔 실질적인 대책의 강구가 필요하다. 왜냐하면 가족의 재개념화에 대한 사회적인 함의는 바로 가족복지의 대상이자, 범주를 결정짓고, 이에 준해서 가족 관련정책과 정책주체의 정책적 개입의 방법과 범위가 달라지기 때문이다(이소희, 1998).

또한 가족에 대한 접근은 그 나라의 역사와 문화 및 가치관 등에 따라 다양하게 접근함으로 우리나라의 실정에 적합한 가족의 개념이 정립되어야 만이 정책적으로 정당성이 달성될 수 있을 것이다. 그러므로 호주제, 남녀평등문제 등 가족문제에 대해 논란이 되고 있는 사항은 가족개념의 재정립을 통해 실현할 수 있을 것이다.

(2) 건강가정정책의 방향 재설정

가족정책은 가족의 욕구를 가장 잘 반영하는 가족친화적 사회정책으로서 가족을 단위로 한 포괄적, 종합적이면서 약화된 가족의 기능을 강화할 수 있는 원칙하에 수립되어야 하고, 가족단위의 종합적 복지정책의 추진으로 가족구성원의 생활여건과 삶의 질을 향상시켜 주는 정책이어야 한다.

그리고 이러한 가족정책의 방향을 설정하기 위해서 현재 가족들이 가지고 있는 가족욕구에 대한 정확한 조사가 이루어져야 할 것이다. 가족욕구의 변화도 다른 욕구와 같이 빠른 속도로 변화함으로 효과적인 건강가정정책의 수립을 위해서는 다양하게 분포된 가족욕구의 조사가 전제되어야 한다.

2) 전문적 프로그램의 개발

(1) 예방과 치료프로그램의 통합

합의에 이른 가족의 개념과 건강가정정책 방향이 설정되면 이에 걸맞는 건강가정프로그램이 개발되고 실시되어야 한다. 여기서 말하는 건강가정프로그램이란 가족욕구와 사정에 기초한 가족문제 발생을 예방하는 프로그램과 발생한 가족문제를 치료하는 프로그램을 의미한다. 건강가정사업은 예방도 중요하고 치료도 중요하다. 그러므로 한 측면만을 강조해서는 효과적인 결과를 얻을 수 없다. 그러나 현재의 가족복지는 예방과 치료는 서로 분리되어 있는 축면이 많음으로 앞으로 어떻게 통합시키느냐가 중요한 과제이다.

(2) 새로운 건강가정정책 및 프로그램의 개발

약화된 가족의 정서적 유대관계는 사회부적응의 문제 등과 결부될 때 가족의 제 기능을 발휘하기 어렵게 되고, 이에 적절한 사회적 보호서비스가 요구된다. 즉 사회보장과 같은 경제적인 문제를 해결할 수 있는 프로그램의 활성화도 중요하겠지만 가족의 심리적 문제를 해결할 수 있는 새로운 건강가정정책이 개발되어야 할 것이다. 그리고 핵가족화 현상과 함께 가족주기에 있어 부부만의 생활 기간이 길어지고 있어 점차 부부관계의 중요성이 증대되고 있는 추세이다. 그러므로 이러한 변화에 맞추어서 새로운 가족복지프로그램을 개발해야 할 것이다.

(3) 보육정책의 강화

보육서비스는 여성이 경제활동과 자녀양육을 양립할 수 있도록 할 뿐 아니라 모든 아동의 일상생활과 삶의 질을 향상시키고 아동의 성장과 발달을 촉진시키는 최적의 조건을 제공할 수 있어야 한다. 초등학교 저학년을 위한 방과 후 아동교실을 광범위하게 확충하고 이를 내실화할 수 있는 다양한 프로그램이 개발되어야 할 것이다. 기혼여성 취업의 가장 큰 장애요인인 자녀양육을 지원하기 위해서 수요에 비해 부족한 보육시설의 확충, 취업모의 욕구에 따른 다양한 형태의 보육서비스를 제공, 직장에서의 육아휴직제도 활성화, 탄력적인 근무시간제도 등의 도입 등이 요구된다.

(4) 가족문화프로그램의 개발

가족간의 교제 및 여가생활을 위한 다양한 가족문화 관련 프로그램개발 및 보급이 필요하다. 우리나라는 급속하게 가족해체가 진행되는 과정에서 적절한 가족문화가 형성되지 못하였다. 그러므로 우리 실정에 맞는 가족문화프로그램을 개발해야 할 것이다.

그리고 가족기능 강화를 위한 복지정책의 추진으로 가족구성원 개개인의 이기주의와 세대 차이를 감소시키고 가족단위의 여가를 보냄으로써 가족원간의 정서적 유대감을 공고히 하고 가족중심의 '삶의 가치'를 찾을 수 있도록 기능을 강화시켜 주어야 할 것이다. 가족의 개면도 변화하고, 이에 따른 정책도 변화하는 것과 같이 각종 프로그램도 다양한 가족욕구를 해결시켜 줄 수 있는 프로그램으로 변화해야 한다.

3) 법규와 전달체계의 재구성

(1) 가족 관련법규의 정비

현재 가족복지와 관련된 법규는 많다. 그러나 관련법규마다 용어, 내용, 접근방법 등이 다양하게 존재하고 있다. 그리고 관련부서가 다양하여 입법취지, 입법내용 등도 일관성이 없고 다양하게 접근하고 있다. 그러므로 장기적으로 보다 효과적인 건강가정정책의 실현을 위해서는 가족 관련법규의 정비가 전제되어야 할 것이다. 그리고 변화하는 가족욕구와 가족기능과 형태의 변화 등에 따른 가족 관련법규의 체계적인 대처가 필요하다.

(2) 전달체계의 재정비

가. 통합적 전달체계의 구성 : 현재 우리나라의 가족복지정책분야 중에 가장 큰 문제점 중에 하나가 전달체계의 다양성이다. 가족복지는 그 성격상 여러 관련 부처에서 접근해야 한다. 그러나 효율적인 정책을 집행하기 위해서는 관련부처의 업무를 통합하고 조절할 수 있는 기구가 있어야 한다. 그리고 건강가정사업은 민간기관과의 지속적인 협력관계를 유지해야 하므로 민간기구와의 연결고리도 마련하여야 한다.

나. 전문적 인력의 확보 : 건강가정프로그램은 가족복지적 접근이 용이한 전문가에 의해 실시되어야 만이 전문적 건강가정사업이 가능할 것이다. 그러나 아직까지는 사회복지분야에서 가족복지를 전문적으로 실시하는 전문가가 부족한 실정이다. 건강가정기본법에 의해 건강가정사를 두고 있지만 역사가 짧기 때문에 전문성이 부족하다. 그러므로 건강가정사의 전문성의 확보를 위한 법적 장치를 강화해야 할 것이다. 또한 공공부문에서도 장기적으로는 가족복지에 관한 업무를 수행하는 공무원은 가족복지 전문가로 채용하는 방향으로 유도해야 할 것이다.

제 7 장

건강가정기본법

1. 건강가정기본법의 이해

건강가정기본법은 다양해지고 있는 가정형태와 기능, 그리고 가정문제의 다변화 등으로 가정에 대한 국가의 역할이 강조되면서 그 필요성이 등장하기 시작하였다. 또한 현대사회에서 가정의 중요성이 증가하고 가정문제에 대한 예방과 치료하는 측면이 강조되어 단순한 제도로서는 가정문제를 해결할 수 없게 되었다. 그리하여 건강가정기본법은 2005년 1월 1일부터 시행되었다.

한국가족을 건강하게 유지하고 사회에 긍정적인 역할을 할 수 있도록 하며, 경제적 부양, 정서적 지지 등 제반 가족기능의 약화를 보완하고 강화하여 가족이 본래적으로 가져야 할 기능을 적절히 수행하도록 도와줄 수 있는 효율적이고 체계적인 정책과 프로그램을 개발하고자 하는 데 그 목적을 두고 있다. 그리하여 궁극적으로 전체 가족구성원, 더 나아가 전체 국민의 '삶의 질'을 향상시키고자 본법을 제정하였다.

〈자료〉 건강가정기본법 제정시 논쟁

건강가정기본법이 제정시 여러 가지 논쟁이 있었는데 몇 가지를 소개하면 다음과 같다(여성가족부, 2005 재인용)

1. 법률명칭

건강가정기본법 제정 당시 원래 '건강'이라는 개념은 건강과 대칭되는 개념으로서 '비건강'이 존재하는 이분법적인 의미가 아니고, 어떠한 형태의 가정이라도 기능이 건강한 것이 중요하다는 개념, 즉 미국에서 연구되고 있는 건강가족(Healthy Family)의 개념을 빌어다 쓰고자 한 것으로 파악된다. 그러나 건강가정기본법의 목적과 이념, 그리고 법 조항에서는 일정한 형태의 가족이 건강한 가족으로 이해될 수 있는 소지를 내포하고 있었다. 물론 법제정의 당사자들은 그런 의미로 사용한 것은 아니지만, 결과적으로 해석되는 의미는 부인하기가 어려울 것이다. 이에 결과적으로 이분법적인 의미로 이해될 수 있다는 점, 그리고 미국에서 가족의 해체를 예방하고자 하는 의미에서 건강가족의 개념이 사용되고 있는 맥락과 가족주의가 팽배하고 새로운 형태의 가족이 인정되지 않는 한국적 맥락은 다르다는 점, 그리고 현재와 같이 다양성을 인정하는 포스트모더니즘 사회에서는 개념의 사용에서 가치 지향적인 개념보다는 가치중립적인 개념을 사용하고 있다는 점 등에 비추어 볼 때, 건강가정을 사용한 법률명 대신 새로운 법률명을 검토하고자 했다

2. 가족에 대한 개념화

이미 가족, 가정 등 용어의 명료화에 대한 국가인권위원회의 권고도 있었던 바, 가족의 개념에 대한 다각도의 접근을 시도하였다. 따라서 가족의 개념을 두 가지로 나누어 살펴보았다. 하나는 변화하는 가족의 실체를 파악하고자 하는 가족의 특성에 대한 정의이고 다른 하나는 정책의 대상이 되는 가족의 범위이다.

이렇게 볼 때, 본 개정 법률(안)에서는 변화하는 사회에서의 다양한 가족의 형태를 인정하여야 한다는 의미와 더불어 변화하는 가족의 의미에 대한 직시와 더불어 성격을 규명하는 것이 필요하다는 판단하에서, 가족의 특성에 있어서는 '어떠한 형태의 가족이라도 생활의 단위를 함께하는 가족'의 개념이 포함되어야 하며, 가족의 범위에 있어서는 민법에서 의미하는 가족의 범위보다는 광의의 개념을 다루어야 한다고 보았다. 특히 미래사회에서 새로운 유형의 가족 대두는 필연적이므로 개정법은 이들 다양한 가족의 형태에서 어떠한 점을 인정하고, 사회에 통합될 수 있는가를 대비할 수 있는 미래 지향적인 측면도 고려하였다. 현재에도 사실혼, 위탁가정, 동거가족 등 다양한 가족이 존재하고 있으며 이들이 사회적 낙인으로부터 벗어나고 필요할 경우 국가의 지원이 이뤄질 수 있도록 해야 한다.

또한 본 법은 가족간의 권리의무를 규정하는 법이 아니므로, 굳이 민법 등에서와 같이 혼인, 혈연, 입양 등의 관계로 가족을 한정할 필요는 없다. 본 법의 목적이 혈연 중심의 기존 가족의 유지가 아니라, 생활단위인 '가족'에 대한 지원을 목적으로 하고 있는

만큼 현실에 존재하는 다양한 가족형태가 모두 반영될 수 있도록 포괄적으로 정의하는 것이 적절하다고 보았다.

생활단위로서의 개념을 '가정'으로 정의할 것인지, '가족'으로 정의할 것인지에 대해서는 학문분야간에 이견이 있고, 본 연구수행과정의 자문이나 간담회에서도 유사한 현상을 보였다. 그러나 생활단위로서의 정책대상을 명확히 하는 차원에서, '가족'과 '가정'의 개념을 분리해서 용어를 혼용하기보다는 한 가지로 하는 것이 필요하다는 판단하에, '가족'의 개념규정에 '생활단위'와 '공동체'의 개념을 포괄하도록 하였다. 이에 본 개정 법률(안)에서는 가족을 '생계 또는 주거를 함께하는 생활 공동체로서 구성원의 일상적인 부양・양육・보호・교육 등이 이루어지는 생활단위'로 정의하고, 이외에도 '혼인・혈연・입양 등으로 이루어진 공동체, 사실혼에 기초한 공동체, 아동을 위탁받아 양육하는 공동체, 그 밖에 대통령령으로 정하는 공동체'로 정의하였다.

2. 내용

1) 총칙

(1) 목적(동법 제1조)

동법 제1조 건강가정기본법의 목적을 살펴보면 건강한 가정생활의 영위와 가족의 유지 및 발전을 위한 국민의 권리와 의무, 국가 및 지방자치단체 등의 책임을 명백히 하고, 가정문제의 적절한 해결 방안을 강구하며 가족구성원의 복지증진에 이바지할 수 있는 지원정책을 강화함으로써 건강가정의 구현에 기여하는 것을 목적으로 한다.

(2) 기본이념(동법 제2조)

가정은 개인의 기본적인 욕구를 충족시키고 사회통합을 위하여 기능할 수 있도록 유지・발전되어야 한다.

(3) 용어정리(동법 제3조)

① '가족'이라 함은 혼인・혈연・입양으로 이루어지는 기본적인 생활단위를 말한다.

② '가정'이라 함은 가족구성원이 생계 또는 주거를 함께 하는 생활공동체로서 구성원의 일상적인 부양・양육・보호・교육 등이 이루어지는 생활단위를 말한다.

③ '건강가정'이라 함은 가족구성원의 욕구가 충족되고 인간다운 삶이 보장되는 가정을 말한다.

④ '건강가정사업'이라 함은 건강가정을 저해하는 가정문제의 발생을 예방하고 해결하기 위한 여러 가지 조치와 가족의 부양・양육・보호・교육 등의 가정기능을 강화하기 위한 사업을 말한다.

(4) 가족가치(동법 제7조)와 혼인과 출산(동법 제 8조)

가. 가족가치

가조구성원은 부양・자녀양육・가사노동 등 가정생활의 운영에 참가하여야 하고 서로 존중하며 신뢰하여야 한다.

나. 혼인과 출산

모든 국민은 혼인과 출산의 사회적 중요성을 인식하여야 하여야 하고 국가 및 지방자치단체는 출산과 육아에 대한 사회적 책임을 인식하고 모성보호와 태아의 건강보장 등 적절한 출산환경을 조성하기 위하여 적극적으로 지원해야 한다.

(5) 가족해체의 예방(동법 제9조)

가. 가족해체의 예방

가조구성원 모두는 가족해체를 예방하기 위하여 노력하여야 하고 국가 및 지방자치단체는 가족해체를 예방하기 위하여 필요한 제도와 시책을 강구하여야 한다.

나. 가정의 날(동법 제12조)

가정의 중요성을 고취하고 건강가정을 위한 개인・가정・사회의 적극적인 참여분위기를 조성하기 위하여 매년 5월을 가정의 달로 하고, 5월 15일을 가정의 날로 한다.

2) 건강가정정책

(1) 중앙건강가정정책위원회(동법 제13조)

건강가정에 관한 주요시책을 심의하기 위하여 국무총리소속하에 중앙건강가정정책위원회를 둔다. 그리고 직무수행을 위하여 필요한 때에는 전문적인 지식과 경험이 있는 관계공무원 또는 관계전문가를 참석하게 하여 의견을 듣거나 관계기관·단체 등에 대하여 필요한 자료 또는 의견제출 등 필요한 협조를 요청할 수 있다. 그리고 중앙건강가정정책위원회에서는 다음과 같은 사항을 심의한다.

① 건강가정계획 기본계획의 수립 및 시행에 관한 사항
② 건강가정을 위한 중·장기 발전방향
③ 건강가정제도의 개선에 관한 사항
④ 건강가정정책의 평가
⑤ 건강가정 전담인력의 선발·관리에 관한 기본 방안
⑥ 국가 및 지방자치단체의 역할 및 비용부담
⑦ 그 밖에 중앙위원장이 부의하는 사항

그리고 건강가정에 관한 중요사항을 심의하기 위하여 시·도에 시·도 건강가정위원회를 두어 시·도 차원에서 건강가정사업을 실시하도록 하고 있다.

(2) 건강가정 기본계획의 수립

여성가족부장관은 관계중앙행정기관의 장과 협의하고 중앙위원회를 거쳐 건강가정 기본계획을 5년마다 수립하여야 하는데 그 내용은 다음과 같다.

① 가족기능의 강화 및 가정의 잠재력개발을 통한 가정의 자립증진 대책
② 사회통합과 문화계승을 위한 가족공동체 문화조성
③ 다양한 가족의 욕구충족을 통한 건강가정의 구현
④ 민주적인 가족관계와 양성평등적인 역할분담
⑤ 가정친화적 사회환경의 구성
⑥ 가족의 양육·부양 등의 부담완화와 가족해체 예방을 통한 사회비용의 절감
⑦ 위기가족에 대한 긴급 지원책
⑧ 가족의 건강증진을 통한 건강사회의 구현

⑨ 가족지원정책의 추진과 관련한 재정조달 방안

(3) 가족실태조사(동법 제20조)

국가 및 지방자치단체는 개인과 가족의 생활실태를 파악하고, 건강가정 구현 및 가정문제 예방 등을 위한 서비스 욕구와 수요를 파악하기 위하여 5년마다 가족실태조사를 실시하고 그 결과를 발표하여야 한다. 구체적인 조사내용은 다음과 같다.

① 성별, 연령, 학력, 혼인상태, 취업상태, 건강상태 등 가족구성원의 일반특성에 관한 사항

② 소득・지출・자산 등 가족의 경제상태에 관한 사항

③ 가정의 형성・유지와 관련한 가족의 가치관에 관한 사항

④ 혼인・출산・자녀양육・가족부양・가족역할 등 가족행태에 관한 사항

⑤ 부부관계, 부모자녀관계 등 가족관계에 관한 사항

⑥ 의식주・소비・여가・정보이용 등 생활양식에 관한 사항

⑦ 가족갈등・가족해체 등 가족문제에 관한 사항

⑧ 건강가정 관련 교육・상담・가정봉사원의 이용 등 서비스 욕구에 관한 사항

⑨ 그 밖에 건강가정에 관한 사항으로서 여성가족부장관이 필요하다고 인정하는 사항

3) 건강가정사업

(1) 가정에 대한 지원(동법 제21조)

국가 및 지방자치단체는 가정이 원활한 기능을 수행하도록 지원해야 하며, 취업여성의 임신・출산・수유와 같은 모성보호 및 부성보호를 위한 유급휴가시책이 확산되도록 노력하여야 한다. 그리고 모・부자가정, 노인단독가정, 장애인가정, 미혼모가정, 공동생활가정, 자활공동체 등 사회적 보호를 필요로 하는 가정에 대하여 적극적으로 지원해야 한다. 그 구체적인 내용은 다음과 같다.

① 가족구성원의 정신적・신체적 건강지원

② 소득보장 등 경제생활의 안정

③ 안정된 주거생활

④ 태아검진 및 출산・양육의 지원
⑤ 직장과 가정의 양립
⑥ 음란물・유흥가・폭력 등 위해환경으로부터 보호
⑦ 가정폭력으로부터 보호
⑧ 가정친화적 사회분위기의 조성
⑨ 그 밖에 건강한 가정의 기능을 강화・지원할 수 있는 관련사항

(2) 자녀양육지원의 강화(동법 제22조)

국가 및 지방자치단체는 자녀를 양육하는 가정에 대하여 자녀양육으로 인한 부담을 완화하고 아동의 행복추구권을 보장하기 위한 보육 및 방과 후 서비스, 양성평등한 육아휴직제 활용을 적극적으로 확대하고, 가사노동의 가치에 대한 사회적 인식을 제고하고 이를 관련 법・제도 및 가족정책에 반영하도록 노력하여야 한다.

(3) 가족단위 복지증진

국가 및 지방자치단체는 사회보험・공공부조 등 사회보장제도의 운용과 관련하여 보험료의 산정・부과, 급여 등을 운용함에 있어서 가족을 지지하는 시책을 개발・추진하여야 하고, 경제・사회, 교육・문화, 체육, 지역사회개발 등 각 분야의 제도・정책 및 사업을 수립・추진함에 있어 가족을 우대하는 방안을 강구하여야 한다.

(4) 가족의 건강증진

국가 및 지방자치단체는 영・유아, 아동, 청소년, 중・장년 등 생애주기에 따른 가족구성원의 종합적인 건강증진 대책을 마련하여야 한다.

(5) 가족부양의 지원

국가 및 지방자치단체는 영・유아 혹은 노인 등 부양지원을 요하는 가족구성원이 있는 가정에 대하여 부양부담을 완화하기 위한 시책을 적극적으로 강구하여야 하고 질환이나 장애로 가족 내 수발을 요하는 가족구성원이 있는 가정을 적극 지원하며, 보호시설을 이용할 수 있도록 전문보호시설을 확대해야 한다. 또한 가

족구성원 중 장기요양을 필요로 하는 질병이나 사고로 간병을 요할 경우 가족보호를 위한 휴가 등의 시책을 마련하여야 한다.

(6) 민주적이고 양성평등한 가족관계의 증진(동법 제26조)

국가 및 지방자치단체는 부부 및 세대 간에 가족갈등이 있는 경우 이를 예방·상담하고, 민주적이고 양성평등한 가족관계를 증진시킬 수 있도록 가족지원서비스를 확대하고, 다양한 가족생활교육·부모교육·가족상담·평등가족홍보 등을 추진하여야 하고, 가정폭력이 있는 가정의 경우 가정폭력피해자와 피해자가족에 대한 개입에 있어 전문가의 체계적인 개입과 서비스가 이루어지도록 노력하여야 한다.

(7) 가족단위의 시민적 역할증진(동법 제27조)

국가 및 지방자치단체는 가족의 결속력과 가족구성원의 발전을 위하여 가족이 시민으로서의 역할을 증진할 수 있는 기회와 서비스를 제공하여야 하고, 가족단위의 자원봉사참여가 확대되도록 노력하여야 한다.

(8) 가정생활문화의 발전(동법 제28조)

국가 및 지방자치단체는 건강가정의 생활문화를 고취하고 그에 대한 지원정책을 수립하여야 하고, 건강가정의 생활문화는 다음과 같은 내용을 포함한다.

① 가족여가문화
② 양성평등한 가족문화
③ 가족단위 자원봉사활동
④ 건강한 의식주 생활문화
⑤ 합리적인 소비문화
⑥ 지역사회 공동체문화
⑦ 그 밖에 건강가정의 생활문화와 관련된 사항

(9) 가정의례(동법 제29조)

개인과 가정은 건전한 가정의례를 확립하도록 노력하여야 하고, 국가 및 지방자치단체는 건전한 가정의례를 확립하기 위한 지원정책을 수립하여야 한다.

(10) 가정봉사원(동법 제30조)

국가 및 지방자치단체는 건강한 가정을 유지하기 위하여 필요한 경우에는 가정을 방문하여 가사 · 육아 · 산후조리 · 간병 등을 돕는 가정봉사원 사업을 지원할 수 있다. 가정봉사원은 여성가족부령이 정하는 바에 따라 교육을 받아야 한다. 가정봉사원에게 예산의 범위 안에서 일정금액을 지급할 수 있다.

(11) 이혼예방 및 이혼가정지원(동법 제31조)

국가 및 지방자치단체는 이혼하고자 하는 부부가 이혼 전 상담을 받을 수 있게 하는 등 이혼조정을 내실화할 수 있도록 필요한 조치를 강구하여야 한다. 이혼의 의사가 정해진 가족에 대하여 이들 가족이 자녀양육 · 재산 · 정서 등의 제반 문제를 준비할 수 있도록 도움을 주는 지원서비스를 제공하도록 하여야 한다. 또한 이혼한 가족에 대하여 양육비에 대한 집행력의 실효성을 강화하고 그 적용대상을 확대하도록 하여야 한다.

(12) 건강가정교육(동법 제32조)

국가 및 지방자치단체는 다음과 같은 건강가정교육을 실시하여야 한다.

① 결혼준비교육

② 부모교육

③ 가족윤리교육

④ 가족가치실현 및 가정생활 관련교육 등

4) 건강가정전담조직

(1) 건강가정지원센터(동법 35조)

가. 설치

국가 및 지방자치단체는 가정문제의 예방 · 상담 및 치료, 건강가정의 유지를 위한 프로그램의 개발, 가족문화운동의 전개, 가정 관련정보 및 자료제공 등을 위하여 중앙, 시 · 도 및 시 · 군 · 구에 건강가정지원센터를 둔다.

나. 조직

센터에는 건강가정사업을 수행하기 위하여 관련분야에 대한 학식과 경험을 가진 전문가(건강가정사)를 두어야 한다. 건강가정사는 대학 또는 이와 동등 이상의 학교에서 사회복지학・가정학・여성학 등 여성가족부령이 정하는 관련교과목을 이수하고 졸업한 자이어야 한다.

다. 건강가정사의 업무

① 가정문제의 예방・상담 및 개선
② 건강가정의 유지를 위한 프로그램의 개발
③ 건강가정교육(민주적이고 양성평등한 가족관계 교육을 포함한다)
④ 가정생활문화운동의 전개
⑤ 가정 관련정보 및 자료제공
⑥ 가정에 대한 방문 및 실태파악
⑦ 아동보호전문기관 등 지역사회자원에의 연계
⑧ 그 밖에 건강가정사업과 관련하여 여성가족부장관이 정하는 활동

3. 문제점과 개선방안

1) 건강가정에 대한 개념정리

우리의 경우 아직까지 선진국에 비해 건강가정정책을 비롯한 가족관정책 및 법규가 부족한 편이다. 그리고 우리의 실정에 맞는 가족개념이 정리되어 있지 않는 실정이다. 동법 제3조에서 나름대로 용어정리를 하고 있지만 구체성이 부족한 편이다. 가족개념을 포함한 건강가정개념도 그 나라의 사회문화, 경제, 윤리 등과 관련하여 변화한다. 그러므로 이러한 변화에 맞추어 건강가정에 대한 개념정리가 먼저 이루어져야 할 것이다.

2) 전문적 프로그램의 부족

건강가정기본법의 역사가 짧기 때문에 아직까지 구체적인 건강가정사업에 대

한 전문적인 프로그램이 부족한 편이다. 동법에서 건강가정사업에 대하여 규정하고 있지만 전문성이 부족한 편이다. 그리고 법규정에서는 건강가정사업에 대한 방향만을 제시하고 있기 때문에 구체적이고 전문적인 프로그램을 개발해야 할 것이다.

3) 전달체계의 통합성과 전문성의 확보

건강가정기본법에서 가장 문제가 되고 있는 것이 전달체계의 문제이다. 아무리 법적인 장치가 마련되어 있다고 해도 통합적이고 체계적인 전달체계가 완성되지 못한다면 건강가정사업을 실천하지 못할 것이다. 그리고 건강가정사업은 다른 관련분야와 통합적으로 접근해야 하는 사업이다. 그러므로 건강가정사업 전달체계의 통합성과 전문성을 확보되도록 노력해야 할 것이다.

제 8 장

건강가정사업의 전달체계

1. 전달체계의 이해

1) 의의

건강가정정책에 있어 어떤 서비스를, 누구에게, 어떻게 전달하며, 그 재원은 어떻게 조달할 것인가를 결정하는 원칙이나 지침의 선택이라고 한다면 급여할당의 준거틀의 한 요소로서의 전달체계에 대한 논의가 없이는 아무리 좋은 가치이념에 입각한 목표를 지닌 정책이라 할지라도 실제로는 효율적으로 실시될 수가 없을 것이다.

따라서 정책의 계획가나 행정가의 관점에서 볼 때 전달체계의 설계에 있어 직면하는 선택은 다양하며 해결하기 어려운 과제인 것이다. 사회복지에 있어 전달체계(delivery system)란 지방의 지역사회에 있어 사회복지서비스의 배급자간 그리고 배급자와 정책의 수혜자 간의 조직상의 배치를 가리키는 것이다.

서비스의 배급자는 개개의 전문적인 집단, 공・사의 기관, 그리고 개인 사무실, 고용센터, 복지부, 복합적 서비스센터 등에 있어서의 서비스와 제휴하거나 혹은 별도로 활동하는 자원봉사연합체일 수도 있다.

이러한 측면에서 건강가정사업 전달체계는 서비스제공기관을 중심으로 하여 투입(가족, 인적・물적 자원, 기술, 사회적 인가 등)으로 시작해서 가족에게 각종 서비스를 전달하는 모든 중간 또는 전환과정을 거쳐 산출(프로그램 결과)에 이르는 협동적인 서비스 체계로 보고 있다.

그리고 건강가정사업 전달체계는 재원의 출처에 따라 ① 공적인 전달체계, ②

민간 전달체계, ③ 공사혼합 전달체계로 나눌 수 있다.

공적 체계에는 중앙과 지방자치단체의 행정부서, 관련위원회, 공립기관시설 등이 포함된다. 민간체계에는 민간가족복지단체 및 시설, 그리고 여타 지역사회자원들이 포함된다. 공사혼합체계는 주로 재원을 공적 체계가 부담하면서 서비스수행을 민간단체에 위탁하거나 지원하는 것이다. 건강가정사업 전달체계도 아직까지 완전히 형성되지 않았지만 건강가정사업의 실천이라는 점에서 공적인 전달체계로 접근할 수 있을 것이다.

2) 건강가정사업 전달체계의 문제점과 전략

(1) 현황

현재 우리나라의 건강가정사업의 전달체계는 가족복지정책과 실천의 발전 정도가 미약하고, 가족복지의 개념정리가 이루어지지 못하여 전달체계가 확립되어 있지 못한 실정이다. 가족복지의 주무부서인 여성가족부에서도 부서별로 여러 가지 업무가 분담되어 있어 가족복지를 주체적으로 실시하는 부서로서 가족정책을 제대로 집행하고 있지 못한 실정이다. 이러한 측면은 건강가정사업도 비슷한 실정이다. 여성가족부가 주무부서로 되어 있지만 실질적인 사업을 실천하는 데는 문제점이 많다.

(2) 문제점

대체로 건강가정사업 전달의 유효성에 관한 논쟁은 다음과 같은 전달체계에 있어서의 배열에 대한 세 가지 질문과 관계가 있다.

① 의사결정의 권한과 통제는 어디에 위치하는가?

② 누가 상이한 직무를 수행할 것인가?

③ 전달체계의 구성은 어떻게 할 것인가?

이와 같은 논쟁과 관련하여 우리나라에 있어 건강가정사업 전달의 문제점을 서비스 전달체계의 단위로서의 가족복지기관・시설의 효율적인 기능수행의 여부의 전달자의 전문성의 구비여부를 전제로 하여 다음과 같이 요약할 수가 있을 것이다.

① 의사결정의 권한과 통제의 위치의 관점에서 볼 때 정부의 가족복지정책 내지 행정을 관장하는 주요 직위에 가족복지전문직이 본격적으로 임용되지 못하고

있는 실정이다.

② 구미선진제국과 일본에 있어서와 같이 사회복지행정의 독립적인 전달체계가 확립되어 있지 않아, 일관성 있고 효율적이며 전문적인 가족복지행정을 기하지 못하고 있다.

③ 국가, 지방공무원의 직무체계의 분류에 있어 가족복지전문직이 아직도 체계화되어 있지 않아 가족복지행정의 전문성, 지속성 그리고 체계성을 기할 수가 없는 실정이다. 앞에서도 지적한 바와 같이 가족복지와 관련된 행정부서가 너무 많이 분산되어 있어 통합적인 가족복지서비스를 실시하는 데 문제점이 있다.

그러므로 건강가정사업 전달에 대한 비판은 단편성, 비접근성, 불연속성, 무책임성 등을 포함하는 서비스 전달체계의 특징적인 결점에 초점이 맞추어지는 경향이 있는데 구체적인 내용은 다음과 같다.

① 단편성 : 단편성의 문제는 조직상의 특징과의 관계, 특히 조정, 위치설정, 전문화 그리고 서비스의 중복 등에 관한 것이다.

② 비접근성 : 비접근성의 문제는 어떤 자가 건강가정사업의 네트워크에 들어가는 데 대한 장애에 관한 것이다.

③ 불연속성 : 불연속성의 문제는 서비스의 네트워크를 통하는 어떤 자의 움직임에 대한 장애와 서비스기관이 자원을 욕구를 충족시키려고 노력할 때 나타나는 갭(gap)에 관한 것이다.

④ 무책임성 : 무책임성이란 건강가정사업 전달에 대한 체계적인 평가와 관련된 것이다.

3) 전달의 전략

(1) 전략의 접근방법

가족가정사업의 전달의 문제는 정책입안자와 행정가에게 있어 개념적으로는 구분되지만 실제에 있어서는 서로 혼돈되는 선택에 직면하게 한다. 즉 이상적인 서비스 전달체계란 서비스가 ① 통합되고, ② 계속적이며, ③ 접근가능하고, ④ 책임 있는 것인 것이다. 그러나 이와 같은 이상적인 요소들을 각각 분리하는 것은 하나 또는 그 이상의 다른 요소들을 왜곡하게 되는 것이다. 구체적인 접근방법은 다음과 같다.

① 조정(coordination)을 증가시키고, 의사소통(communication)과 새로운 통로를 개방하고, 서비스의 중복을 제거함으로써 단편성과 불연속성을 감소시킨다.

② 서비스에 접근하도록 하는 새로운 수단을 강구하고, 현존의 서비스효과를 두 배로 늘림 으로써 비접근성을 감소시킨다.

③ 입력(input)을 하여 의사결정의 권한을 증가시키는 수단을 만들어 냄으로써 무책임성을 감소시킨다.

(2) 개선방안

이상의 전달체계의 문제점을 개선하기 위해서는 다양하게 분산되어 있는 건강가정사업 전달체계를 어느 정도 통합적인 차원에서 접근할 수 있는 체계를 구성해야 할 것이다. 건강가정사업 전달의 개선을 위한 특별한 제안들은 세부적으로 상당한 다양성을 내포하고 있지만, 그와 같은 제안의 대부분은 다음의 여섯 가지 일반적인 전략형태의 하나 혹은 다른 하나에 해당한다.

가. 정책수립(policy making)의 권한과 통제력을 재구성하기 위한 전략

① 조정(coordination)

② 가족과 시민참여(family and citizen participation)

나. 과업의 할당(allocation of task)을 재조직하기 위한 전략

③ 역할부여(role attachment)

④ 전문직의 확보

다. 전달체계의 구성을 변경시키기 위한 전략

⑤ 전문화된 접근구조(specialized access structure)

⑥ 의도적인 중복(purposive duplication)

이와 같은 전략의 하나하나는 아마도 서비스 전달을 향상시키는 방향으로 지방의 서비스 체계의 재구성을 희구하는 것이다. 즉 조정과 시민참여는 각각 상이한 방식으로 전달체계의 관료적 계급조직과 충돌한다. 역할부여와 전문직의 철수는 전달체계의 역할과 신분의 특성을 변경시킨다. 전문화된 접근구조와 의도적인 중

복의 개발은 전달체계에 있어서의 요인의 실질적 구성을 변경시킨다.

2. 건강가정사업 전달체계의 단계별 전개과정

1) 욕구의 파악

건강가정사업 전개과정은 우선 욕구의 파악부터 시작된다. 욕구의 파악은 정책이나 프로그램을 결정할 때 기초가 되는 것으로 파악해야 할 내용은 다음과 같다.

① 서비스를 필요로 하는 대상자와 가족의 욕구
② 가족이 관심을 가지는 욕구
③ 인적, 물질적인 사회자원
④ 가족이 살고 있는 지역사회의 특성

이러한 욕구는 개별적 또는 총합적으로 파악해야 하고, 서비스의 내용이나 지역주민의 자립의식, 협력관계, 사회자원에 관한 이해 등도 파악하는 것이 필요하다. 그리고 욕구의 파악방법으로서는 가족복지기관 및 시설종사자나 상담기관, 상담센터 등을 통하거나 사회조사에 의하여 파악할 수 있다.

2) 욕구의 공유화

전달체계 전개의 제2의 단계는 파악된 욕구를 가족들에 알리고, 가족들의 문제로 지각(知覺)·인식하며 구체적인 해결 방안을 위한 광고홍보와 교육을 실시하는 것이다.

3) 조직구성

이 단계에서는 활동의 핵이 되고 기초적인 작업을 하기 위한 조직구성이다. 건강가정행정을 구체적으로 전개하기 위한 중심적인 조직구성은 활동과제의 결정, 계획, 역할분담, 자원조달, 광고홍보, 서비스전달, 효과측정 등이 중요한 문제이다. 그리고 조직의 운영과 추진방법은 가족의 실정에 따라 판단할 문제이다.

4) 행정계획의 수립

행정의 구체적인 전개는 구체적으로 파악된 욕구를 기본으로 어떠한 서비스로 지역사회자원과 조정을 통하여 문제를 해결할 것인가에 대한 목표를 설정하는 것이다. 이러한 측면에서 행정의 계획은 가족의 합의형성과 서비스를 총합적으로 실시하기 위한 계획의 수립이다. 특히, 최근에는 지방자치의 활성화로 인하여 건강가정사업 계획 중에서 민간단체나 주민에의 역할 등에 관심을 많이 가지고 계획을 수립하는 경우가 많아지고 있다.

5) 행정의 실시

이 단계에서는 지금까지의 단계가 기본정비의 단계라면 행정을 구체적으로 실시하는 단계이다.

(1) 실시계획과 예산의 입안

첫 번째의 단계는 건강가정행정 계획에 기본을 두고, 그것을 구체화하는 하는 형태로 진행된다. 건강가정사업 계획이 몇 년 동안 실시된다 하더라도 서비스를 실시할 때에는 계획을 구체화한다는 의미에서 예산계획을 세우지 않으면 안 된다. 그러므로 새로운 서비스의 대상자, 서비스에 대해서 서비스이용자의 조사를 행하는 것이 필요하다.

(2) 서비스의 공급체계의 구성

이 단계는 서비스의 공급체계를 구성하는 것으로 서비스체계의 구체적인 구상은 실제로 동원되는 사회자원에 적합한 공급체계를 구성해야 한다. 즉 건강가정사업의 내용과 성격에 의해 서비스를 어떠한 형태로 구분할 것인가 등에 따라 서비스체계가 달라진다.

(3) 교육과 훈련

이 단계는 서비스의 전달자의 교육과 학습을 실시하는 것으로 단순한 전달자 이상으로 대상자들의 생활의 발달을 원조하는 동시에 지역계몽의 역할도 하여야 한다. 그러므로 이러한 역할을 수행하기 위해 필요한 지식과 기술, 가족복지의 이념 및 가족과 지역주민에 대한 이해까지 다양한 교육을 필요로 한다.

(4) 전문가에 의한 조정작업

지금까지 실시된 사업에 대해서 서비스가 효과적으로 실시되도록 조정이 필요한 단계이다. 우리나라의 경우에는 일반화되어 있지 않은 실정이다. 그리고 이 단계에서는 지역사회정보의 정확한 수집여부에 대한 조정, 계획수립과 서비스의 관계 등에 대한 조정이 이루어진다.

(5) 서비스의 구체적인 제공

서비스의 구체적 제공에서 중요한 것은 대상자의 자립을 목적으로 원조해야 한다는 것이다.

(6) 서비스의 개선과 새로운 욕구의 발견

서비스의 실시의 마지막 단계는 서비스의 개선・보완과 새로운 욕구의 파악이다. 서비스의 실천과정에 있어서 일반적으로 서비스를 실시하기 전에는 예측할 수 없었던 문제들이 발생하기도 하고 서비스의 효과성에 대해서도 문제들이 생긴다. 그리고 새로운 욕구들이 지속적으로 발생한다. 그러므로 새로운 욕구의 발생에 관하여 항상 관심을 가져야 할 것이다.

6) 가족의 조직화

이 단계에서는 가족의 조직화과정이다. 이러한 활동을 명확히 하기 위해서는 다음과 같은 사항에 유의해야 한다.

첫째, 가족의 자립의사를 향상시킬 것. 둘째, 문제를 함께 공유하고 자립에 도움을 줄 수 있는 가족이 서비스의 목적을 바로 이해하고 그것을 원조할 것. 셋째, 서비스의 실시를 통하여 파악된 욕구의 개선점과 새로운 자원의 필요성 등을 지각할 것. 넷째, 서비스의 효과성의 명확화나 가족간에 공유하고 있는 욕구를 서로 이해하거나 정보를 교환하는 것이 필요하다.

즉 서비스의 이용자, 가족에 대한 교육, 정보제공, 상담활동, 욕구조사, 서비스의 효과와 측정, 상호학습 등이 전제되어서 활동을 효과적 효율적으로 추진하기 위해서는 서비스의 이용자, 가족의 조직화가 요구된다. 그리고 앞으로는 서비스의 운영의 주체가 다양화해지므로 서비스의 운영주체의 지원을 받아 운영주체와 밀접한 관련을 갖는 서비스 이용자의 조직도 많아질 것이다.

7) 효과의 측정과 평가

건강가정사업 전달체계의 전개과정의 마지막 단계인 효과의 측정과 평가는 일반적으로 다음과 같은 목표를 가지고 행하여진다.

첫째, 활동의 목적 또는 목표달성의 정도를 측정하여 평가하는 것으로 건강가정사업의 실시에 의하여 초기의 목적이 어느 정도 달성되고 진전되었는가를 확인하는 것이다.

둘째, 계획의 부족한 사항이 있다면 보완을 하고, 예측하지 못한 일이 발생하면 장애를 제거하는 것으로 계획의 변경, 보완, 부족한 자원의 동원 등 서비스의 질을 높여서 욕구와의 적합성을 강하게 하는 것이다.

셋째, 하나의 과정을 통하여 새로운 건강가정사업의 전개에 있어서 중요한 교훈과 자료를 획득하는 것이다.

그러므로 효과와 측정의 평가는 편의상 마지막 단계에 일반적으로 위치하지만 효과의 측정과 평가는 건강가정사업 전체의 전 과정에서 행해져야 할 활동이라는 것에 주의해야 할 것이다.

그리고 효과의 측정과 평가에 있어서 유의해야 할 사항은 다음과 같다.

① 본래의 목적 또는 목표를 어느 정도 달성했는가.

- 욕구충족은 어느 정도 충족되었는가.
- 가족의 생활과 의식은 어느 정도 변했는가.
- 인적 · 물적 환경은 어느 정도 조정 · 개선되었는가.

② 활동의 진행방법은 잘 되고 있는가.

- 욕구의 파악과 공유화는 충분한가.
- 건강가정사업 계획은 적절한가.
- 활동주체의 역할은 적절한가.

• 지역주민의 이해와 관심 및 활동의 참가와 협동은 충분한가.
• 동원된 자원은 충분한 기능을 하였는가.
• 건강가정서비스의 실시상 장애가 된 것은 무엇인가.

③ 지속적인 활동을 위한 기초는 준비되었는가.
• 욕구파악시스템은 확립되었는가.
• 서비스의 공급체계(활동본부, 관계기관, 단체의 조직망 등)는 확립되었는가.
• 앞으로 활동을 진행하는 데 참고되는 것은 무엇인가

3. 건강가정사와 건강가정지원센터

1) 건강가정사

(1) 역할

건강가정사는 건강가정기본법의 취지에 의하여 전문적인 건강가정사업을 실천하는 전문가이다. 건강가정사는 우리나라에 도입된 기간이 짧음으로 당분간 전문적인 건강가정사의 양성을 위한 많은 노력이 있어야 할 것이다.

(2) 자격

건강가정기본법에 의하면 〈표 8-1〉과 같이 건강가정사의 자격기준은 대학 또는 이와 동등한 학교에서 사회복지학, 가정학, 여성학 등 여성가족부령이 정하는 관련교과목을 이수한 졸업자로 명시하고(동법 제3조 제3항), 건강가정사의 자격과 직무에 관하여 필요한 사항은 대통령령으로 정하도록 하고 있다(동법 제35조 제4항).

2) 건강지원센터

(1) 목적

건강가정지원센터는 건강가정사업을 수행하는 전달체계로서 건강가정기본법에 그 근거를 규정하고 있다. 즉 가정문제의 예방과 상담 및 치료, 건강가정 유지를

〈표 8-1〉 건강가정사가 되기 위하여 이수해야 하는 관련교과목(제5조 관련)

<table>
<tr><th colspan="2">구분</th><th>교과목</th></tr>
<tr><td colspan="2">전공과목(5)</td><td>건강가정론, (건강)가정(족)정책론, 가족상담(및 치료), 가정(족)생활교육, 가족복지론, (여)성과 가족, 한국가정(족)생활문화, 가족복지실천기술론, 건강가정현장실습 중 5과목 이상</td></tr>
<tr><td rowspan="2">관련과목(7)</td><td>기초이론(4)</td><td>가족학, 가족관계(학), 가족법, 아동학, 보육학, 아동(청소년)복지론, 노년학, 노인복지론, 인간발달, 인간행동과 사회환경, 가족자원관리, 가계경제, 가사노동론, 여가관리론, 주거학, 생애주기 영양학, 여성복지론, 여성학이론, 정신건강(정신보건사회복지)론, 장애인복지론, 가정생활복지론, 공공가정경영론, 상담이론 중 4과목 이상</td></tr>
<tr><td>상담・교육 등 실제(3)</td><td>생활설계상담, 아동상담, 영양상담 및 교육, 소비자상담, 주거상담, 부모교육, 부부교육, 소비자교육, 가정생활과 정보, 가계재무관리, 주택관리, 의생활관리, 지역사회 영양학, 프로그램 개발과 평가, 사회복지실천기술론, 지역사회복지론, 연구조사방법론, 여성학방법론 중 3과목 이상</td></tr>
</table>

비 고
1. 대학원에서 관련교과목을 이수하는 경우에는 동표의 교과목 중 전공과목 4과목 이상, 관련과목 4과목 이상을 각각 이수하여야 한다. 다만, 전공과목 및 관련과목 각각의 2분의 1의 범위 안에서 대학 또는 이와 동등 이상의 학교에서 이수한 교과목도 이를 대학원에서 이수한 것으로 본다.
2. 교과목의 명칭이 동일하지 아니하더라도 교과의 내용이 동일한 것으로 여성가족부장관이 인정하는 경우에는 동일 교과목으로 본다.
3. 교과목당 이수 학점은 3학점으로 한다.

위한 프로그램의 개발, 가족문화운동의 전개, 가정 관련정보 및 자료제공 등을 위하여 중앙, 시・도 및 시・군・구에 건강가정지원센터를 설치한다. 가족문제 발생을 사전에 예방하고, 일반가족 및 다양한 가족을 대상으로 통합적인 가족지원 서비스를 제공하기 위한 효율적인 전달체계를 마련한다.

(2) 설치자

국가 및 지방자치단체는 가정문제의 예방・상담 및 치료, 건강가정의 유지를 위한 프로그램의 개발, 가족문화운동의 전개, 가정 관련정보 및 자료제공 등을 위하여 중앙, 시・도 및 시・군・구에 건강가정지원센터를 둔다.

(3) 시설 설치기준

건강지원센터의 설치기준을 살펴보면 다음과 같다.

① 지역주민 접근이 편리한 곳에 설치한다.

② 공공성이 확보될 수 있도록 시・군・구청, 동사무소 등 지방자치단체 내 건물 혹은 지방자치단체가 소유・관리하고 있는 공공시설 내부에 설치하되 별도

의 사무실을 확보 설치하도록 한다.

③ 이용자의 안전 및 편의에 적합한 규모 및 구조로 설비한다.

④ 건강가정지원센터의 기능을 효율적으로 수행할 수 있도록 사무공간, 전화상담실, 면접상담실, 교육실, 자료실 등 필요한 공간을 충분히 확보하여야 한다. 상담실은 전화상담실과 면접상담실을 별도 분리 설치해야 하며, 이 밖에 집단상담실 등을 둘 수 있다. 다만, 필요한 경우에는 지방자치단체 내 공공기관의 시설을 같이 활용할 수 있다.

④ 건강가정지원센터 운영에 필요한 기자재 등을 비치해야 한다.

⑤ 센터에 관한 홍보자료, 진행중이거나 계획중인 사업 등의 관련자료를 이용자들이 열람할 수 있도록 항시 비치해야 한다.

(4) 조직

중앙건강지원센터의 조직을 살펴보면 다음과 같다.

① 중앙건강가정지원센터는 센터장, 연구개발팀, 교육팀, 지원・평가팀, 결혼이민자사업지원팀, 운영지원팀 등 여성가족부와 협의하여 필요한 팀을 두며, 지방건강가정지원센터는 센터장, 가족상담팀, 가족교육팀, 가족문화팀을 설치하고, 그 외 사업수행을 위해 필요한 경우 행정지원팀, 가족지원서비스제공팀(결혼이민자가족지원팀, 아이돌보미사업팀 등)을 둘 수 있다.

② 행정지원팀은 행정지원, 홍보, 유관기관네트워크 등 지원총괄업무를 수행한다.

③ 가족지원서비스제공팀은 '아이돌보미연계사업' 등 직접서비스 사업을 수행한다.

(5) 센터 종사자 자격기준

센터종사자는 건강가정사의 자격을 취득한 자여야 한다. 단, 행정 및 일반사무처리를 위한 별도 인력을 두는 경우에는 학력・경력을 제한하지 않는다. 구체적인 센터종사자 자격기준은 〈표 8-2〉와 같다.

(6) 과제와 전망

보건복지부로부터 여성가족부로 이관된 건강가정지원센터는 주로 가족 대상의 교육 및 상담 사업을 실시하는 기관으로 '04년의 3개소에서 '05년에는 총 16개소로 늘었고 계속 확대될 전망이다. 이는 가족문제와 관련되는 정책수요에 대응하

〈표8-2〉 센터종사자 자격기준

구 분	종 사 자		자 격 요 건
중앙센터	센터장		가족관련 박사학위 취득 후 가족관련사업 5년 이상 실무경력자
	전담인력	팀장	가족관련 석사학위 이상 소지자로서 가족관련사업 2년 이상 실무경력자
		팀원	가족관련 학사학위 이상 소지자로서 가족관련사업 2년 이상 실무경력자
시·도 시·군·구 센터	센터장		시·도 및 시·군·구가 직영하는 경우 5급 이상 공무원 가족관련 석사학위 이상 소지자로서 가족관련사업 2년 이상 실무경력자
	전담인력	팀장	가족관련 학사학위 이상 소지자로서 가족관련사업 1년 이상 실무경력자
		팀원	가족관련 학사학위 이상 소지자

※ 가족관련 : 건강가정기본법에서 규정하고 있는 건강가정사가 되기 위해 이수하여야 하는 관련교과목과 연계된 학문으로서 사회복지학, 가정학, 여성학 등을 의미한다.

※ 가족관련사업 : 가족의 안정성을 저해하는 문제의 발생을 예방하고 해결하기 위한 여러 가지 조치와 가족의 부양·양육·보호·교육 등의 가족기능을 강화하기 위한 사업

기 위해서는 전달체계를 확보하는 것이 무엇보다 중요하기 때문이다. 건강가정지원센터를 확대하고 운영을 내실화하는 사업을 중점 추진하여야 한다. 이 과정에서 지역사회 내 다양한 민간기관과의 기능 중복 등, 건강가정지원센터에 대한 문제 제기를 해소하기 위해 사업 내용의 차별화에 많은 관심을 기울여야 한다. 그리하여 일반가정 대상의 아동양육지원사업(아이돌보미 사업)을 주요 과제로 개발하여 확대하고 있다. 이 밖에도 건강가정지원센터에 대한 평가제도를 통해 사업의 차별화와 지역사회 내 네트워크 구축은 물론 다양한 사업프로그램이 젠더 관점에서 추진될 수 있도록 유도해야 한다. 현재 건강가정지원센터에서는 가족생애주기에 맞는 통합서비스 제공, 아이돌보미 연계사업, 한부모가족 지원사업, 결혼이민자가족 지원사업 등을 확대해야 할 것이다(양승우, 2006).

제 9 장

건강가정사업 실천의 접근방향

1. 건강가정사업의 개념과 목표

1) 개념

건강가정사업 실천의 접근방향을 살펴보기 위하여 건경가정사업 실천보다 앞선 실시하고 있는 건강가정사업을 살펴보아야 할 것이다. 건강가정사업은 가족의 일상생활과 보통의 환경 속에서 일어나는 가정과 지역사회 양측에 기반을 두고 있다(이화여자대학교 사회복지연구회 편역, 2001). 그리고 우리나라에서 잘 알려지지 않은 가족사회사업을 전문적으로 실천하는 가족사회복지사(Family Social Work, FSW)에 의해 실시되는 사회복지분야이다.

즉 생활의 최소 단위인 전체로서의 가족을 대상으로 하는 사회사업 원조활동으로 가족 전체를 서비스의 목표로 하여 가족구성원 각각이 가진 능력이나 기회를 양성 활용하며, 문제해결에 적극적으로 활용한다.

가족복지사업의 개념은 환경 속의 개인을 다루어 개인이 효과적으로 환경과 상호 작용하도록 도와주는 것으로 어떤 방법으로 원조를 할 것인지에 따라 달리 해석되고 있다. 따라서 가족사회복지사는 가족복지실천에 대한 포괄적인 개념을 명백히 해 두는 것이 필요하다.

결론적으로 건강가정사업은 가족이 일상생활에서 직면하게 되는 욕구나 문제를 개인, 집단, 가족 및 지역사회 수준의 접근방법을 통하여 원만한 사회적 기능을 수행하도록 돕는 전문적 활동이다. 따라서 가족복지실천의 핵심은 사회적 기능수행상의 문제를 중심으로 가족사회복지사와 가족이 함께 활동하는 것이다.

현재 우리나라는 가족복지분야에서 재가복지가 보편화되어 있지 않아 주로 가족사회복지가 가족상담소나 가족복지기관 등에서 실시되고 있으나, 가족복지의 역사가 깊은 외국의 경우에는 문제가족의 집에서 가족사회복지가 이루어지고 있다.

그리고 가족사회복지는 가족기능에 대한 문제를 규명하여 가족구성원들을 방문하고 치료하여 가족변화를 도와준다. 즉 전문적 가족치료 방법을 이용하여 가족문제를 감소시키고 없애기 위하여 계획하며 개입한다. 이러한 측면에서 본다면 건강가정사업 실천도 지금가지 실시하고 있는 건강가정사업을 보다 구체적이고 체계적으로 실시하는 전문분야라고 할 수 있다.

2) 목표

건강가정사업의 본질적인 목적은 가족구성원들이 각자의 욕구를 충족하면서 기능적인 역할을 할 수 있도록 원조하는 것이다. 건강가정사업은 가족치료와는 다소 다른 면을 지니고 있다. 가족치료는 가족이 체계적으로 변화할 수 있도록 재가복지보다는 상담소나 기관에서 주로 이루어지는 개입방법이다. 구체적인 건강가정사업의 목적을 살펴보면 다음과 같다(이화여자대학교 사회복지연구회, 2001).

(1) 가족의 기능의 강화와 변화

가족이 변화 또는 개입을 위해 준비하도록 가족기능의 강점을 강화한다. 효과적이고 만족할 수 있는 일상생활을 지속하도록 가족기능수행에서 구체적인 변화를 창출한다. 그리고 가족구성원을 조직하는 가족구조의 전환과 변화를 유도한다. 또한 이런 기능을 강화하기 위하여 가족구성원의 의사소통 양식도 변화시킨다.

(2) 지속적인 서비스의 제공

가족치료 후 추가지원을 통하여 가족이 효과적으로 가족기능을 수행하고 유지할 수 있도록 한다.

(3) 가족문제 해결능력의 지원

가족의 세대간 갈등 처리 등의 전문적인 방법을 통하여 가족관계의 재편성을 시도하여 가족이 가진 문제해결능력을 원조한다.

즉 개인이 나타내는 문제는 가족 전체의 기능에 장애가 발생하게 하는 원인이 됨으로 그 개인을 가족을 포함한 가족 전체에 대한 접근으로 변화시키려고 한다는 점에서 특징이 있다.

2. 건강가정사업의 전개와 과제

1) 사회복지실천과 건강가정사업

건강가정사업의 전개과정을 살펴보기 위하여 우리나라의 전반적인 사회복지실천의 변화를 살펴보아야 한다. 사회복지실천론은 1998년 사회복지사업법의 개정으로 인하여 2003년부터 실시되는 사회복지사 국가자격취득 시험 필수과목으로 되었다. 이로 인하여 과거의 대학교육 교과목 명칭 중 개별사회사업과 집단사회사업이 없어지고 사회복지실천론과 사회복지실천기술론으로 2001년부터 공식적으로 사용하게 되었다.

그러나 사회복지실천은 하나의 독립된 영역으로 구체적이고 쉽게 정의를 내린다는 것은 쉬운 일이 아니다. 왜냐하면 사회복지실천의 기능이나 사회복지 실천과정에 대해 분명하고 간결한 정의를 내리지 못하고 있으며, 실천방법과 실천 장면들이 매우 다양하므로 모든 내용을 포괄할 수 있는 정의를 내린다는 것은 쉬운 일이 아니기 때문이다.

이러한 사회복지실천에 대한 개념은 사회복지가 발달하던 초기에는 개인이나 개인의 성격변화에 초점을 둔 정의들이 대부분이었다.

Richmond는 개인 대 개인 및 인간과 그의 사회환경 간에 잘 적응하는 능력을 갖도록 성격을 발달시키는 과정으로 보았다(Richmond, 1992). 그러나 1949년 Bowers의 정의를 기점으로 개인이나 개인의 성격을 벗어나 지역사회를 포괄적으로 다루는 것으로 사회복지실천에 대한 정의가 내려지고 있다. Bowers는 클라이언트와 그의 환경 사이의 조화를 이루도록 지역사회 내의 자원과 클라이언트 개인의 능력을 최대한 동원하는 지식과 기술로 보았다(Bowers, 1949).

하지만 지역사회를 사회복지대상으로 보지 않고 개인의 기능을 향상시키는 수단으로서 지역사회의 자원을 강조하고 있기 때문에 개인이나 집단 및 지역사회를 대상으로 보는 포괄적인 정의라고는 할 수 없다. 1950년대 후반부터 사회복지의 방법에는 사회복지사가 수행하는 어떤 공통적인 역할과 요소가 있다는 점에 착안하여 사회복지통합방법이 나오게 되면서 사회복지에 대한 포괄적인 정의들이 내려지게 되었다(조휘일 · 이윤로, 1999).

이와 때를 같이 하여 1958년 미국사회복지사협회는 사회복지실천의 개념을 다음과 같이 세 가지에 목적을 둠으로써 1930년대 사회복지의 제3의 방법으로서 수용되었던 지역사회조직사업이 사회복지 실천개념에 분명한 위치를 차지하게 되었다(NASW, 1958). 구체적인 내용은 다음과 같다.

첫째, 개인과 집단으로 하여금 그와 환경 간에 불균형상태가 일어났을 때 문제를 정확히 발견하여 그 정도를 경감시키거나 해결할 수 있도록 도와주는 일이다.

둘째, 개인 또는 집단과 그 환경 간의 상호작용 과정에서 발생할 수 있는 잠재적인 문제를 확인함으로써 양자간에 불균형상태가 발생하는 것을 사전에 예방한다.

셋째, 개인과 집단과 지역사회 내의 잠재력을 찾아내고 확인하며, 이를 강화시켜 준다.

Bohem과 미국사회복지사협회(NASW)의 정의는 사회복지실천의 통합적 방법을 활성화시키는 중요한 계기가 되었다고 할 수 있다. 이와 같은 맥락에서 실시하고 있는 건강가정사업은 사회복지실천 및 가족복지실천의 이론과 방법을 통하여 전문적인 건강가정사업으로 실천하여야 한다.

2) 가족치료의 전개와 가족사회복지의 변화

가족치료는 1950년대에 미국을 중심으로 일어났으며 등교거부나 가정 내 폭력, 식사거부증과 같은 사춘기의 문제에 비교적 단기간에 효과를 볼 수 있다는 점이 중요하게 부각되기 시작하였다.

그리고 건강가정사업은 가족복지서비스 대상, 실천방법 및 범위에 따라 개별사회사업, 집단사회사업, 지역사회조직 등 세 가지 방법으로 구분되어 발달되어 왔다.

1970년대 이후 미국을 중심으로 하여 전통적인 사회복지실천의 3대 방법으로 체계화되어 온 개별사회사업, 집단사회사업, 지역사회조직사업은 여러 가지 비판을 받음으로써 새로운 방법을 모색하게 되었는데, 그 대표적인 것으로 사회복지실천, 사회치료, 임상사회사업 등을 들 수 있다. 또한 전통적인 실천방법을 하나의 통합된 실천의 가치, 지식, 목적 및 기술체계로 묶는 통합작업이 전개되면서 통합실천 방법론이 대두되기 시작하였다.

이와 함께 우리의 사회복지교육은 기존의 세 가지 방법론(개별, 집단, 지역사회)에 통합방법론이 추가되어 네 가지 사회복지실천방법론 모두가 교육되는 상황이었다.

하지만 통합방법론이 추구했던 의도는 사회복지 실천방법의 종류를 추가하자는 것에 있었던 것이 아니라 세 가지로 분류되어 각각 발달되어 왔던 실천방법론들을 하나로 통합하여 사회복지활동의 정체성을 분명히 하자는 데에 있었다.

실제로 가족복지실천 현장에서 이루어지는 각종 실천활동은 개별, 집단, 지역사회 중 어느 한 방법에 따라 이루어지기보다는 세 가지 방법들이 서로 보완적으로 복합적으로 사용되는 것이 현실이다. 따라서 통합방법론 속에 모든 가족복지실천 방법들을 포함시켜 함께 학습하는 것이 현실적으로 바람직하다 하겠다.

사회복지 초기에 이미 케이스워크 개념 가운데 고유한 발상으로서 가족을 고려하면서 서비스를 모색하여 왔다. 더욱이 소년비행이나 정서장애아의 교정과 지도 및 교육에 가족을 단위로 서비스를 실시하여 왔다. 이 성과는 정신의학계에도 시사하는 바가 커서 가족관계와 환경, 치료와의 역동적인 관계를 중시한 시점과 연결되어 일상적 고찰을 거듭하여 다양한 가족치료이론이 구축되었다. 그리고 이러한 가족치료에서 가족사회사업은 많은 이론이나 접근 및 전문적 방법을 배우게 되었다.

3) 사례관리의 출현

사례관리(Case management)는 모든 전통적인 사회사업실천 방법들을 통합하고 체계이론에 기반하여 문제해결을 위한 개념적 단일체를 제공한다.

사례관리는 보호관리(Care management), 사례조정(case coordination), 자원조정(resource coordination)이라 불린다. 사례관리는 보건 및 사회서비스분야의 다양하고 복잡한 문제에 대한 해답으로 폭넓게 받아들여지고 있다. 사회복지는 이러한 문제를 해결하기 위해 제안되었다. 1970년대 초에 출현하여 1980년대에 폭발적 관심을 받은 실천 방법으로는 사례관리를 들 수 있다.

사례관리자들은 사무실에서 벗어나 클라이언트의 환경에 개입하는 도전적인 과제를 수행하려 노력한다. 사례관리자로서 건강가정사는 케이스워크, 집단지도, 가족치료, 지역사회조직을 통합하여 활용한다. 또한 사례관리는 심리치료에 깊이 관여하지 않는다. 실제적인 사회에서의 생존에 관련한 문제를 잘 다루도록 돕는다. 치료보다는 보호에 초점을 두어, 만성적이고 복합적인 문제를 장기적인 서비스로 제공한다는 것이다.

4) 통합방법론의 등장

사회사업의 통합적 방법 또는 일반 실천의 기반은 생태학적 견지를 포함하고 있는 체계에 이론의 기초를 두고 있다. 1970년대에는 사회체계이론이 사회사업의 지식에 급속도로 많이 활용되었고, 사회사업실천방법론(integrated methods) 또는 일반 실천방법이 소개되었다.

사회사업방법은 이처럼 개별, 집단, 지역사회조직으로 개념화하는 것은 어떤 문제를 발생시키는데, 실천가가 어느 하나의 영역을 선정해야 한다. 실천가는 아이디어를 부추긴다. 또한 사회변화는 거시적 측면에서 수행하는 것이고 임상에서는 클라이언트를 사회에 적응시키는 데만 관여한다는 가정을 만들게 한다. 그래서 다양한 사회사업방법에는 사회복지사가 수행하는 어떤 공통적인 역할과 요소가 있다는 점에 착안하여 사회사업통합방법이 나오게 되었다. 건강가정사업도 건강가정기본법 등에 지역사회 연계 등 건강가정사업의 통합적인 실천을 강조하고 있다.

3. 건강가정사업과 가족치료의 비교 및 협력

건강가정사업과 가족치료는 건강가정사업을 실시한다는 측면에서 유사한 내용을 지니고 있지만 차이점이 나타나고 있다. 그 차이점을 비교하면 다음과 같다.

1) 비교

(1) 사업의 범위

건강가정사업은 여러 가지 측면에서 가족치료와는 다른 측면을 지니고 있다. 건강가정사업의 중요한 초점은 개인의 인성과 사회체계의 복잡한 상호관계성을 강조한다. 그리고 한가족의 일상생활에서 명확히 정의된 구체적인 사건들과 상호작용에 초점을 두는 반면 가족치료는 공식적이며 가족기능의 추상적인 형태에 관심을 가진다(이화여자대학교 사회복지연구회, 2001).

또한 건강가정사업은 재가가족복지분야를 중심으로 폭넓은 건강가정사업을 실시하지만 가족치료는 전문기관을 중심으로 임상학적으로 접근한다. 결론적으로 건강가정사업은 가족치료보다는 다양한 방법과 유형으로 가족문제에 접근한다고 볼 수 있다. 즉 건강가정사업은 가족치료와 달리 가족생활이라는 순환과정에 건강가정사업 실천들을 포함한 적극적인 원조활동을 펴나가는 것이다.

(2) 건강가정사와 가족치료자의 협조적 역할

일반적으로 건강가정사업을 실천하는 사회복지 전문가를 가족복지사로 부를 수 있고, 가족치료를 담당하는 전문가를 가족치료자로 부를 수 있다. 그리고 가족사회사업과와 가족치료자는 서로 다른 역할을 수행한다. 그리고 건강가정사업을 체계적이고 전문적으로 실시하는 전문가를 건강가정사로 부르고 있다. 건강가정사는 가족 사이의 갈등문제와 사회생활, 학교생활과 관계되는 특정문제에 집중적으로 접근하고, 또한 다양하게 접근한다. 즉 일반적인 건강가정사업에서 다룰 수 있는 다양한 방법과 기술들을 동원하여 가족문제의 해결한다.

반면에 가족치료자는 가족구성원의 역할의 변화와 문제해결이라는 현실적인 문제의 초점을 둔다. 즉 가족치료자는 개인의 문제를 가족단위의 역기능에서 발생한다고 보고 치료의 표적은 가족단위로 접근하고 개별 가족구성원에게는 관심을 거의 가지지 않는 편이다.

2) 협력

건강가정사와 가족치료자의 역할이 별개이지만 여러 가지 다양한 가족문제에 접근하기 위해서는 서로 협력해야 할 부분이 많다. 특히 우리나라와 같이 건강가정사업이 전문적으로 정착되어 있지 않고 임상적인 가족복지와 정책적 가족복지의 통합성이 적은 경우에는 더욱 더 그러하다.

4. 가족복지사와 건강가정사의 역할

1) 가족복지사의 역할의 의의

사회복지실천은 종종 예술(art)과 과학(science)이 통합된 응용실천분야로 불린다. 이 말은 사회복지실천이 사회복지사와 클라이언트와의 관계를 중시하면서도 과학적 이론과 지식에 근거해야 함을 의미한다. 즉 사회복지실천은 사회복지사와 클라이언트 간의 수용적이고 협조적인 관계가 매우 중요하지만, 이에 못지않게 실천의 전 과정이 이론적인 근거에 의해서 체계적으로 진행되어야 한다는 것이다(고수현 외, 2002).

가족복지사가 비록 많은 경험을 갖고 있고 이로 인해 클라이언트의 상황과 문제를 잘 이해한다고 하더라도, 문제의 원인과 해결방법을 제시할 수 있는 이론적 틀이 없으면 효과적인 개입을 할 수 없기 때문이다.

따라서 과학으로서의 가족복지실천은 가족복지사의 추상적 사고나 클라이언트와 협조적인 관계에만 의존하는 것이 아니라, 클라이언트가 갖고 있는 문제의 원인과 현재 상황을 객관적 이론에 근거해서 파악하여야 하며, 이들 이론에 기초한 실천기술과 개입방법을 활용해야 하는 전문직임을 의미한다.

그리고 가족복지사는 동정과 인간의 고통에 직면할 수 있는 용기, 의미 있고 생산적인 원조관계를 수립할 수 있는 능력, 변화에 대한 장벽을 극복하는 창의성, 변화과정에 에너지와 희망을 불어넣는 능력, 건전한 판단력, 적합한 개인적 가치들, 그리고 효과적인 전문가 스타일을 형성하는 것 등의 능력도 지니고 있어야 한다.

또한 가족복지사는 클라이언트와 상호작용을 하고 서비스를 제공하기 위해 가슴과 머리를 모두 활용해야 한다. 기본적으로 예술적 능력을 갖고, 기초지식을 끌어내고 다양한 기법을 활용하는 사회복지사는 학습을 하면서 전문가적 능력을 쌓아 간다. 어떤 지식은 다른 학문, 특히 사회과학과 행동과학에서 빌려 왔으며, 어떤 것은 과학적 방법을 사회복지 관심사에 적응시켜 발전되었다. 게다가 실천 지혜로 불리는 지식형태는 여러 세대에 걸친 사회복지사들의 집합적 경험을 통해 도출된 것이다.

사회복지는 예를 들면 물리학, 식물학이나 화학과 같은 정도의 과학은 아니다. 그러나 사회복지는 다른 분야의 과학적 지식을 활용하고 점차 그 이론적 준거 틀을 개발하고 그 효과성을 평가하는 데 과학적 방법의 활용이 증가하고 있다. 사회복지는 다음과 같은 방법을 활용할 때 과학적이 된다고 말할 수 있다(서울대 사회복지실천연구회, 1999). 이러한 능력 중에서 가족복지사가 갖추어야 할 능력을 정리해 보면 다음과 같다.

① 가족들의 사회적 기능을 나타내는 자료들을 수집하고, 조직화하고 분석한다.

② 가족복지에 대해 새로운 기법을 만들고 새로운 실천지침을 형성하고, 새로운 가족복지프로그램과 정책을 개발하기 위해 관찰, 경험, 그리고 공식적 연구를 활용한다.

③ 가족복지 개입을 안내하는 계획과 개념적 준거 틀을 세우기 위해 기초가 되는 자료를 활용한다.

④ 개입과 개입이 가족들의 사회적 기능수행에 미치는 영향을 객관적으로 검토 한다.

⑤ 전문직에서 다른 사람들이 설명하는 아이디어, 연구, 그리고 실천을 교환하고 비평적으로 평가한다.

그러나 전문직은 완전히 과학적 학문이 될 수 없고, 그렇게 되어서도 안 된다. 환경 속의 개인에 초점을 두는 것 외에도 원조 전문직에서 전문직의 가치와 철학이 기여하는 바는 독특하다. 그럼에도 불구하고 가족복지사는 자신의 사고에서 과학적이 되고자 노력해야 한다.

결론적으로 건강가정사업을 효과적으로 수행하기 위해서 가족복지사는 예술과 과학을 혼합한다. 가족복지사는 실천상황에서 과정과 성과에 영향을 미치는 보이지 않는 요인들을 알아야 한다. 예를 들면 관계를 형성하고, 창의적인 사고를 하고, 동정과 용기, 희망과 에너지, 건전한 판단력의 사용, 그리고 적합한 가치에 헌신하는 것들을 포함하는 예술이 있다. 동시에 가족복지사는 자신의 예술적 능력을 전문적 지식과 과학적 기반에 혼합시켜야 한다.

2) 건강가정사의 역할

건강가정사의 역할은 아직 법적 장치가 미흡하여 구체적으로 제시되지 못하고 있다. 그러나 앞으로 건강가정사업이 확대될 것이라 볼 때 구체적인 건강가정사의 역할을 모색해야 한다.

세퍼와 호레이시(Sheafor & horejsi, 서울대 사회복지실천연구회 역, 1997)는 미국사회복지교육협의회에서 정의한 사회복지실천의 목적을 달성하기 위해 사회복지사의 역할을 나누어 설명하고 있는데, 이 내용을 건강가정사업에 맞추어 정리하면 다음과 같다.

① **중개인의 역할** : 건강가정문제를 해결하기 위해 적절한 인간서비스와 자원에 연결하는 역할을 한다. 이혼문제 등 가족문제는 지역사회와의 연계, 법률기관, 전문상담기관 등과 연계서비스를 실시하여 야 한다. 그러므로 건강가정사의 중개인의 역할이 필요하다.

② **옹호자의 역할** : 건강가정이 자원과 서비스를 받을 권리를 유지하도록 돕거나 가족구성원에게 부정적 효과를 주는 프로그램과 정책을 변화시키는 운동을 적극적으로 지지한다. 그리고 건강가정의 문제를 해결할 수 있도록 옹호자적인 입장에서 상담을 진행해 나가야 한다.

③ **교사의 역할** : 건강가정문제를 예방하거나 가족의 사회적 기능을 향상시키는 데 필요한 지식과 기술을 갖추도록 교육시키는 역할을 한다. 즉 부모교육이나 부부관계 향상프로그램 등 건강가정이 필요로 하는 전문적인 지식이나 방법을 가르쳐주고 유인해낼 수 있는 교육자적 역할이 요구된다.

④ **상담가의 역할** : 가족구성원이 자신의 감정을 보다 잘 이해하고, 행동을 수정하며, 문제상황에 대처하기 위해 학습하도록 도움으로써 그들의 사회적 기능수행능력을 향상시키도록 돕는 역할을 한다. 앞으로 이혼문제에 상담이나 이혼숙려제도 등의 도입으로 인하여 건강가정사의 상담가의 역할은 확대될 것으로 예상된다.

⑤ **사례관리자의 역할** : 가족구성원들에게 적합한 서비스에 연결하고 그러한 서비스를 활용하도록 조정하는 과정에서 개인과 가족에게 서비스를 지속적으로 제공하는 하는 사례관리자의 역할을 해야 한다. 현대사회의 임상영역과 상담영역에서 가정 중요한 영역이 사례관리이다. 아직까지 우리나라는 여러 분야에서 사례관리의 필요성이 대두되고 있지만, 체계적이고 전문적인 사례관리를 실시하고 있지 못하고 있다. 특히 건강가정사업에서는 그 사업의 성격상 사례관리기법이 주요할 것이다. 그러므로 건강가정사는 사례관리자로서의 역할을 강화해야 한다.

⑥ **행정관리자의 역할** : 건강가정에게 가장 효율적으로 서비스를 실시하고 고용된 조직에 책임을 지기 위해 업무량을 관리하는 행정가의 역할을 해야 하며, 인간서비스조직에서 정책, 서비스, 프로그램을 계획하고, 개발하며, 수행하는 역

할을 해야 한다. 또한 훈련, 슈퍼비전, 그리고 인사관리를 통해 기관직원의 전문적 개발을 촉진하는 역할을 수행해야 한다. 또한 인간서비스조직에서 정책, 서비스, 프로그램을 계획하고, 개발하며, 수행한다.

⑦ **사회변화 대행자의 역할** : 지역사회프로그램과 삶의 질을 향상시키는 영역을 확인하고, 변화나 새로운 자원 획득을 옹호하기 위해 이익집단을 동원하는 데 참여하는 역할을 해야 한다.

결론적으로 건강가정사에 의해 수행되는 역할의 범위는 매우 다양하고 건강가정사업의 범위가 넓어질수록 이러한 역할은 더욱더 많아질 것이다.

5. 건강가정사업의 접근방법

건강가정사업은 가족정책과 함께 가족복지의 한 방법으로 개별적, 심리적, 미시적 접근을 통해 가족 내의 개인 및 그 구성원들로 하여금 가족생활에서 원만한 인간관계를 맺도록 하는 서비스를 말한다. 일반적으로 특수한 욕구를 가진 가족 구성원들의 특별한 문제를 취급하는 가족복지서비스 활동으로 다분히 가족복지의 제도적 개념을 보완하는 잔여적 성격을 띠고 있다.

먼저 가족복지서비스는 카두신(A. Kadushin)의 3S모델에 입각하여 가족지원서비스, 가족보완서비스, 가족대리서비스로 분류할 수 있다. 가족지원서비스는 가족상담, 가족사회사업, 가족치료, 가족생활교육, 가족옹호 등을 들 수 있으며, 가족보완서비스는 가족해체예방기금마련, 가족보존과 가정기반서비스, 가족보호서비스, 가족폭력 예방 및 치료서비스, 가정조성사업 등이 있고, 가족대리서비스에는 그룹홈, 단기쉼터, 휴일가정위탁보호 등을 들 수 있다.

또한 가족복지서비스적 접근은 예방적 접근, 사후 치료적 접근으로도 분류할 수 있으며, 예방적 접근은 가족문제 발생을 사전에 방지할 수 있도록 가족을 강화하는 가족생활교육이 있고, 치료적 접근에는 가족치료가 있다.

1) 예방적 접근방법과 치료적 접근방법

(1) 예방적 접근방법

일반적으로 예방적 접근방법이란 개인의 사회생활상의 장애나 곤란, 부적응에 대하여 그 발생을 예방하고, 동시에 사회의 제도나 가족복지서비스에 문제나 모순에 의해 문제가 발생하는 경우 그 제도의 구조나 서비스의 내용을 변경하여 개선하는 것을 목적으로 하고 있다. 건강가정사업의 예방적 접근은 가족문제 발생을 사전에 방지할 수 있도록 가족을 강화하는 것으로 사전예방 차원에서 가족생활교육으로 대표될 수 있다.

예방적 성격은 개인을 기본적인 가족제도에 연계시켜 가족제도로부터의 탈락을 예방하고 또한 일반적 가족복지서비스를 쉽게 이용할 수 정비하여 것이다. 그리고 기본적인 가족제도란 경제, 의료, 교육, 고용, 주택, 문화 오락 등을 포함하고 있다. 구체적으로 예방적 접근방법의 특징을 살펴보면 다음과 같다.

가. 사회생활에서 발생하는 가족문제의 예방 : 모든 개인은 가족복지서비스에 연결시켜서 공통적이고 평균적인 개인의 요구나 관심에 부응하기 위해 평등하게 이용하고 활용할 수 있는 기회를 보장하고 가족제도상의 보장에서 탈락하는 것을 예방한다.

나. 가족생활의 건전성의 유지 : 건강한 가족생활은 지역사회에 존재하는 사회제도와 효과적인 관계를 맺음으로써 달성될 수 있을 것이다. 그러므로 개인이 가진 기본적인 생활욕구는 기회균등하게 보장되는 사회제도를 이용함으로써 충족하고 건전한 가족생활이 가능하게 된다.

다. 가족제도와 가족서비스의 강화와 확충 : 건강가정사업이 사회생활에서 발생하는 가족문제의 예방과 가족생활의 건전성의 유지를 위해서는 가족제도나 서비스가 정비되어야 하고 활성화시켜야 한다. 그리고 이런 목적을 달성하기 위해서는 과학적이고 조직적인 정책을 통하여 시설이나 단체를 개발하여 가족의 사회관계를 발전시켜야 한다.

라. 사회자원의 준비 : 예방적인 건강가정사업은 모든 가족이 보편적으로 사용할 수 있는 사회자원을 준비해야 한다. 치료적이고 보호적인 가족복지가 대상을 한정하여 일정의 자격 조건을 갖춘 자에게 한정적으로 서비스를 제공하는 것과는 차이가 있다. 예방적 건강가정사업이 성립하는 사상이나 배경은 최근 들어 특히 강조되어 정상화이념에 입각하여 생활의 질을 중시하는 경향과도 관계가 있다.

(2) 치료적 접근방법

치료적 접근방법은 가족문제를 가족시스템으로 생각하여 해결을 촉구하는 접근방법이다. 그리고 치료적 접근방법은 가족문제가 발생한 후 접근하는 방식이라 하겠다. 현재 가족치료는 정신분석학적인 측면에서 출발해지만 지금은 다양한 부분에서 접근하고 있다.

(3) 예방과 치료의 통합

건강가정사업에서 예방적인 접근과 치료적 접근은 통합적인 차원에서 접근해야 한다. 가족문제의 특징상 예방적인 측면이 있는 동시에 사후 치료적인 측면도 지니고 있기 때문이다. 그러므로 앞으로 과학적이고 전문적인 건강가정사업을 실시하려면 예방과 치료를 포괄적으로 포함할 수 있는 프로그램을 개발해야 할 것이다.

2) 접근방법의 유형

(1) 치료

치료는 가족기능의 회복을 목적으로 실시되는 개입전략이다. 치료는 기족구성원이 이해하거나 혹은 그렇지 않더라도 또는 그들의 문제에 동의하거나 혹은 동의 그렇지 않던지 간에 치료적 개입은 가족문제의 해결을 위해 계획된다. 그리고 치료는 집단지도로 동시에 여러 가족에게 적용한 경우도 있지만 개별면담에서도 개입을 하는 경우도 있다. 주로 건강가정사업에서는 가족치료기법을 많이 사용한다.

(2) 교육

교육을 어떻게 정의하든지 교육은 개입의 중요한 요소이다. 초등학교 교사, 대학교수 그리고 다른 전문가들은 가족과 그들 구성원에 대한 풍부한 정보를 제공한다. 가족관련분야에서 또 다른 활동 영역은 가족생활교육이다. 많은 사람들이 치료적 프로그램보다 교육적 프로그램에 쉽게 적용되더라도 교육을 직접 받는 사람들은 종종 가족의 개별 구성원이다. 교육은 가족들이 그들 자체를 돕는 데 유용한 정보를 많이 제공하지만 가족변화를 강조하지는 않는다. 교육은 치료에 비해 문제에 덜 치중한다. 이러한 유형에는 가족생활교육과 부모교육 등이 포함된다.

(3) 사회정책

사회정책은 일반적인 원칙 혹은 목표 그리고 그런 목표를 달성하기 위한 행동의 프로그램 둘 다 포함하고 있다. 지방, 지역, 국가 혹은 국제적 영역 등 어떤 위치에 있던지 정부는 가족에게 영향을 주는 법과 규칙을 만들고 집행한다. 그러므로 사회정책으로서의 가족복지정책은 각국의 가족의 개념에 따라 접근하는 방법이 달라진다. 정책변화에 의해서 정책이나 프로그램이 변화될 때마다 개입도 발생한다. 어떤 사회정책은 가족을 돕기 위한 목적보다는 다른 목적으로 계획되지만 가족에게 영향을 미친다.[1)]

(4) 사회운동

개입의 네 번째 유형은 사회운동이다. 일반적으로 사회운동은 공통적인 관심을 나누는 많은 다양한 가족들로 조직된다. 사회운동이 조직적이고 성공적이라 하더라도 운동의 목적은 그들의 행동과 모든 가족 혹은 어떤 종류의 가족에 대한 그들의 태도가 변화도록 영향을 미치는 것이다. 사회운동의 방법들도 어느 정도 치료적이지만 보편적으로 교육과 정치운동을 결합시킨 것이 많다. 건강가정사업과 관련된 다양한 가족운동을 실시한다면 건강가정을 위한 예방사업에 도움이 많이 될 것이다.

(5) 가족복지서비스

가족복지서비스와 관련한 가족연구의 역사는 깊다. 또한 가족복지서비스는 사

1) 예를 들어 깨끗한 물을 공급하기 위한 법률제정은 일반적으로 공익을 위한 목적이 있지만, 가족 안에서 사람들의 건강을 증진시켜 줄 수 있고, 간접적으로 가족의 기능을 증진시킨다.

회복지 실천과정의 변화와도 비슷한 맥락에서 변화고 있다. 건강가정사업도 큰 맥락에서 본다면 가족복지서비스의 일환이다.

(6) 가족에 대한 직접적 개입

가족복지서비스에서 가족에 대한 직접적인 개입으로 대표적인 분야는 가족사회사업이다. 가족사회사업은 주로 사회복지기관과 가족복지 관련기관에서 다양한 가족문제를 해결하기 위하여 전문 사회복지사가 개입하는 것이다.

(7) 가족보호

가족보호는 가정 내에서 발생하는 각종 장애문제를 포함한 가족문제에 대해 각종 보호를 지원해 줌으로써 가족의 역할수행과 능력을 향상시키는 기능을 수행한다. 즉 정상적이 못한 노인치매가족, 장애인가족 등의 가족들에게 실시하는 가족복지서비스를 말한다.

6. 건강가정사업의 실천기술

1) 건강가정사업 실천기술의 개념

사회복지 실천기술은 전문성과 과학성을 전제로 한 실천활동으로서 사회복지 원조활동에 기대되는 과제이다. 복지의 목표를 실행하는 활동은 풍족한 가치관과 깊고 넓은 지식에 의한 원조기술로 가능해지며, 사회복지 원조활동의 전문성과 과학성을 원조자(사회복지사)의 원조기술에 의해 성립된다고 해도 과언이 아니다.

사회복지 실천기술의 의의에 대하여 이해하자면 기술이란 가치, 지식, 재능, 훈련 등에서 생겨나는 수단, 역량, 솜씨 등을 의미하고 기능, 기예, 기(技) 등도 같은 의미로 쓰이는 일이 많다. 기예는 미술과 공예, 예술세계의 가치실천의 기술을 의미한다면 사회복지 실천기술은 대인 원조기술로써 숙달된 경험, 재능만이 아니고 인간과 사회생활에서의 가치 실현을 추구하는 목적으로써 과학적인 것에 깊은 의의가 있다. 역사적으로 기술은 노동수단의 체계가 있다고 하는 노동수단설과 생활이라는 생산적 활동에서의 수단과 목적으로 논하여 왔다.

따라서 건강가정사업 실천기술이란 건강가정사업을 실천하는 가치를 위한 기술적 방법으로 이해되어야 할 것이다. 한편 대인 원조기술이란 실천에 필요한 원조기술이고 인간을 조작하는 수단이 아니며, 이용자 스스로 목표로 하고 있는 사회적인 생활에 접근하며 그 실현을 가능케 하는 목적을 갖는 원조의 전개과정 그 자체이다.

원조기술이란 이용자를 인식하며 통찰하는 것을 의미하고 있다. 즉 이용자가 있는 그대로 지각하고 체험해 있는 과정을 소중하게 하는 것으로 이용자의 실제적 가능성과 진실한 인내의 발견과 변용을 가능하게 하여 가치를 인식해 가는 과정이다.

2) 건강가정사업 실천기술의 유형

건강가정사업 실천기술은 대인적·대면적 구체적인 이용자 중심의 직접실천기술과 간접실천기술 그리고 관련 실천기술이 있다.

(1) 직접실천기술

가. 의의 : 직접원조활동방법과 기술을 총칭하여 직접실천기술이라고 하며, 직접실천활동이란 사회복지의 목표를 이용자의 생활 속에 직접 개별적으로 실현하는 실천기술이다. 대상구성은 개인일 수도 있고 가족과 구성원에 대한 소집단일 수도 있으며 개별사회사업의 원리와 집단사회사업의 원리를 중심으로 한다.

직접실천기술은 원조활동 대상이 개인과 가족에 대응하는 경우는 개별원조기술(케이스워크), 개인과 가족원으로 구성되는 소집단에 대응하는 경우 집단원조기술(그룹워크)을 기반으로 체계지어져 왔다. 양자는 지금까지 따로따로 다루어져 왔지만 현재는 양쪽 모두 서비스 이용자의 직접적인 대인관계를 매개로 해서 전개하고 있고 통합화되게 되어 있다.

즉 직접원조기술은 정비된 간접원조하에서 실시되고, 간접원조가 제공하는 자원을 활용해서 비로소 효과적인 원조과정을 전개할 수 있는 것이며 간접원조도 또한 직접원조과정에서부터의 끊임없는 피드백에 근거하여 자원동원 등에 의해서 그 존재의의를 가진다. 원래 사회복지 원조기술의 역사에 있어서 원조과정의 과정화는 직접원조과정에 시작되었다.

자의적이고 비효율적인 자선적 운영에서 자선조직화운동(COS운동)을 거쳐서 영국을 중심으로 가족복지 기반으로라는 직접원조의 과학화·합리화가 이루어졌는데, 그 과정에서 간접원조기술도 점차 체계화의 길을 걸어왔다. 구체적인 직접원조기술으로서는 전통적인 케이스워크, 그룹워크를 중심으로 하고 최근에는 재가복지를 바탕으로 그 필요성이 증가하고 있는 사례관리 등의 기반도 포함된다고 보는 경향이 있다. 직접원조기술과 유사한 개념으로 대인복지서비스라는 용어가 있는데, 대인복지서비스는 보다 광범위한 의미를 내포하고 있다.

나. 특징 : 직접원조기술의 특색으로서는 건강가정사와 가족과의 직접적인 인간관계, 특히 전문적 원조관계에 있다. 이 일정한 관계를 구축하기 위해서는 몇 개의 기본원리가 인정되고 있는데 그 중 많은 부분은 종래의 케이스워크나 그룹워크의 연구와 실천의 영향이 강했다고 볼 수 있다.

(2) 간접실천기술

가. 의의 : 간접실천기술은 가족의 구체적인 기본적 요구의 해결에 직접 속하는 것은 아니어도 클라이언트에게 있어서는 자기의 인간으로서의 가능성을 추구하는 데에 잠재적 가치를 갖는 기회를 얻는 환경상의 수단을 포함하고 있거나 또는 환경상의 압력이나 장애를 제거하거나 클라이언트에 대한 타인의 태도를 개선시키는 개입 등에 의해 성립하고 있는 것이다.

간접실천기술은 지역사회와 복지시설 등에 있어서 사회복지운영의 개선을 도모하고 직접실천기술의 기반 조성을 하는 조직적 계획적인 제도와 행정이 필요하며, 가족이 가족문제를 스스로 해결하고자 하는 활동이다. 간접적 기술에는 가족욕구조사, 가족복지행정과 정책, 사회계획 등이 속하며 서비스를 제공하는 제도나 기구 정책 개선에 초점을 두고, 전개해 나가는 방법으로서 경영관리, 정보분석기술 등의 체계화를 포함하는 지역사회조직 등이 이에 속한다.

나. 특징 : 간접원조기술은 건강가정사업의 원조기술로서 직접원조기술과 함께 사용되고 있는 건강가정실천에 있어서 절차상의 개념이다. 간접원조기술은 가족의 구체적인 기본적 욕구의 해결에 직접 속하는 것은 아니더라도 가족에게 있어서는 인간으로서의 가능성을 추구하는 데에 잠재적 가치를 갖는 기회를 얻는 환

경상의 수단을 포함하고 있거나 또는 환경상의 압력이나 장애를 제거하거나 가족에 대한 타인의 태도를 개선시키는 개입 등에 의해 성립하고 있는 것이다.

(3) 건강가정사업 실천기술의 통합화와 특성화

가. 통합화 : 직접원조기술과 간접원조기술을 단지 직접원조기술은 단순히 심리적인 것으로 생각하고 간접원조기술은 심리사회적인 것으로 생각하는 것은 잘못된 것이다. 환경상의 원조도 또한 인간에 대해서 행하여지는 것이므로 양자는 기법(技法)의 차이에 의한 것이라기보다는 오히려 기법에 의해 영향을 받는 인간과 관계된다는 인식이 중요한 전제이다. 지금까지의 원조방법들이 별개로 전문·분화되어 발달해 왔기 때문에 원조활동이 분단되는 불합리한 점이 있다는 반성에서 상호관련성을 명확하게 하는 일과 그 공통기반을 확립할 필요성이 있다는 점에서 원조활동에 대한 재편성의 움직임이 나타나고 있다.

즉 가족문제를 일으키는 주된 원인, 부차적 원인, 유인 등의 판별과 함께 긴급을 요하는 원조와 비교적 긴급을 요하지 않는 원조 등 직접원조, 간접원조를 막론하고 처우기법에 대해서는 상담사가 가족의 문제해결 원조에 있어서 그것이 대상자에게 어떠한 의미를 갖고 있는가에 초점을 맞추는 것이 중요하다.

즉 건강가정사업에 필요한 여러 가지의 실천기법들을 통해 이들은 상호관련이 있는 것으로, 단독의 기법으로 초점화하는 것은 바람직하지 않다. 이용자의 인간성이나 문제상황에 따른 적절한 조합이 효과를 나타낼 수 있는 원조실천방법인 것이다. 기법은 결코 지침서가 아니기 때문에 사고를 하지 않고, 거기에 무자각적으로 맹종하는 것만은 피해야 될 것이다.

건강가정사업의 목적은 가족이 도움을 받기 위하여 최초로 건강가정사를 만날 때부터 시작하여 건강가정사와 가족의 관계가 종결될 때까지 계속되는 다양한 기술을 통해서 달성될 수 있는 것이다.

그리고 가장 숙련된 기술은 면접자와 피면접자 간에 부드럽고 자연스러운 교류를 통해서 이루어진다. 이러한 방법은 주의 깊은 연구와 다년간의 실천경험을 통해서 얻어질 수 있는 것이다. 또한 다양한 건강가정사업 실천기술이 통합적으로 실시될 때 더욱 좋은 결과를 가져올 것이다.

나. 특성화 : 건강가정사업의 기술은 먼저 다양한 가족 유형과 가족문제에 대

한 전제가 이루어져야 한다. 현재 우리는 가족 유형에 따른 가족문제를 구체적으로 고찰하지 못하고 있다. 그리고 건강가정사업의 기술은 각국의 가족문화 가족특성, 가족구조 등에 따라 다르게 접근해야 할 것이다. 이러한 전제조건이 완성되었을 때 우리 현실에 맞는 특성화된 건강가정사업의 기술이 개발될 수 있을 것이다.

3) 건강가정사업 실시의 원칙

일반적으로 건강가정사업에 실시하고 있는 실시원칙을 중심으로 건강가정사업의 실천과정에서 적용되는 원칙들은 다음과 같이 살펴볼 수 있다.

(1) 재가복지 실시의 원칙

건강가정사업에 있어 가장 기본이 되는 곳이 가정이기 때문에 원칙적으로 가정에서 서비스를 실시하는 것이 가장 좋은 사업이다. 즉 재가복지란 자신이 살아온 생활공간인 자기 집에서 생활을 유지하기를 원하면서 자립조건의 결여, 타인의 원조를 필요로 하는 가족에 대하여 가능한 한 주택에서 생활을 유지할 수 있도록 제공되는 각종 가족복지형태를 말한다.

(2) 개별화된 건강가정사업의 실시

가. 의의 : 건강가정사업 실천에 있어 개별화란 각 가족과 개인의 독특한 자질을 인정하고 이해하는 것이며, 가족이 보다 나은 적응을 하도록 원리와 방법을 다르게 적응하여 돕는 것이다. 즉 개별화의 원리는 인간은 개별적이고 같은 인간이 아니라 개인차를 가진 인간으로서 취급해야 한다는 것이다. 이러한 원리는 건강가정사업에도 적용된다. 가족도 한 개인처럼 다양한 가족형태를 이루고 있음으로 가족을 개별화시켜 접근해야 하는 것이다. 가족을 개별화하기 위해서는 가족에 대한 철저한 사전조사를 통해 접근해야 할 것이다.

〈자료〉 건강가정사업에서의 개별화(individualization)

개별화의 원리는 모든 인간은 누구나 개별적인 특징을 가지고 있으며, 개인적 차별성을 가진 특정한 인간으로 취급되어야 한다는 인간의 권리에 기초를 두고 있다. 즉 모든 클라이언트는 각기 다른 감정, 사고, 행동, 독특한 생활양식, 경험 등을 가지고 있으므로, 각기 다른 인간으로서 존중되어야 할 권리를 지니고 있다는 것이다. 사회복지실천에서 클라이언트의 개별성을 존중한다는 것은 가족과 건강가정사 간에 긍정적인 관계의 수립과 유지를 도와 가족의 자존심을 지원하고 강화시킨다. 따라서 개별화란 각 가족의 독특한 자질을 인정하고 이해하는 것이며, 가족이 보다 나은 적응상태를 지향할 수 있도록, 각 가족마다 상이한 원리와 방법으로 돕는 것을 의미한다.

나. 건강가정사의 역할 : 건강가정사업 실천에 있어 가족의 개별화를 위해 건강가정사는 다음과 같은 역할을 수행해야 한다.

첫째, 건강가정사는 자신의 편견이나 선입견에서 탈피해야 한다. 편견이나 선입관이란 전형화된 고정관념 등에 영향을 받아 가족을 미리 판단하고, 가족을 어떤 유형의 가족으로 묶어버리는 것을 뜻한다. 건강가정사는 이러한 편견이나 선입견에서 벗어나 가족의 문제를 중립적인 입장에서 객관적으로 볼 수 있어야 하며, 자기 자신의 감정과 타인의 감정이 동일하지 않다는 생각에 기초하여야 한다. 특히 이러한 선입견의 경우 지금까지 많은 사례에서 나타나고 있는 기존의 가족과의 낙인 등에서도 발생할 수 있다.

둘째, 인간행동 및 사회환경에 관한 지식에 근거하여 가족을 이해해야 한다. 인간발달과 인간의 행동, 사회문제 등에 대한 이해는 건강가정사가 가족의 문제를 과학적으로 이해하고, 개입전략을 수립하는 데 있어서도 객관적이고 합리적인 가장 적절한 방법을 제공해 주는 틀을 마련해주기 때문이다. 따라서 인간의 문제를 돕는 건강가정사는 심리학, 사회학, 의학, 정신의학, 법학, 인류학, 철학 등에 기반을 둔 과학적 지식을 갖추어야 한다.

셋째, 가족의 언어표현 내용과 표정, 몸짓, 침묵 등에 대한 경청 및 관찰능력이 있어야 한다. 건강가정사는 귀담아 듣는 것만으로도 필요한 자료를 얻을 수 있으며 무언의 정서표현을 잘 관찰함으로써 많은 자료를 수집할 수 있게 된다.

따라서 건강가정사는 가족의 언어나 태도의 표현에서 가족이 무엇을 호소하려고 하는지, 무엇을 말하려고 하는지 민감하게 포착해야 한다.

넷째, 가족과 보조를 맞출 수 있는 능력을 갖추어야 한다. 즉 건강가정사는 비슷한 유형의 문제를 가지고 온 가족이라 할지라도, 각각의 가족은 문제에 대한 인식이나 해결을 위한 동기, 그리고 대처능력이나 활용가능자원 등 모두 상이하다는 것을 인식하고, 각 가족이 현재 처해 있는 곳에서부터 출발하여 가족의 수준에 맞추어 사례를 진행해야 한다. 만약 그렇지 못할 경우 가족은 위화감, 거리감, 심판 받는 느낌, 강제성 등의 감정을 갖게 되기 때문이다.

다섯째, 건강가정사는 가족의 감정과 사고를 민감하게 포착하고 이에 자신을 투입시켜야 한다. 가족의 개별적인 특성은 그의 감정의 움직임 속에서 가장 잘 나타나게 되므로, 건강가정사가 가족의 감정을 민감하게 포착한다는 것은 가족의 개성을 존중하는 것과도 같다.

여섯째, 건강가정사에게는 예견능력이 필요하다. 이는 가족의 상황과 건강가정사의 진행상황에 대한 예견능력을 의미한다. 건강가정사와 가족과의 중대한 의견차이가 있을 경우에는 중립적인 입장을 취하면서 적절한 시기에 건강가정사 자신의 의견을 표명할 수 있어야 한다.

이러한 개별화의 원칙을 지키기 위해 건강가정사는 면접시간과 장소에 있어서 가족의 욕구와 상황을 배려하고, 매 면접시간 전에는 사례기록을 재검토함으로써 사전준비를 하며, 가족의 능력에 맞게 조사, 진단, 치료 과정에 참여시켜야 한다. 또한 이 모든 건강가정사업 실천진행에 있어 원칙에 급급해 하지 않는 융통성을 가져야 한다.

(3) 가족 전체에 초점을 둔 건강가정사업의 실시

가족은 하나의 사회체계로 볼 수 있음으로 건강가정사업을 실시하기 위해서는 가족개인이 아니라 가족 전체로 접근해야 한다. 이것은 한 가족에 대한 개입은 다른 가족구성원에게도 영향을 미치기 때문이다. 그러므로 건강가정사업은 가족 전체의 노력이 전제되어야 한다.

제 10 장

건강가정사업 실천의 과정

1. 접수 및 준비

1) 접수 및 계약

(1) 접수

이 단계의 주된 목표는 도움을 구하러 온 가족의 욕구가 기관의 목적과 서비스 내용에 적합한지 아닌지를 판단하여 접수하고 가족과 긍정적인 원조관계를 맺어 앞으로의 개입과정에 가족의 참여를 유도하는 것이다. 접수단계에서의 구체적인 활동은 가족의 문제와 욕구, 그리고 원조의 목적을 명확히 하고 원조과정에서 기대되는 바를 명확히 하여 가족의 욕구가 기관의 자원과 정책에 부합되는 지의 여부를 판단하는 것이다.

(2) 계약

가족들에게 건강가정사업을 전개하기 위한 전제조건은 다음과 같은 것들이 있다(이화여자대학교 사회복지연구회, 2001).

① 가족의 동의

가족들이 특별한 문제에 대해 외부에서 개입하는 것에 동의해야 한다. 그리고 가족원 모두와 계약을 해야 한다.

② 기관과의 연계와 결정

가족문제를 해결하기 위한 기관과 연계하여야 한다. 그리고 기관은 그 가족문제가 적합한지를 결정하여야 한다. 즉 가족문제를 가진 가족의 욕구와 기관의 가족문제 해결능력이 일치해야 한다.

(3) 계약내용

계약서를 문서로 작성할 때에는 구체적으로 서술해야 한다. 계약서에 포함될 내용을 살펴보면 다음과 같다.

① 인적사항

② 상담 및 치료시간과 장소

③ 상담 및 치료과정 참여동의(부모참여, 작업참여, 부모교육 등)

④ 새로운 문제해결을 위한 동의

이상의 내용 이외에도 가족특성과 문제해결을 위해 필요한 사항들을 계약해야 한다.

〈자료〉 구체적인 계약의 내용

Compton과 Galaway(1984)는 계약에는 다음의 요소들이 포함되어야 한다고 했다.

① 성취될 목표, ② 참여자의 역할, ③ 적용될 기술이나 개입의 형식, ④ 시간 구성, 면접의 빈도와 지속시간, ⑤ 진행사항을 점검하는 수단, ⑥ 계약을 재협상하는 약정 등이다.

Fox(1993)는 계약과정에서 반드시 포함되어야 할 내용으로 다음을 제시했다.

① 문제의 명확한 규정, ② 목표들의 명시, ③ 필요한 일들의 제시, ④ 대안들의 고려, ⑤ 업무의 명확한 세분화, ⑥ 과업들의 상호연결, ⑦ 일의 순서나 방법 등에 관한 의사결정, ⑧ 피드백의 유도, ⑨ 진전에 대한 평가, ⑩ 필요한 수정이나 변경이 이루어짐 등이다.

2) 자료준비와 수집

자료수집이란 건강가정사가 가족의 문제에 개입하기 위해 그의 상황에 대한 사실을 수집, 관찰하여 이를 기초로 그에 대한 이해를 하는 과정으로서 문제해결을 위해 필수 불가결한 과정이다. 자료준비와 수집은 원조과정 전체를 통해 지속되지만 이 단계에서 가장 집중적으로 이루어진다. 우리의 경우 선진국과 같이 가족 전반에 관한 구체적인 가족자료가 부족하므로 가족에 관한 자료준비는 어려움이 많다. 그러므로 다양한 방법을 이용하여 가족에 대한 자료준비를 해야 할 것이다. 주로 다음과 같은 자료를 통해 자료를 수집하게 된다.

① 가족이 말하는 자기 가족력
② 가족이 작성한 각종 서류
③ 가족이 말하는 문제
④ 가족구성원의 기분, 의견
⑤ 가족의 비언어적 행동에 대한 건강가정사의 관찰
⑥ 부부나 가족성원 간의 상호작용에 대한 건강가정사의 관찰
⑦ 친척, 친구 등 가족에게 중요한 사람들에게서 수집되는 정보
⑧ 각종 검사결과(심리검사, 신체검사)와 기록(학교 생활기록부, 병원의 의료기록 등)
⑨ 가족에 대한 건강가정사의 개인적 경험 등

2. 사정

1) 가족사정의 의의와 방법

(1) 의의

건강가정사업에서 사정은 매우 중요하다. 가족문제를 정확히 사정해야만 적절한 개입을 할 수 있기 때문이다.[1)] 가족사정은 가족을 하나의 단위로 보면서 가족과 관련된 내・외부요인의 상호작용을 파악하기 위해 자료를 수집하고 분석하여 가족에 대한 개입을 계획하는 것이다. 그리고 가족사정을 정확히 하기 위해서는 다양한 방법을 통하여 접근해야 한다. 그리고 가족사정은 가족을 둘러싸고 있는 객관적 사실을 포함하여 주관적 사실까지지도 잘 활용하여야 한다.

1) 과거의 진단 대신에 사정이라는 용어를 사용하게 된 배경에는 문제를 너무 병리적으로 보지 않고 환경을 비롯한 잠재능력에 초점을 두면서 사정이라는 용어를 보편적으로 사용하게 되었다.

〈자료〉 사정(assessment)과 진단(diagnosis)

이 용어는 현재 상담현장에서 혼용되어 사용되고 있으나 과거 전통적인 사회사업에서는 진단이라는 용어를 많이 사용했다. 진단이라는 용어는 의료모델에서 나온 것으로 사회복지 실천과정에서 클라이언트와 관련된 자원, 동기, 환경 등을 중시하면서 사정이라는 용어를 더 많이 사용하는 경향이 있다.

(2) 방법

자료수집과 사정이 끝나면 문제해결을 위한 사전준비가 완료된 것이며, 그 다음 단계로서 실질적인 문제해결 과정의 시작인 계획단계로 이어진다. 이 단계에서 건강가정사와 가족이 개입목표를 설정하고 이를 달성하기 위한 계획을 수립하여야 한다.

가족을 사정하는 것은 고도의 기술과 지식이 요구되는 것이다. 또한 이론이나 모델에 따라 달라질 수 있다. 그리고 가족을 사정하기 위한 방법은 다양한 방법에서 접근해야 한다. 가족사정도 일반 사정과 같이 양적인 접근과 질적인 접근으로 나누어 볼 수 있다. 가족사정을 위한 양적인 방법으로는 표준화된 척도나 목록을 사용하고, 질적인 방법으로는 면접방법이나 그래픽을 사용하는 방법, 그리고 가족을 관찰하는 방법 등이 있다(조홍식 외, 2002).

2) 사정의 내용

가족문제 사정시 다음과 같은 질문에 대한 해답을 찾으려는 것이다. 그러므로 다음과 같은 내용이 포함되어 있어야 한다.

① 가족은 어떤 유형인가?

② 가족은 자기 문제를 무엇이라고 생각하는가?

③ 가족문제는 얼마나 오래 지속되어 왔는가?

④ 가족은 그간 문제해결을 위해 어떤 노력들을 해 왔으며, 효과가 있었는가?

⑤ 가족문제에 어떤 사람들이 관련되어 있으며 어떤 집단이나 사람들이 영향을 받는가?

⑥ 가족에게 영향을 줄 수 있는 주요 타자들은 누구인가?

⑦ 가족은 문제를 해결하고자 동기화되어 있는가?

⑧ 가족의 강정과 약점은 무엇인가?

3) 가족사정의 유형

가족사정의 유형을 면접방법, 그림그리기, 관찰, 목록 등으로 나누어 살펴보면 다음과 같다(조홍식 외, 2002).

(1) 면접

면접은 가족사정을 위한 가장 기본적이고 중요한 방법이다. 면접은 생태도나 가계도를 활용할 수도 있고, 가족뿐만 아니라 가족에 대해 잘 알고 있는 자를 대상으로도 정보를 알 수 있다.

(2) 그림그리기

그림그리기는 면접을 통해 알아낸 자료를 보다 알기 쉽게 표현하기 위하여 그림 등으로 나타내는 방법아다. 구체적으로는 생태도와 가계도 및 사회적 관계망 등이 있다.

가. 생태도 : 생태도는 가족과 가족의 생활공간 내에 있는 사람 및 기관 간의 연계를 그림으로 나타내는 것이다. 이런 연계는 그림으로 상호영향, 자원관계 등을 포함하여 다양한 관계를 알 수 있다. 그림을 그릴 때에는 자기 나름대로 특정 기호를 사용하여 나름대로 표현할 수 있다.

나. 가계도 : 생태도가 가족체계와 환경체계 간의 관계를 보여주는 것이고, 가계도는 특정 기간 동안의 가족의 역사와 그 과정에서의 주된 사건을 볼 수 있게 해주는 사정도구이다.

다. 사회적 관계망 도표 : 사회적 관계망 도표는 그림이나 표로 보여주는 것을 사회적 관계망을 통해 더욱더 자세하게 설명할 수 있다. 사회적 관계망 도표는 내용에 따라 적절하게 작성해야 한다.

(3) 관찰

면접과 더불어 가족을 관찰하는 것은 가족기능을 사정하는 데 매우 유용하다. 즉 관찰을 통하여 가족구성원의 관계, 가족상황, 가족환경 등의 가족문제를 사정할 수 있다.

〈가족사정의 예〉

일반적으로 가족사정을 위한 구성된 내용을 살펴보면 다음과 같다(Jordan & Franklin, 1995; 이화여자대학교 사회복지연구회, 2001 재인용).

♲ 가족 인적사항

이름, 주소, 전화번호, 생년월일, 가족관계, 직업, 수입, 성별, 종교, 현재 문제

♲ 현재 가족문제의 특성

1. 가족 또는 가족복지사에 의해 파악된 문제
2. 문제내용
   ① 내력 : 언제 문제가 발생했는가, 풀리지 않는 최근의 문제는 무엇인가.
   ② 기간 : 문제의 지속 기간
   ③ 빈도
   ④ 크기
   ⑤ 선행사건 : 문제가 발생하기 전에 발생한 문제
   ⑥ 결과 : 문제가 발생하고 난 뒤 어떤 일이 발생했는가.
   ⑦ 도움의 원인
   ⑧ 문제해결 노력 : 문제해결을 위해 어떤 노력을 했는가.
   ⑨ 가족자원 : 문제해결을 위한 자원
   ⑩ 문제의 우선순위 : 가족과 협의를 통하여 우선순위를 정한다.

♲ 가족

1. 개인 내부문제
   ① 인지문제 : 문제인지 및 해결능력

② 행동문제 : 개인 신체 특성 및 장애
③ 기능수행문제 : 진찰여부 및 마약 등의 사용 여부, 약물치료 여부 등
④ 정신상태 : 외모, 사고장애(환상, 망상), 인식장애(기억력 등), 논리성
⑤ 문화적 고려사항
⑥ 동기부여 : 변화에 대한 인식 정도 및 동기부여요인
⑦ 역할과 역할수행 : 가정 내에서의 역할, 역할수행과 관련된 문제, 성과 관련된 문제
⑧ 가족과 개인의 발달력

2. 가족 대인관계
① 가족구조와 가족 간의 관계 : 가족협력, 상호작용, 의사소통 유형, 가족범위
② 가족구성원의 특성 : 가족 유형, 가족특징

3. 가족 외 대인관계
① 직업
② 생활만족도(직장, 학교 등)와 영향(직장, 학교생활의 문제점)
③ 친구관계

♲ 환경과 사회적 지지망
① 사회서비스기관의 고려사항 : 기관과의 관계, 의뢰의 적합성 등
② 가족환경 : 의식주, 이웃, 친지, 부족한 자원

♲ 측정
① 가족기능수행
② 배우자기능수행
③ 개인기능수행
④ 사회적 지지

♲ 요약 및 결론
① 가족복지사의 생각
② 개입할 표적 문제(우선순위 결정)
③ 진행과정(다른 기관 의뢰 여부, 변화를 위한 관계)

3. 가족상담

1) 가족상담의 의의와 접근

(1) 의의

가족상담은 개인을 대상으로 하는 상담이 아니라 가족 전체를 대상으로 상담하기 때문에 다른 상담과는 차이를 지니고 있다. 즉 개인상담이 아니고 집단상담이기 때문에 개별상담보다 많은 어려움을 가지고 있다.

가족상담 목표의 달성은 가족의 이해와 자각을 통하여 주체적인 활동을 함으로써 가능한 것이다. 그리고 이러한 목적을 달성하기 위해서는 가족욕구를 발견하고 가족문제의 공유화를 통하여 계획을 세워서 해결에 필요한 사회자원과의 조정 등을 자원하는 전문적 지식・기술을 필요로 한다.

(2) 가족상담의 접근

가족상담이란 가족이 안고 있는 문제나 지향하고 있는 과제의 해결을 주로 심리적인 적응과정을 통해서 해결하고자 하는 활동이다. 즉 건강가정사업에 관련된 전문기관・단체 및 전문인력, 전문지식・기술로써 욕구를 가진 가족에 대한 상담, 조언, 정보제공, 지도 등을 원조하는 과정이다. 건강가정사업 상담원조활동의 대상은 최근에는 사회사업이나 심리요법 등에 있어서 대상의 초점이 특정 개인으로부터 가족이나 소집단, 지역사회로 확대되었고 문제해결이나 치료, 성장이라는 목표개념이 더욱 확대・통합되어 교육적이고 생산적인 실존적 개념으로 변천하면서 건강가정사업에서의 상담원조활동의 중요한 분야로 등장하고 있다.

2) 가족상담의 특징

가족상담의 특징을 살펴보면 다음과 같다.

① 상담의 대상은 가족 전체에 존재하는 가족들이 대상이고, 가족문제의 해결이나 가족활동 그 자체가 대상이라는 것이다.

② 상담의 진행방향에서는 가족의 주체성에 입각하여 가족의 합의를 배경으로 가족의 주체적인 활동을 존중하면서 활동을 전개하는 것이다.

③ 지역사회에서 동원 가능한 자원은 물론 활용 가능한 사회자원을 모두 동원・조정하여 활동한다는 것이다.

④ 가족 전체에 존재하거나 잠재되어 있는 불특정한 가족의 복지욕구를 어떻게 현재화할 수 있고, 가족욕구의 배경은 가족들의 다양한 인간관계나 복잡한 사회활동 등에 의해 발생하므로 욕구를 명확히 한다는 것은 고도의 전문성과 노력을 요한다.

3) 가족상담의 원칙

가족상담에서 기본적으로 유의해야 하는 것은 건강가정사업의 원칙과 밀접한 관련성을 가지고 있다고 볼 수 있는데 구체적인 내용은 다음과 같다.

(1) normalization의 원칙

가족상담은 가족의 선택, 결정에 의한 상호참가와 자기실현을 가능하게 하고 지역사회 내의 가정에서 일상적인 생활을 할 수 있도록 모두 노력해야 한다. 지금까지의 가족상담은 주로 상담기관에서 이루어져 왔기 때문에 체계적인 상담을 실시하는데 문제점이 많았다. 그러므로 실질적인 가족상담을 실시하려면 가족이 거주하고 있는 가정에서 실시하는 것이 가장 바람직할 것이다.

(2) 욕구존중과 참가・협동의 원칙

가족의 생활실태, 생활요구 등의 파악에 노력해야 하며, 가족・지역사회의 욕구를 기본으로 활동을 진행해야 한다. 가족의 합의를 형성하여 광범위한 가족의 이해를 통하여 활동을 진행하여야 한다. 특히 가족상담은 집단상담이기 때문에 가족의 참가와 협동은 다른 상담보다 중요하게 취급해야 한다.

(3) 총합화의 원칙

복지・보건・의료・교육・노동 등이 밀접한 관련성을 유지하면서 총합적인 서비스의 제공을 도모해야 한다. 가족문제와 욕구는 통합적인 요소가 강하기 때문에 가족복지를 포함한 다양한 분야에서 접근해야 한다.

(4) 가족 특성의 존중과 가족 자원의 유효한 활동의 원칙

가족 특성에 입각해서 가족에 내의 자원을 유효하게 활용하는 동시에 가족의 특성에 의한 활동의 내용과 방법을 존중해야 한다. 개인상담에서 개별화의 원리가 중요한 것처럼 가족상담에서는 가족 특성을 존중해야 한다. 그리고 문제해결도 가능하면 가족 내에서 해결하는 것이 가장 바람직할 것이다.

(5) 계획성 · 전문성에 의한 원조의 원칙

상담의 추진계획 또는 상담계획에 기초하여 계획적 조직구성과 전문적 기술을 사용하는 활동을 해야 한다. 가족상담은 가족 전체가 참여하여 진행되는 상담이므로 상담계획을 잘 조정해야 하고, 전문적인 건강가정사업이 실시되도록 해야 한다.

4) 가족상담의 전개과정

(1) 가족욕구의 다양한 파악

가족욕구의 정확한 파악은 상담창구에 찾아 온 사람들의 욕구도 중요하겠지만 제도나 서비스를 이용할 수 없는 잠재적 가족의 욕구파악에도 관심을 가져야 한다.

(2) 문제의 명확화

가족문제의 명확화 위해서는 가족뿐만 아니라 친구나 이웃의 실정을 충분히 조사하여 해결해야 할 문제를 명확히 해야 한다.

(3) 원조계획의 책정

가족의 의향을 감안하여 달성 가능한 목표를 설정하고 어떠한 서비스가 가장 효과적인 원조인가를 종합적으로 판단하여 원조계획을 세운다.

(4) 계획의 실시

건강가정사업 계획에 의하여 가족의 문제해결의 의지를 개발하면서 동원할 수 있는 사회자원의 조직망을 구성하면서 자립을 원조하는 것이다.

(5) 서비스의 효과에 대한 평가

서비스의 효과에 대한 평가와 욕구변화의 대응은 가족이 진전된 복지서비스의 이용이 자립생활에 효과적으로 설정한 목표를 달성했는지를 평가하는 것이다.

5) 가족상담의 유의점

가족상담은 다른 상담과 다른 특징을 지니고 있기 때문에 다음과 같은 점을 유의하여야 한다.

(1) 공간적 요소

가족상담은 집단상담이기 때문에 다른 상담보다 공간적 요소가 중요한 부분을 차지하고 있다. 그리고 공간적 요인에 따라 상담결과가 달라지기 때문에 건강가정사는 상담장소에 신경을 써야 한다. 가족의 특성상 가정에서 실시하는 것이 좋지만, 비밀보장의 문제점이 발생할 수 있으므로 잘 선택해야 한다.

면접의 물리적 환경은 모든 잠재가능성을 결정한다. 어느 정도의 비밀성과 안락하고 이완된 분위기를 가지는 것이 중요하다. 기관에서는 면접이 주로 이루어지는 장소가 기관의 사무실이다. 그러나 건강가정사업의 면접은 가정, 병원, 입원실, 사회복지시설 등에서도 이루어진다. 사회복지기관은 사무실에서 이루어지는 면접을 위하여 바람직한 조건을 갖춘 물리적 환경을 구비할 수 있다는 이점이 있다. 이것은 면접을 같은 장소에서 계속할 수 있기 때문에 업무에 도움이 되는 기록양식이나 기록된 자료 등의 준비물을 비치할 수 있어서 유익하다.

(2) 시간(일정)

가족상담은 여러 번 지적한 바와 같이 가족 전체의 집단상담임으로 상담일정을 잘 조정해야 한다. 그리고 건강가정사업이 가정에서 실시할 경우에는 비밀보장과 사생활을 존중하는 의미에서 상담일정을 합리적으로 조절해야 한다. 면접은 일반적으로 가족이 기관에 찾아와서 건강가정사를 만나면서부터 시작한다. 첫 면접 이후의 면접시간은 가족과 의논을 하여 약속하는 것이 바람직하다.

면접시간의 약속은 가족의 일정표에 따라 일방적으로 면접시간을 결정할 수 있으나 이보다는 가족이 이용하기에 편리한 시간을 선택할 수 있게 하는 것이 중요하다. 즉 건강가정사가 면접을 위해 할애할 수 있는 시간을 제시하여 그 중에서 가족이 이용하기에 보다 편리하거나 적절하다고 생각되는 시간을 선택케 하는 것이 더 바람직하다.

(3) 상담자의 태도와 가족개별성의 존중

가족을 만나러 나갈 때에는 가족상담의 유형에 따라 의상이나 태도를 달리해야 한다. 즉 상담의 유형에 따라 복장의 종류를 정하고 상담속도 등을 조절해야 한다. 그리고 가족구조는 다양하고 가족문제도 여러 가지 형태에서 발생한다. 그러므로 이러한 가족의 개별성을 존중하여 가족상담을 진행해야 한다. 특히 노인과 아동이 있는 가족의 경우 상담장소, 상담일정 등을 계획할 때 참고하여 진행하여야 한다. 또한 가족구성원간의 상호관계 등도 개별화시켜 접근해야 한다.

(4) 안전

현재 우리나라의 경우 상담에 있어 안전문제는 중요한 문제로 등장하지 않고 있다. 그러나 가족상담의 경우 가정에서 이루어지는 경우가 많음으로 건강가정사는 안전에 대해 여러 가지 방법을 강구해야 한다.

4. 개입

1) 개입의 의의

목표가 정해지면 이를 도달하기 위해 개입활동이 구성되고 수행되지만 목표가 불변하는 것은 아니다. 개입과정에서 클라이언트의 문제나 상황이 변화하면 목표도 변할 수 없기 때문이다. 초기에 정한 목표가 상황의 변화로 더 이상 의미가 없다고 생각될 때에는 과감히 수정하는 융통성이 필요하다. 표적 문제와 목표가 결정되면 서로의 의무와 과업, 구체적 실천활동을 상호 약속하는 계약단계로 들어간다. 계약을 중시하는 것은 개입활동의 성공여부는 가족이 해야 할 일과 역할을 분명하게 인식하고 적극적인 참여가 요구된다는 사실을 인정하는 데 달려 있다고 해도 과언이 아니기 때문이다.

개입단계는 건강가정사와 가족이 합의하여 결정한 문제해결을 위한 계획을 구체적인 행동으로 실천하는 단계로서 이를 통해 의도하는 변화를 유발하는 단계이다. 즉 건강가정사의 실천과정이란 바로 개입활동을 의미하는 것으로 이 단계가 바로 건강가정사업 실천과정의 핵심적 단계이다.

2) 개입의 목표와 과업

(1) 목표

건강가정사업 실천에서 개입은 문제해결을 위해 목표를 달성하려는 일련의 전문적 활동이다. 즉 가족 문제해결을 위한 전문적 총체과정이며, 가족의 기능을 회복시키고 개선시키는 것이 개입의 목표이다. 즉 가족의 문제행동과 상황, 그리고 환경과의 관계를 변화시키는 방향으로 노력하도록 도와주는 과정인 것이다. 중간단계의 목표는 다음과 같다.

① 문제해결을 위한 구체적인 변화 전략의 수립

② 개입, 원조, 교육, 동기유발, 자원연결, 행동변화 등을 통한 변화의 창출

③ 지속적인 점검(monitoring)을 통한 변화 정도의 유지와 평가

다시 말해 개입의 궁극적 목표는 가족문제가 되는 자신의 행동과 상황, 환경과의 관계를 변화시키는 방향으로 자발적으로 나아가도록 개입하는 것이다. 이를 위해 모든 참여자들은 문제와 관련되어 설정된 목표를 달성하기 위해 노력을 해야 한다.

(2) 과업

개입을 성공적으로 시행하기 위해서는 적절한 개입의 선택이 우선되어야 한다. 개입들은 변화가 필요한 것으로 지목된 표적체계들(target systems)과의 조화는 물론 가족의 발달상의 단계들과도 조화를 이루는 것이 중요하다(Hepworth & Larsen, 1993). 그러므로 건강가정사는 개입의 계획에 있어 인간발달단계들 및 가족의 발달단계들을 신중하게 고려해야 할 것이다. 이들 정상적 범주에서의 발달단계 이외에도 가족에게 과도한 스트레스를 유발시키는 중대 전환사건들 또한 개입의 선택에서 고려되어야 할 사항이다.

5. 평가와 종결

1) 의의

건강가정사업 실천과정의 최종단계는 종결이다. 종결은 개입을 끝마치는 것이므로 간단하게 보이지만 사실은 건강가정사업 과정에서 매우 중요한 단계이다. 종결작업은 가족의 사회적 기능을 강화시키는 동시에 건강가정사와 가족이 개입의 전 과정을 통해 같이 발전시켜 온 성과를 이해시키는 과정이기도 하다.

종결에는 개입활동 전반에 걸친 평가가 병행된다. 평가는 건강가정사업의 전 과정에서 계속적으로 일어나는 일로서 건강가정사업 실천의 목적과 목표의 달성 정도를 결정하며, 동시에 목적과 목표를 성취하기 위해 사용된 수단의 적합성을 심사하는 과정이기도 하다.

평가는 개입의 전 과정에서 지속적으로 시행되지만 특히 개입이 끝날 때 더욱 중요하다. 종결단계에서의 평가는 일어나도록 기대되었던 일들이 정말로 일어났는가를 보는 것이다. 평가는 건강가정사와 그들을 고용하고 있는 기관들이 가족과 지지자원, 그리고 사회구성원에게 책임성을 증명하기 위한 필수 불가결한 작업이다.

2) 종결의 유형

건강가정사업의 종결의 유형은 다양하게 분류해 볼 수 있다. 그러나 종결의 가장 중요한 요인은 가족문제를 얼마나 해결했느냐에 초점을 맞추어야 할 것이다. 구체적으로 종결의 유형을 살펴보면 다음과 같다(이화여자대학교 사회복지연구회, 2001).

① **건강가정사업이 성공적으로 종결된 경우** : 이 경우는 해결하고자 목적이 완성되어 가족과 상호 동의하에 종결하는 경우이다.

② **계약기간의 종료** : 이 경우는 계약기간이 종료되는 시점에 가족의 요구에 의해 종결하는 경우이다.

③ **문제해결의 진전이 없는 경우** : 이 경우는 가족문제의 해결에 별로 진전이 없어 가족과 공동으로 동의하여 종결하는 경우이다.

④ **가족상담에 문제가 발생한 경우** : 이 경우는 가족이 문제해결에 도움을 주

지 않거나, 비협조적이고 반항하여 더 이상 건강가정사업을 진행할 수 없는 경우이다.

건강가정사업 종결을 위한 체크리스트의 한 예를 살펴보면 다음과 같다(이화여자대학교 사회복지연구회, 2001 재인용).

♲ 건강가정사업을 종결하기 위한 체크리스트

	예	아니요
· 제시된 문제가 해결되었다.	( )	( )
· 가족이 다룰 수 있거나 참을 수 있게 되었다.	( )	( )
· 달성된 변화를 효과적으로 측정할 수 있다.	( )	( )
· 심리사회적 기능수행 면에서 긍정적인 변화가 이루어졌다.	( )	( )
· 가족이 더 효과적으로 의사소통을 하고 있다.	( )	( )
· 가족이 학대로부터 안전하다.	( )	( )
· 공식적인 지원망이 유용하고 가족이 이용방법을 알고 있다.	( )	( )
· 가족은 필요할 때 전화할 수 있는 적절한 비공식망을 가지고 있다.	( )	( )
· 가족이 지역사회 내 전문서비스에 의뢰되었다.	( )	( )
· 가족이 전문서비스로 의뢰하는 데 동의한다.	( )	( )
· 가족은 일상생활에서 기능하는 기술을 배웠다.	( )	( )
· 모든 가족은 기본적인 욕구가 충족되고 있다.	( )	( )
· 가족복지사와 가족은 현재까지의 과정을 평가해 오고 있다.	( )	( )
· 가족은 실시된 서비스에 만족한다.	( )	( )
· 가족은 개입의 결과로 더 나아졌다.	( )	( )
· 가족은 그들의 변화에 대해 인식을 경험할 수 있다.	( )	( )
· 가족은 변화에 대한 그들의 역할을 알고 있다.	( )	( )

3) 의뢰

종결이 서비스의 완전한 종결을 뜻하는 것이 아닐 때도 종종 있다. 건강가정사업 실천현장에서의 개입과정은 한시적인데, 그 제한된 기간 동안 가족문제나 욕구가 충분히 해결되기를 기대하기도 어렵고, 한 기관이 가족이 요구하는 서비스를 다하지 못하는 경우도 있다. 이런 경우, 건강가정사의 중요한 임무 중의 하나는 다른 기관이나 외부의 자원들과 가족을 연결시켜 주는 것이다. 이를 의뢰(referral) 서비스라 한다. 다른 자원을 연결시켜 줄 때는 다음과 같은 점에 유의해야 한다.

첫째, 가족이 다른 곳에서 서비스를 끝내려고 했을 때 가족이 거부되었다는 느낌이나 불안감을 갖지 않도록 배려해야 한다. 가족에게 의뢰를 권하는 것은 건강가정사가 더 이상 개입하고 싶지 않아서가 아니라 가족의 문제해결에는 다른 자원이나 다른 사람이 더 적합하기 때문임을 설명할 필요가 있다.

둘째, 가족의 자기결정권이 존중되어야 한다. 가족에 대해 건강가정사가 최선의 결정을 내려줄 수 있다고 생각하기 쉬운데, 건강가정사는 가족에게 어떤 것이 가장 도움이 될 것인지를 추천하되 결정해줄 수는 없다.

셋째, 가족의 욕구에 가장 잘 맞는 자원을 제안할 수 있어야 하는데 이는 건강가정사가 지역사회 내의 여러 가지 자원에 대해서 잘 알고 있다는 것을 전제로 한다. 건강가정사는 지역사회기관을 포함한 자원들이 제공하는 서비스의 내용과 질, 그리고 정책과 절차에 대해서도 잘 알고 있어야 하기 때문에 이를 위해 평소 자원목록을 확보해 둘 필요도 있다.

4) 평가

건강가정사업 실천이 종결되고 나면 평가를 실시해야 한다. 즉 건강가정사가 문제해결을 위해 실시한 사업에 대해 평가를 하는 것이다. 그리고 평가시에는 실시된 건강가정사업 실천의 기능과 한계, 종결 후의 반성을 포함하여 가족의 특징과 문제해결에서 나타난 문제점과 특성 등에 대해 평가한다.

평가는 목적의 재검토와 진전상황을 점검하는 것이다. 계획단계에 세운 목적이 매우 구체적으로 세워졌다면 매우 쉽게 성공여부를 결정지을 수 있을 것이다. 평가에서는 어떤 진전이 있었는가만 검토하기보다는 어떤 행위가 있었는지도 검토해 보아야 한다.

가족의 문제해결에 있어 어떤 확실한 변화를 느끼지 못한다면 개입과정에 머무르려고 하지 않을 것이다. 평가의 과정을 통해 가족에게 유익한 변화가 있었는지 없었는지를 확인할 수 있다. 이러한 과정을 통해서 가족이 성취한 것은 강화하고, 가족이 문제해결 과정에 대해 더욱 의식할 수 있도록 도울 수 있다. 또한 평가는 건강가정사로 하여금 가족에게 어떤 개입이 효과적이고 비효과적인지를 깨닫게 하여 미래에 더 나은 서비스를 제공할 수 있도록 한다.

한마디로 평가는 건강가정사와 가족이 개입방법을 검토하고 개입이 가족문제상황에 끼치는 영향을 측정하는 연속과정이다. 양자 모두 자신들의 행동을 집중적으로 점검하여 자신들의 행위가 개입목표에 미친 영향을 이해할 수 있어야 한다.

평가과정을 진행하다 보면 초기계약 때 제시되지 않았던 문제가 대두되는 경우가 있다. 가족의 초기단계에 표현하고 싶지 않았던 문제가 대부분이다. 이런 경우 건강가정사와 가족 사이에 신뢰가 형성되었다면 다시 문제해결과정을 시작할 수도 있다.

6. 기록

1) 기록의 의의 및 목적

건강가정사업을 효과적으로 실시하려면 건강가정사업 과정을 과학적으로 기록해야 한다. 기록은 면접내용의 기억과 정확한 진단 및 치료를 위한 기초 자료가 된다. 또한 면접의 기본적 기술을 배우는 데 필요하며, 건강가정사의 자기평가와 행정가 및 프로그램 계획자들이 기관의 실적과 프로그램의 효율성을 평가하는 자료가 된다. 기록의 목적은 건강가정사의 교체(전근, 휴가, 퇴직 등)와 가족을 타 기관으로 의뢰할 경우에 대응하기 위함이다. 그리고 기관의 서비스에 대한 적격한 수혜자격의 입증근거를 마련하기 위함이다.

2) 기록의 유형

① **항목기록** : 면접의 전개과정을 시간적으로 기술하지 않고 이야기의 내용을 항목별로 기술하는 방식으로 주로 객관적인 자료를 얻는 방향으로 초점이 정해진 면접에서 사용된다.

② **요약기록** : 1회 면접에서 파악한 것을 전체적으로 요점을 정리하여 기술하

는 방식으로 압축기록이라고도 한다.

③ **과정기록** : 건강가정사와 가족관계의 전개과정을 시간적인 흐름에 따라 구체적으로 기술하는 방식이다.

3) 기록의 방식

① **서술체** : 일기형식, 단계적 기술로서 누구나 알아볼 수 있는 장점이 있다.

② **요약체** : 주제별로 요약, 시간 순서에 의한 서술체 양식인 치료요약이 이에 해당된다.

③ **설명체** : 진단과 평가에 사용된다.

④ **대화체** : 일문일답으로 정신의료사회사업에서 주로 사용되며, 가족의 사고변화, 태도, 의지 등의 관찰에 효과적이다.

제 11 장

건강가정사업 실천의 기술

건강가정사업을 행할 경우 단순한 정열, 온화함, 애정, 직감과 경험 등의 주관적인 것에 너무 기인하여서는 안 된다. 왜냐하면, 객관성이나 과학성이라기보다는 자기만족의 주관적인 세계에 빠질 가능성이 높기 때문이다.

그러므로 건강가정사업의 객관성, 과학성, 유효성을 높이기 위하여 원조기술로서의 구체적인 기법이 존재한다. 여기에서는 건강가정사업에서 사용빈도가 높은 면접기법, 커뮤니케이션기법, 관찰기법을 소개하면 다음과 같다(全國社會福祉協議會, 1998).

1. 면접기법

1) 건강가정사업에서 면접의 중요성

개인이나 집단의 문제해결을 위한 정보수집과 진단적 및 치료적 성격을 가진 면접은 여러 전문직에 종사하는 사람들에 의해 널리 활용되고 있다. 특히 면접은 기본적인 실천기술로서 개입결정을 하기 위한 자료수집이나 가족의 문제 파악과 해결을 위한 주요 도구이다. 많은 실천전략이 면접에 의존하고 있기 때문에 면접은 건강가정사업 실천기술에서 매우 중요한 기능을 하고 있으며, 건강가정사는 가족과의 대면관계 대부분의 시간을 면접으로 보낸다고 할 수 있다. 따라서 가족의 문제해결을 위한 실천면접은 다양한 분야에서 활용되고 있으며 이와 같은 면접에는 각기 그 분야에 따라 구체적인 기술이 적용된다.

실천현장에서 면접은 건강가정사가 가족의 문제를 확인하고 개입하여 원조를 제공하는 데 가장 기본적인 도구로, 면접을 잘 하는 것은 유능한 건강가정가 되는 지름길이기도 하다. 건강가정사업 실천의 목적은 가족이 도움을 받기 위하여 최초로 건강가정사를 만날 때부터 시작하여 건강가정사와 가족 간의 관계가 종결될 때까지 계속되는 면접을 통해 달성될 수 있다. 즉 면접은 실천의 중요한 수단이다.

면접이란 면접에 참여하는 사람들이 서로 수용한 의도적인 목적을 가진 대화이다. 면접은 여러 면에서 대화와 비슷하다. 이 두 가지 모두가 사람들 사이에 생각, 태도 및 감정이 교류되는 동안 일어나는 언어적・비언어적 의사소통을 의미하며 대면적인 상호작용이다.

2) 유형

건강가정사업 실천과정에 있어서 제1단계인 인테이크 과정부터 마지막 종결단계까지 모든 원조활동은 면접을 중심으로 하여 행해진다. 따라서 면접기법은 건강가정사업에 있어서 중요한 원조기법이며, 면접을 제외한 사업은 생각할 수 없을 것이다. 건강가정사업에서 이용되는 면접기법은 다양하지만, 일반적으로 다음의 4가지를 들 수가 있다.

(1) 신뢰관계형성의 기법

① 의의

건강가정사업에 있어서의 대인관계는 신뢰가 기초가 된다. 건강가정사에 의한 면접이 문제상황에 관한 정보수집이든, 문제를 안고 있는 이용자의 심정의 이해이든, 원조대안의 탐색이든, 신뢰를 가질 수 없는 상대에게 이용자는 진실을 말하지 않는다. 반대로 신뢰할 수 있는 건강가정사이면 가족은 질문하지 않아도 진실이나 심정을 자발적으로 토로하게 된다. 따라서 원조관계의 성패를 가름하는 결정적 요인은 신뢰관계 수립인 것이다.

가족구성원과의 신뢰관계를 높이기 위해서는 우선 원조하려고 하는 확실한 태도나 동기를 명확히 하는 것이다. 건강가정사의 원조에 대한 동기는 순수・명료하고 가족의 기대에 응하는 것이지 않으면 안 된다. 건강가정사의 원조행동이 가족을 통제한다거나, 조작하거나, 자기의 욕구를 채우기 위한 것들이라면 신뢰를 얻을 수가 없기 때문이다.

② 유형

가. 수용적 태도 : 가족구성원과 신뢰관계를 수립하기 위한 첫 번째 방법은 수용적 태도이다. 건강가정사는 가족을 한 사람의 인간으로서 받아들이고, 그 가치를 인정하고 존중하는 따뜻한 말과 태도, 행동으로 가족을 접하지 않으면 안 된다. 통상, 문제가족은 열등감, 굴욕감, 패배감, 절망감, 원망과 분노 등의 부정적인 감정이나 사고를 갖고 있는 경우가 많다. 이러한 감정을 제거하기 위하여 가족과 그 정서, 감정을 공유하려고 하는 건강가정사의 열의 있는 수용적 태도가 필요한 것이다.

나. 관심적 태도 : 다음으로 필요한 것이 깊은 관심이다. 이러한 태도는 문제가족에 한하지 않고, 인간은 누구나가 다른 사람으로부터 관심을 받기를 바라고 있다. 더욱이 문제를 안고 곤경에 직면해 있는 사람은 그 소망이 한층 더 강할 것이다.

다. 성의적 태도 : 건강가정사가 가족구성원과 관계형성을 위해 필요한 것이 성의이다. 성의라고 하는 것은 말뿐만이 아니라 진지하게 가족과 관계를 가지려고 하는 태도와 행동이다. 이 진지한 태도가 가족에게 전달되면 이 건강가정사에게 맡기고 함께 문제해결에 임하려고 하는 의욕이 나타나기 때문이다.

라. 자신감의 태도 : 건강가정사는 가족들에게 자신감을 보여 주어야 한다. 아무리 숙련된 건강가정사라고 하더라도 문제해결이 달성될지 안 될지는 모르는 것이다. 그러나 건강가정사가 문제의 내용을 듣고, 자신이 없어서 침착하지 못하거나, 곤혹스런 표정을 보인다거나, 미숙함을 나타내면, 가족은 이 건강가정사에 대하여 원조상담을 신청한 것에 대하여 불안감을 갖게 될 것이다. 건강가정사는 과잉 자신감을 가져서도 안 되지만, 경험이 없는 문제라도 전력을 다하여서 임하면 반드시 해결, 개선될 수 있다고 하는 신념에 가까운 자신감을 가지고 가족과 접촉하여야 될 것이다.

(2) 지지적 기법

건강가정사와 가족 간의 신뢰관계가 수립된 후의 다음 목표는 가족이 스스로 가족문제를 해결할 수 있도록 원조해 주는 것이다. 문제가족이 어떤 어려움에 직면해 있더라도 원조를 요청하고 있는 것 자체는 문제를 해결하고, 이 어려움에서 해방되고 싶다고 하는 잠재적인 소망의 표현인 것이다. 그것은 가족에게 건전한 적극성이 내재되어 있다는 것을 의미한다.

즉 이 부분을 지지함으로써 문제해결에 임하는 적극적 의욕을 끌어내고 자아의 강화를 형성하는 것이 중요하다. 사람은 사람에 지지받는 것에 의해 조장되고, 자기 강화가 촉진된다고 하는 전제로부터 나타난 것이 지지적 기법인 것이다. 이 지지의 기법을 구체화하면, 따뜻하고 적극적인 관계, 공감적 이해, 격려, 존재 유용감의 강화 등이 중심적인 내용이 된다.

(3) 감정표현 촉진의 기법

가족구성원은 긍정적인 감정 이상으로 부정적인 감정(두려움, 분노, 원망, 불안 등)에 지배되는 경우가 많다. 이러한 감정은 적극적인 문제해결행동을 방해하는 요인이 되어 부정적인 감정에 얽매여서 새로운 전개나 전망을 생각하고 받아들일 수 없는 상태에 빠져버리는 것이다.

따라서 건강가정사는 가족이 자유롭게 감정을 표현할 수 있는 상황을 만들어 의도적으로 감정표현을 촉진시키고, 부정적인 감정이나 정서적인 갈등을 자유롭게 표현할 수 있도록 촉진하지 않으면 안 된다. 이로 인하여, 긴장이나 심리적 갈등이 해소되어 정서적 안정을 찾을 수 있게 된다. 인간의 생활행동을 지배하는 많은 부분은 감정에 의한 것이다. 따라서 울분이 쌓인 부정적인 감정을 토로하게 되면, 정화가 일어나 해방감이나 안정감을 찾을 수 있게 되어 인간의 생활행동에 변화가 나타나는 것이다.

(4) 자기이해 촉진의 기법

인간은 일반적으로 자기중심적인 경향이 강하지만, 문제를 안고 곤란에 직면해 있는 이용자는 그러한 경향이 한층 더 강하다. 그러나 문제해결을 지향하는 것은 문제의 객관적인 상황과 자신이 처해 있는 상황의 냉정한 인식이 필요하다. 이것을 통찰하고, 촉진할 수 있도록 원조하는 것이 자기이해 촉진의 기법이다.

자기이해라는 것은 자기 자신의 인격, 행동패턴, 대인관계의 상황, 자신에 있어서의 문제의 의미, 문제의 객관적 상황 등에 대하여 통찰함으로써 서서히 그 이해를 심화시키는 것이다. 자기이해가 깊어지면, 자신이 안고 있는 문제의 의미나 성질을 알고, 거기에 당사자로서 어떻게 관여해야 되는지, 또 무엇을 하여야 되는지를 인식할 수 있게 된다.

이 기법에 있어서의 건강가정사의 역할은 가족문제를 둘러싼 다양한 사건이나 인간관계를 다면적으로 이해하고, 다른 입장으로부터의 해석을 제공하면서, 가족이 자유롭게 생각할 수 있도록 유도해 가는 것이다.

2. 커뮤니케이션기법

1) 의의

건강가정사업에서 면접이라는 것은 단순히 대면에 의한 만남이나 교류가 아니다. 면접의 실질적인 내용을 구성하고, 그 매체가 되는 것은 건강가정사와 가족 사이에서 행해지는 커뮤니케이션이다. 특히 상담에서는 만남의 시작에서부터 종결까지 의사소통으로 이루어진다.

어떤 형태의 관찰은 경청(listening)에 의하여 이루어지며 이것은 면접의 기본적인 활동 중의 하나이다. 훌륭한 면접자는 훌륭한 경청자이다. 경험 없는 면접자들의 일반적인 실수는 너무 많은 이야기를 하여 가족에게 이야기할 수 있는 기회를 거의 주지 않는 데 있다.

경청은 그렇게 단순한 것이 아니며, 수동적 기술이라기보다는 능동적 기술로서 효과적인 경청이란 어려운 것이다. 훌륭한 경청이란 들리지 않는 잠재적인 것과 마찬가지로 명백하게 말한 것에 귀를 기울여야 할 것을 요구한다. 이것은 세심함과 민감한 감수성이 요구되며, 건강가정사는 가족이 무엇을 말하고 있는지 마음속으로 파악해 나가는 여유 있는 기민성을 요구한다. 청취(hearing)는 신체적 과정이며 경청은 정신적・정서적 과정이다. 그리고 적절한 소재를 이야기하도록 가족을 격려하는 데 가장 빈번히 사용하는 기술은 질문이다.

질문은 가족이 면접자와의 의사소통을 충분히 하도록 도울 뿐만 아니라 가족이 그의 정보를 말할 수 있도록 돕는다. 좋은 질문은 가족이 모든 적절한 소재를 포함하여 그의 표현을 조직화하도록 돕는다. 즉 효과적인 건강가정사업을 실시하기 위해서는 과학적인 커뮤니케이션기법을 잘 사용해야 한다.

2) 유형

커뮤니케이션기법에 대해서는 구미에서 연구된 여러 가지의 새로운 기법들이 소개되고 있지만, 그 중에서도 기본이 되는 중요한 몇 가지를 소개하고자 한다. 커뮤니케이션은 비언어적인 커뮤니케이션과 언어적인 커뮤니케이션의 두 가지로 대별할 수가 있다.

(1) 비언어적 커뮤니케이션기법

커뮤니케이션은 언어만으로 성립되는 것이 아니라, 상호태도, 시선, 표정, 자세 등이 언어를 보강하기도 하고, 파괴하기도 한다. 대화를 하기 전에 반드시 주의해야 되는 기법이며, 대화를 행할 때의 원조태도이다. 원조관계의 기본은 문제가족을 따뜻하게 받아들이는 것부터 시작되는 것이기 때문에 표정, 시선, 태도, 자세에 대한 배려는 대단히 중요하다. 즉 건강가정사는 가족상담과정에서 얼굴표정, 자세와 태도, 목소리 등도 매우 중요한 영향을 미치기 때문에 의사소통과정에서 잘 조절해야 한다.

(2) 언어적 커뮤니케이션기법

① 촉진시키기의 기법

이 기법은 가족이 적극적으로 이야기할 수 있도록 유도하는 기법이다. '수긍', '맞장구', '적절한 질문' 등을 행하는 것에 의하여 가족들에게 '나의 이야기를 진지하게 경청하고 있군나'라는 기분을 갖게 하여 염려하는 것 없이 자유롭게 이야기할 수 있도록 촉진시키는 것이다. 특히 상담 초기에는 가족들이 자신의 문제에 대하여 잘 이야기하지 않으려는 경향이 강함을 대화를 촉진시키는 데 유의해야 한다.

② 경청의 기법

커뮤니케이션의 가장 기본이 되는 것은 경청이다. 가족이 이야기하는 언어에서 무엇을 이야기하며, 진정으로 호소하고 있는 것은 무엇인가를 집중해서 듣는 것이다. 이를 위해서 가족의 언어의 일부 또는 전부를 되묻는 '반어법', 이야기하고 싶어 하는 것을 명확한 언어로 되묻는 '명확화기법', 이야기의 내용을 인과관계에 의해서 해석하여 되묻는 '요약의 기법' 등이 있다. 이것에 의하여 커뮤니케이션이 심화되어 문제가족은 이야기하는 데에 자신감을 가지며 나아가 원조관계가 강화되는 것이다. 경청은 언어뿐만이 아니라, 상대의 인간성을 이해하려고 하는 깊은 관심과 성의의 표현이라는 것을 유념해야 한다. 그리고 경청은 가족들이 자신들에 대하여 관심을 보이고 있다는 확신감을 주어 상담과정을 효과적으로 진행시킬 수 있다.

③ 공감의 기법

인간은 누구나 자신의 마음을 알아주기를 소망한다. 이 소망을 채워주면서 자기 개시(자신의 마음을 열고, 솔직하게 자기 자신의 과거, 사건, 감정 등을 표현하는 것을 말한다)로 유도하는 것이 공감이다. 구체적으로 가족이 이야기하는 언어에서 감정을 정확하게 이해하고, 그 감정을 자연스런 언어로 되돌리는 것이다.

예를 들면 '아무도 만나 주러 오지 않아요'라고 말하는 가족에게 '외로운 마음을 갖고 있군요'로 대응하면, 이용자는 자신의 심정을 건강가정사가 알아준다고 느낄 것이다. 그러므로 건강가정사는 항상 가족문제를 공감하고 이해하려는 태도에서 상담을 진행해야 한다. 그리고 이러한 공감은 다양한 가족문화와 가족개별성을 이해하는 것에서부터 출발해야 한다.

④ 질문의 기법

질문에는 '폐쇄형 질문'과 '개방형 질문'이 있다. 폐쇄형 질문이라는 것은 '예', '아니오'로 답할 수 있는 질문이다. 개방형 질문은 자유로운 언어로 답할 수 있는 질문이다. 이 두 가지의 질문은 능숙하게 판단하여 사용하는 것이 질문의 기법에서 중요하다.

간단하게 답할 수 없는 질문이나 적극적으로 자유로운 표현을 듣고 싶을 때는, 개방형 질문이 좋다. 그러나 커뮤니케이션이 곤란하고, 그 다지 이야기하고 싶어 하지 않는 가족에게는 폐쇄형 질문을 사용하여 중요한 정보를 알아낼 필요가 있다. 문제가족이 처해진 상황이나 질문사항 등을 고려하여 질문을 하는 것이 바람직하다. 그렇다고 하여도, 폐쇄형 질문은 빈번하게 사용하는 것은 가족을 조사하는 듯한 마음을 들게 하므로 일반적으로 바람직한 질문기법은 아니다.

⑤ 보증의 기법

가족이 불안이나 두려움을 안고 있을 때에 지지, 격려, 용기를 주는 것이 보증의 기법이다. 문제해결에 임할 때는 새로운 상황이나 미경험의 사태에 직면하여도 그것을 극복하지 않으면 안 된다. 또 과거에 실패한 적이 있는 동일한 문제에 직면할 수도 있다. 어느 쪽의 경우도 불안에 빠지며, 본래의 능력을 발휘할 수 없게 되어 건강가정사의 원조를 받아들일 수 없는 경우가 있다.

이러할 때에는 '누구도 처음은 불안하지만, 바로 익숙해집니다', '주위의 사람들이 따뜻하게 지켜봐 주고 있으니까, 힘을 내세요' 등으로 안심시키고, 격려하고, 용기를 불러 일으켜 주는 기법이다.

⑥ 침묵과 직면의 기법

가. 침묵 : 가족의 말을 가만히 듣고 기다리는 기술이 침묵의 기법이다. 가만히 입을 다물고 기다리는 것이라면, 누구라도 할 수 있으므로 특정기법이라고 할 수 없다. 침묵함으로써 틈을 만들어 가족에게 깊은 생각을 하게 하고, 적절한 표현을 찾아내도록 하는 것이 이 기법의 특성이다.

곤란한 사태나 미경험의 사건에 직면했을 때, 그 상태나 심리를 간단하게 말로 표현하는 것은 쉬운 일이 아니다. 그래서 어느 정도의 시간을 두고 가족이 사고하고 있는 것을 확인한 뒤, 의도적인 침묵에 의해 틈을 만드는 것이 깊은 커뮤니케이션을 촉진시키기 위해 효과적이다.

나. 직면 : 침묵과 대조적인 것이 직면의 기법이다. 가족이 이야기하는 데 있어서 일관성이 없거나 사리에 맞지 않을 때가 있다. 이것은 언어뿐만 아니라 말하는 언어와 표정·태도·행동의 모순도 포함된다. 가족의 커뮤니케이션에 있어서 일관성이 없거나 모순을 본인에게 지적하여 가족에게 직면시키는 것으로 자기이해를 깊게 하고 객관적인 대응을 끌어내는 것이 이 기법이다.

다. 침묵과 직면의 효과적인 조화 : 건강가정사는 건강가정사업 과정에서 상담의 내용에 따라 침묵과 직면의 기법을 효과적으로 조절하여 조화를 맞추어야 한다.

⑦ 기타 기법

가. 명료화 : 명료화 또는 명확화(clarification)는 가족이 말한 것을 다시 반영시켜 주는 것이지만, 가족이 말한 내용을 더욱 명백하게 이해할 수 있도록 더욱 친밀한 용어로 바꾸어 이야기하는 것이다. 명료화는 가족이 이야기한 내용에 대한 건강가정사의 이해를 확인하고자 할 때나 가족의 생각과 감정이 명백하지 못하다고 생각될 때 요구되는 것이다.

나. 해석 : 해석(interpretation)은 건강가정사가 가족으로 하여금 자기의 문제를 새로운 각도에서 이해하도록 가족의 생활경험과 행동의 의미를 설명하는 것이다. 따라서 해석은 가족이 의식하지 못하는 표현을 의식의 언어로 바꾸는 것이라고 할 수 있다.

다. 요약 : 부분적인 요약이나 상세한 요약은 의사소통의 범위를 확대시키는데 도움이 된다. 면접자는 논의해 온 내용을 간단하게 재검토하여 면접의 방향을 제시한다. 그리고 면접이 시작되기 전까지의 면접내용을 요약하는 것은 면접자와 가족에게 면접의 연속성을 확실하게 한다.

요약의 주요 목적은 가족이 의식하지 못하고 있는 부분을 알게 하고 문제해결의 과정을 명백히 하고 자신의 생각과 느낌을 탐색하도록 돕는 것이다. 요약은 가족이 한 말을 전체적으로 올바르게 이해하고 있는가를 검토할 수 있어 유용하다.

3. 관찰기법

1) 의의

건강가정사업 실천에서 면접기법이나 커뮤니케이션기법에 있어서도 기본적 기능은 관찰이라고 말할 수 있을 것이다. 더욱이 커뮤니케이션기법에 있어서 큰 부분을 점하는 비언어적인 커뮤니케이션분야인 표정・시선・태도・자세 등이 중요한 의미를 갖는다는 것은 설명을 하였다. 관찰은 그것들을 더욱 체계화한 것으로 전문적으로 '대인인지'라고도 말하여진다.

어떤 의미에서 면접에 관하여 이야기하는 모든 것이 관찰이라는 말로 잘 설명될 수 있을는지 모른다. 그러나 관찰은 모든 것을 관찰할 수 없기 때문에 건강가정사가 알고자 하는 것을 선택하여 대상으로 삼는 의도적이고 계획적인 활동이다 (Loewenberg, 1977).

면접에 있어서 건강가정사는 가족이 말한 것과 말하지 않는 것에 대해 똑같이 주목해야 한다. 또한 신체상의 긴장, 얼굴 붉힘, 흥분, 낙담 및 가족의 이야기에서 나타나는 태도나 모습과 같은 것에 주의를 기울여야 한다. 이러한 표정들은 가족의 이야기를 올바르게 이해하는 데 보충적인 자료가 된다.

2) 유형

건강가정사에 한하지 않고 인간은 누구나 상대로부터 자극을 수용기(지각, 시각, 청각, 촉각, 후각)에 받아들여 경험, 기억, 사고, 감각 등과 연결 지어서 그 나름대로의 이해나 의미부여를 한다. 이것을 대인인지과정이라고 말한다. 이것을 일반화하여 정리한 것이 건강가정사에 있어서의 관찰기법인 것이다. 이 기법은 가족 개인, 가족관계, 가족생활과 문제상황, 가족 생활환경의 4가지의 관찰분야로 분류할 수 있다.

(1) 가족개인의 관찰

개인관찰의 초점은 신체적 관찰이다. 우선 신체기능에 장애나 이상이 있는지 없는지를 관찰하는 것으로, 즉 언어능력, 시각, 청각, 운동능력 등을 보는 것이다. 이러한 장애를 잘 관찰하여 그 장애에 맞는 면접을 행해야 한다. 가족이 노인인 경우는 청각장애를 가지고 있는 경우가 많으며 거기에 대응하여 커뮤니케이션을 취하여야 된다.

다음으로 신체동작의 관찰이다. 상반신의 어깨, 가슴, 팔, 손가락 등을 보는 것으로 분노나 긴장의 정도를 이해할 수 있다. 그 다음으로 복장, 머리형, 화장 등도 관찰의 대상이 된다. 이것은 의외로 본인의 성격, 사회적 입장, 생활배경 등의 정보를 제공해 주기 때문이다.

(2) 가족관계의 관찰

면접은 대인관계만이라고는 말할 수 없다. 가족을 포함한 복수의 사람과 행하는 합동면접이 있다. 또 이용자의 가정에 나아가서 행하는 출장합동면접 등도 있다. 이때 타자에 대한 언어사용, 태도, 예의, 표정 등을 관찰하여 이용자가 행하는 대인관계가 어떠한지를 관찰하는 것이 대인 관찰이다.

(3) 가족상황의 관찰

가족문제상황의 정확한 파악은 원조활동에 있어서 대단히 중요한 것이다. 가족이 면접에서 말하는 문제나 그 상황에 대한 설명이나 해석은 반드시 객관적으로 올바른 것이라고는 볼 수 없다. 오늘날의 건강가정사는 대변자, 중개자, 조정자, 알선자 등 다양한 역할을 가지고 있으며 단순히 면접실의 면접만으로 끝나는 것이 아니다.

그러므로 필요에 따라서 문제나 그 상황 속으로 들어가서 문제나 그 상황의 현실이 어떠한지를 관찰하여 필요한 대안을 강구하지 않으면 안 된다. 사실이나 사태를 객관적으로 더욱 정확하게 파악하는 하나의 수단으로서, 상황 관찰은 금후 더욱 더 필요성이 중대될 것이다.

(4) 가족환경의 관찰

여기에는 면접실의 환경과 가족의 생활이나 직장의 환경이 있다. 면접실의 환경은 커튼이나 벽의 색, 장식, 책상이나 걸상의 위치 등을 이용자를 고려하여 배려해야 된다. 제일 중요한 것은 문제가족의 생활의 장이나 문제가 발생한 장소의 거주공간 환경이다.

제3부 가정가정사업의 분야와 실제

제 12 장

건강가정사업의 실천프로그램

1. 가족지원프로그램

1) 가족지원프로그램의 의의와 필요성

(1) 의의

일반적으로 가족지원이라는 용어는 가족의 기능을 향상시키기 위해 필요한 자원을 제공하는 복지서비스프로그램을 지칭하는 데 사용된다. 즉 양육의 일차적 기반인 부모 및 가족의 자녀양육기능의 취약화 경향에 대하여 이차적인 기반인 사회가 사적 및 공적으로 그 기능을 보완하고 관여하는 것을 말한다(양옥승 외, 1999).

전통적인 의미의 가족지원은 주로 가족복지란 용어로 자주 사용되었고, 아동이나 부모, 성인 등 개인에 대한 서비스를 뜻하였다. 이때 가족은 매우 추상적인 대상으로 한 정서적, 경제적 지원프로그램들이 가족지원프로그램으로 간주되었을 뿐이다. 그리고 서비스의 대상은 아동 또는 성인의 가족생활에 있어 특별한 문제가 있는 가족이 관심의 대상이 되었다. 이처럼 가족은 가족지원의 직접적인 대상이 아니라 가족이 서비스의 대상으로 결정되었을 때는 이미 그 가족에 특수한 문제가 발생했을 때이므로 가족지원 활동의 내용은 치료적 활동에 국한 되는 경우가 많았다.

그러나 또 다른 관점에서 본다면 가족지원은 기존의 아동이나 성인을 대상으로 한 개인중심의 프로그램이 아니라 용어 그대로 가족중심프로그램을 의미한다. 그리고 치료적 지원보다는 가족의 발달을 지원하고 가족의 위기를 미리 예방하기 위한 자원의 제공에 중점을 둔다.

이처럼 가족지원프로그램은 프로그램 활동을 주관하는 서비스기관 또는 사회가 개인의 목표를 달성하도록 돕기 위하여 이에 필요한 모든 지역사회자원을 동원해야 하며, 개인에게 가장 중요하고 효과적이며 이용 가능한 자원 중에서 가장 기본이 되는 것이 바로 가족이라는 신념에 기초하고 있다.

(2) 필요성

가족지원프로그램의 목적은 가족구성원의 건강한 발달을 도모하기 위해 양질의 경험을 제공하는 것이다. 즉 가족구성원들에게 유효한 서비스를 전달하려면 가족과 관련한 지원서비스를 활성화하지 않는다면 무의미하다고 볼 수 있다.

건강가정사업에 있어서 부모의 역할은 매우 중요하며, 생태학적 측면에서 부모 자신을 지원하고 부모와 자녀 간의 관계를 증진시키며, 부모와 자녀의 관계를 밀접하게 해주어 가족문제를 감소시킨다는 의미에서 중요하다. 부모들이 프로그램에 참여하게 되면 가족에 대한 이해가 높아질 수 있을 뿐만 아니라, 자녀를 어떻게 가르치는지 그리고 문제상황을 어떻게 긍정적으로 처리하는지 볼 수 있다.

그러므로 바람직한 자녀교육을 비롯한 가족문제해결을 위해 필요한 지식을 부모에게 제공할 뿐만 아니라 부모 자신의 개발을 위해 교육을 받고 프로그램에 직접 참여하고 물질적, 정신적으로 후원 및 지지하며 목표와 철학을 이해시켜 그것이 가정에까지 연결되어 부모로서 역할을 수행함으로써 효과를 높이려는 일련의 활동과정이라고 할 수 있다.

2) 가족지원프로그램의 원칙

가족지원프로그램은 서비스기관이 속해 있는 지역사회와 서비스기관 자체의 특수한 성격에 따라서 프로그램 활동이 독특한 특징을 가지고 다양하게 운영될 수 있다. 가족지원프로그램이 다양하게 운영된다 하더라도 이들 프로그램들이 성공적인 결과를 낳기 위해서 일반적으로 항상 고려해야 할 기본원칙이 있는데 가족지원프로그램의 기본원칙을 종합하여 설명하기로 한다(양옥승 외, 1999 재인용).

첫째, 가족지원프로그램과 가족의 관계는 평등과 상호존중의 관계여야 한다. 가족의 성장과 변화는 바로 양자의 평등과 상호존중의 관계를 통해 일어나므로 프로그램 활동의 실제에서 이러한 관계를 수립하고 유지하는 일은 가족자원프로그램의 가장 우선적인 과제이어야 한다. 따라서 프로그램 운영자들과 가족(특히 부모) 사이에 온정적이며 상호 반응적 관계를 발달시키고, 프로그램을 찾는 사람들에게 항상 격려와 지원을 할 수 있도록 운영자들이 훈련되어 있어야 한다.

둘째, 프로그램 참여자들 자신이 중요한 자원이다. 프로그램 활동은 참여자들이 서로에게 중요한 자원이 되고 프로그램 운영과 관련된 의사결정 과정에 참여하도록 격려해야 한다. 나아가 참여자 스스로 보다 넓은 지역사회를 대표할 수 있도록 도와야 한다.

셋째, 가족지원프로그램은 지역사회 서비스프로그램이다. 따라서 그 활동들이 지역사회의 가족들에게 문화적, 사회적으로 적절히 부합해야 한다. 이를 위해 건강가정사는 가족이 속한 지역사회의 요구와 관심, 문제들에 대한 깊은 이해가 필요하며 가족과 지역사회의 문화와 전통, 가치관, 생활양식을 이해하고 존중해야 한다. 가능하다면 프로그램 활동 참여 가족들과 지역사회를 직접 대표할 수 있어야 한다.

넷째, 어떠한 가족지원프로그램을 막론하고 부모교육과 부모를 대상으로 한 인간발달교육, 각종 생활기술훈련은 가족지원서비스 활동의 핵심 요소이다. 따라서 부모들의 특별한 관심과 흥미, 문제 등에 부응하는 활동들이 계획되어야 하며 이 과정에 반드시 부모들이 참여하도록 노력해야 한다.

다섯째, 모든 프로그램 활동은 자발적 참여가 강조된다. 가족이 도움을 청하고 정보를 찾는 행동을 그 가족의 어려움이나 문제를 나타내는 것이 아니라 그 가족의 강점으로 이해되어야 한다.

여섯째, 가족지원프로그램은 해당 프로그램의 활동 범위 밖에 있는 활동을 제공하고 지역사회의 다른 서비스프로그램과 가족들을 연결시키는 교량 역할을 할 수 있어야 한다. 가족들에게 필요한 자원을 최대로 조성하고 활용하기 위해서는 지역사회의 기관, 단체들과 우호적이며 실질적인 협력관계를 수립, 유지해야 한다. 이러한 활동을 통해 가족지원프로그램은 가족들에게 필요한 자원을 보다 많이 제공할 수 있는 것이다.

2. 가족생활교육

1) 가족생활교육의 의의

가족생활 교육프로그램에는 가족문제 예방프로그램, 가족생활 향상프로그램, 치료프로그램 등이 있으며 이들은 모두 하나의 체계로서의 가족의 능력을 향상시키고 가족체계의 각 구성원의 심리적 안녕을 증진하는 것이 공통 목적이다.

현재 실시되는 가족생활 교육프로그램에는 예비부부를 대상으로 하는 결혼준비 교육프로그램, 신혼부부 교육프로그램, 부부관계 향상프로그램, 부모교육프로그램, 부모자녀 관계프로그램, 재혼준비 교육프로그램, 노부모 부양가족을 위한 교육프로그램, 노년기준비 교육프로그램, 고부관계 향상교육프로그램, 치매노인 부양가족프로그램 등이 있다.

결혼준비 교육프로그램은 신혼부부와 예비부부에게 부부와 가족의 안정성과 만족도를 증가시키고 부부문제를 사전에 예방하고 부부관계와 가족관계의 질을 향상시키는 것으로 가족생활교육에서 가장 많이 다루는 영역이다. 부부관계 향상프로그램은 만족하고 기능적인 부부체계로 형성을 위해서 변화하는 가족생활에 보다 기능적으로 적응하고 가족문제에 적극적으로 대처하도록 하며 가족의 건전성을 더욱 강화하고 향상시킨다.

그리고 부모교육 프로그램은 부모를 대상으로 하여 자녀의 발달과 성장을 도모하고 부모역할을 효율적으로 수행하도록 도움을 주고 있으며, 치매노인 부양가족 프로그램은 치매노인이 경험하는 부양의 현실적인 이해를 가능하게 하여 부양 상황의 어려움에 보다 효과적으로 대처함으로써 가족들이 겪는 고통을 완화해주도록 도움을 주고 있다.

그러나 우리의 경우 평생교육과 지역사회교육 등 전반적으로 학교수업 이외에는 교육은 잘 이루어지지 않고 있는 실정이다. 최근에 노인들의 평생교육이 활성화되고 있지만 일반국민들의 재교육 또는 평생교육이 이루어지지 않고 있다. 그러므로 정부에서는 평생교육을 포함한 가족생활교육의 중요성을 인식하고 다양한 프로그램을 개발해야 할 것이다.

2) 가족생활교육의 활성화 및 프로그램의 개발

(1) 활성화

가족생활교육은 가족구성원으로서 개인과 가족 전체가 행복한 삶을 영위할 수 있는 능력을 배양함으로써 변화하는 사회에서 겪을 수 있는 가족문제를 예방하기 위한 교육적 활동으로서(최경석 외, 2001), 가족구성원 개개인의 성장발달과 가족발달에 필요한 지식과 기술을 습득하여 각 발달단계에서 직면하는 다양한 문제상황에 대처할 수 있도록 도와줌으로써 가족문제를 예방하여 현재와 앞으로의 가족생활을 개선하는 잠재력을 개발하는 것이다.

가족생활교육은 크게 보면 세 가지 목표인 문제해결, 문제예방, 그리고 잠재력 개발에 초점을 두고 있으며, 프로그램 개발 초기에는 문제해결에 더 중점을 둔 반면 최근에는 문제예방과 잠재력 개발을 강조하는 경향이다. 모든 가족생활 교육프로그램은 하나의 체계로서의 가족의 능력을 향상시키고 가족체계의 각 구성원의 심리적 안녕을 증진하는 것이 공통 목적이다.

1970년 미국 가족생활교육위원회가 발표한 가족생활교육의 목적은 "건강한 가족을 형성하고, 개인과 가족이 생애주기 전반에 걸쳐 가정에서 인간의 성장・발달과 행동에 관한 지식을 배우도록 돕는 것이며, 현재와 미래의 가족역할에 대한 개인의 잠재력을 발달시키는 것"이다. 가족에 대한 이해, 개인과 가족의 발달에 관한 이해, 대처과정에 관해 배우기, 인지능력과 행동평가능력 발달시키기, 그리고 새로운 행동방식을 추구하기 등이다. 가족생활교육의 접근은 평생교육적 접근, 주제 중심적 접근, 통합적 접근으로 분류될 수 있다.

(2) 가족생활 교육프로그램의 개발

가족생활교육의 실천적 차원은 교육주체와 객체, 교육내용의 다양성, 교육방법과 실천에 있어서의 융통성 및 개념과 유형분류가 복잡하다는 특징을 가지고 있다. 광의의 차원에서 가족생활교육을 사회교육의 한 영역으로 보고 있는 것이지만, 가족교육의 특성 역시 다양성, 융통성, 복잡성을 가진다는 점에서는 사회교육과는 차이가 있다. 가족교육은 학교교육과 사회교육이 함께 추구해 나가야 한다.

가족생활교육의 프로그램을 작성할 때는 많은 가족들이 참여할수록 바람직하다. 일반적으로 계획과정에 가족들을 참여시킴으로써 얻을 수 있는 이점으로서는, ① 프로그램 계획수립에 있어서 가족의 지원을 확보할 수 있고, ② 민간지도자로 하여금 그들의 잠재된 지도력을 발휘할 기회를 제공할 수 있으며, ③ 참여한 가족들의 욕구와 필요를 발견하고, ④ 참여가족들에게 학습경험을 제공할 수 있으며, ⑤ 프로그램이 가족들의 것이라는 신념을 제공할 수 있으며, ⑥ 프로그램 계획에 관련된 사람들의 협동과 조정의 기회를 제공할 수 있다.

또한 프로그램의 개발은 프로그램 그 자체가 목적이 되기보다는 가족생활교육의 목적달성을 위한 매개수단이 되도록 하는 것이 중요하며, 반드시 지역사회 교육기관의 여건, 즉 지도력, 시설과 재정 등을 감안하여 프로그램을 계획하여야 한다. 일반적으로 프로그램을 계획하는 과정은 다음과 같다.

① 프로그램 실시의 목적과 목표, 방법 등에 대한 개략적인 방향설정을 한다.

② 가족들의 교육욕구 조사를 수행한다.

③ 가족교육기관의 전년도 활동을 평가하거나, 인근 지역사회 교육기관의 프로그램을 평가한다.

④ 위 단계의 분석결과에 기초하여 가족프로그램 분야별, 대상별, 내용별로 항목을 설정한다.

3. 부모교육

1) 부모교육의 의의

가족과 부모는 분리될 수 없으며 부모의 문제가 해결되어야 가족의 문제도 해결될 수 있기 때문에 부모의 역할을 조성하는 사회적 조직을 유지하고 부모가 가지는 환경적 긴장을 완화시킴으로써 가족문제의 발생을 예방하는 가정복지의 측면, 즉 부모교육적 측면에서 접근하는 것이 바람직하다.

즉 부모에게 자녀에 대한 책임감을 일깨우고 역할수행을 촉구하는 계획과 교육이 필요하다. 자녀에 대한 지나친 기대와 보호, 간섭, 편애 등 아동문제의 원인이 되는 그릇된 부모의 가치관과 태도 및 행동특성을 수정하기 위한 부모교육이 필요한 것이다.

문제아 뒤에는 반드시 문제부모가 있다는 말을 우리는 흔히 듣는다. 아동들에 있어서 강제적이고 몰이해한 부모는 아동들의 성격발달에 대해서는 오히려 부모가 없는 경우보다 해악을 가져온다고 많은 학자들은 말한다.

문제 장면에 부딪치면 자칫 악에 물들기 쉽고 따라서 순간적으로 반사회적 행동을 할 가능성도 없지 않지만 그렇게 되는 근본을 따져보면 어려서부터의 성격 향상 내지 적응기에 어딘가 결함을 쌓아온 결과라고 보겠다. 따라서 아무리 환경이 나쁘더라도 아동의 능력이 이를 극복할 수만 있다면 모든 아동문제, 청소년문제, 가족문제는 한층 감소될 것이며 이 능력, 즉 어릴 때의 성격에 가장 큰 영향을 끼치는 부모역할의 바람직한 수행을 위한 대책이 마련된다면 진정한 의미에서 건강가정사업이 실천되는 것이다.

2) 필요성

가족에서의 부모교육의 역사적 고찰을 통해 볼 때 자녀를 양육하거나 가족기능을 활성화하는데 어느 사회를 막론하고 그 필요성이 인정되고 있다. 또한 급변하는 현대사회에 효과적으로 적응하기 위해서는 전문적이고 체계적인 부모교육의 필요성이 대두되고 있다. 구체적으로 부모교육의 필요성을 살펴보면 다음과 같다.

(1) 부모자세의 변화에 대한 이해

지금까지 결혼을 하면 자녀를 갖고 부모가 되는 것은 당연하고 정상적인 것이었다. 그러나 최근에는 부모역할에 대한 가치에 대해 논란이 일어나고 있다. 부모역할은 부모 자신의 개인적인 발달과업을 충족시키면서 동시에 자녀의 욕구를 충족시켜 줄 수 있는 것이야 하며, 부모가 일방적으로 자녀에게 해주는 의무만을 강조하는 것은 아니다. 그러므로 가족역할에서 서로의 문제점을 이해하려는 쌍방적인 접근이 필요하다. 즉 부모교육을 통해 자녀와 부모 간의 관계에 대한 접근을 통해 부모자세의 변화에 대해 인식할 수 있다.

(2) 가족에 대한 전문적 지식의 습득

부모가 가족에 미치는 영향은 매우 중요한데, 자녀양육에 대한 지식이 부족하고 부모로서의 전문적 역할에 대한 인식이 부족하다. 그러므로 부모교육을 통해 현대사회에서 필요한 정보를 획득하고, 현대사회의 변화와 더불어 가족환경의 변화에 대해서도 고찰해 볼 수 있는 기회를 갖는다. 즉 현대사회에서 증가하고 있는 가족관련문제, 약물남용, 음주문제 등의 원인과 문제해결 접근방향 등에 대한 지식도 습득하게 된다.

(3) 다양한 가족문제의 해결과 예방

부모교육을 통해 빈곤가족, 한부모가족, 청소년비행가족, 음주가족 등의 다양한 가족에서 발생하는 가족문제를 해결할 수 있다. 그리고 문제해결과 동시에 부모교육을 통하여 이런 다양한 문제를 예방하는 기능도 있다. 그러므로 부모교육은 건강가정사업에서 다양한 역할과 기능을 한다고 볼 수 있다.

3) 부모교육의 목표

부모교육의 목표는 다양하게 접근해 볼 수 있다. 궁극적인 목표는 가족생활을 돕고 지도하는 데 필요한 지시와 능력, 태도 등을 습득하는 것이다. 구체적인 부모교육의 목표를 살펴보면 다음과 같다(Fine & Henry, 1989; 정옥분 · 정순화, 2000).

(1) 정보교환을 통한 부모능력의 강화

부모교육의 우선적인 목표는 자녀의 발달과정이나 양육방법에 대한 정보를 제공받고 교환하는 것이다. 그리고 이러한 정보 이외에도 가족에 대한 일반적인 정보도 교환한다. 이러한 정보는 강연, 토론, 집단모임, 독서 등을 통하여 부모 상호간에 혹은 집단지도자로부터 다양한 가족정보를 획득할 수 있다.

(2) 신념과 통찰력의 변화

부모교육의 두 번째 목표는 부모 자신의 가치관이나 신념에 대해 확신과 통찰력을 갖고 이를 변화시킬 수 있도록 돕는다. 부모 자신에 대한 지각은 다양한 방법으로 접근하여 자신의 양육태도, 가족에 대한 가치관, 부부관계 등의 문제에 대해 새로운 사실에 대해 통찰해 본다. 이러한 과정을 통하여 자신의 태도와 신념 등을 변화시켜 가족문제해결에 많은 도움을 준다.

(3) 가족에 대한 기술습득

부모교육에서 단순한 정보교환과 획득만으로는 가족문제를 해결하기에는 어려움이 많다, 그러므로 가족에 대한 새롭고 전문적인 기술을 습득하게 된다. 자녀양육과 관련된 기술, 부모·자녀와의 가족 내의 의사소통 기술, 가족역동관계, 가족구조의 특성, 가족문제의 유형과 접근방법 등의 다양한 기술을 습득할 수 있다. 이러한 부모교육은 전문적으로 이루어지기 때문에 교양 차원의 부모교육이 아니고 전문적인 부모교육프로그램을 통하여 접근해야 한다.

(4) 가족문제 해결능력의 강화

부모교육의 마지막 목표는 가족 발달과정애서 발생하는 가족문제를 이해하고 문제해결능력을 강화시켜 주는 것이다. 그리고 이러한 목표를 달성하기 위해서는 앞에서 지적한 가족에 대한 다양한 기술을 습득한 후에 가능할 것이다. 또한 가족문제 해결능력을 강화하기 위해서는 정보제공과 기술 습득도 중요하지만 부모자신의 인식변화도 중요하다.

4) 행동주의에 입각한 부모교육프로그램(주장훈련)

행동주의적 접근방법에 입각한 주장훈련은 초기에는 주로 대인관계에서 불안을 해소시키기 위해만이 사용해 왔으나 점차 개인의 권리를 강조하는 방향으로 사용하고 있다(정옥분·정순하, 2000). 주장훈련의 목표는 부모와 자녀 간의 상호작용을 성공적으로 이끌어 나가기 위하여 부모로 하여금 자녀에 대해 분명한 양육의 필요성을 인식시키고, 자녀의 행동에 대처하도록 하는 것이다. 주장훈련에서 일반적으로 사용되는 기법은 소극적 행동과 주장적 행동 그리고 공격적 행동을 구분하고 다양한 주장훈련을 통한 행동으로 가족문제를 치료하는 것이다. 구체적인 행동단계는 다음과 같다.

① 주장행동을 잘하지 못하는 장면에 대한 주장행동의 모델의 관찰

② 건강가정사나 보조자의 도움을 받아 주장행동이 어려운 장면에 대한 연기행동의 연습

③ 주장행동이 어려운 실제 장면에서 실행연습

④ 훈련과 유사한 장면에서 주장

5) 부모교육의 활성화 방안

(1) 전문적 부모교육의 실시

현재 실시되고 있는 부모교육은 사회교육 차원의 교양적인 내용이 주류를 이루고 있다. 그러나 앞으로 발생되는 다양한 가족문제는 전문적인 부모교육이 아니면 쉽게 해결될 수 없는 분야가 많다. 그러므로 부모교육의 내용을 보다 전문적으로 개발할 필요성이 있다. 그리고 전문성을 확보하려면 일회적이고 일시적인 부모교육이 아니고 체계적인 프로그램을 개발해야 한다.

(2) 부모교육의 인식변화와 홍보

현재 많은 부모들이 부모교육의 필요성을 잘 인식하지 못하고 있는 실정이다. 그러므로 국가에서는 체계적인 홍보를 통하여 부모교육의 필요성과 중요성에 대해 알려야 할 것이다. 그리고 부모들이 부모교육을 받고 싶어도 구체적인 절차를 모르는 경우가 많음으로 부모교육의 일정, 부모교육 내용 등에 대한 광범위한 홍보가 이루어져야 할 것이다.

(3) 부모교육 주체와 대상의 확대

부모교육을 체계적으로 실시하려면 부모교육의 주체와 대상이 정확해야 한다. 그러나 현재 우리의 경우는 부모교육이 단편적으로 이루어지기 때문에 부모교육에 대한 정확한 주체와 대상이 없다.

가. 부모교육의 주체 : 부모교육의 주체는 국가를 비롯하여 다양한 사회단체가 포함되어야 한다. 즉 학교, 보육시설, 유치원, 사회복지기관, 사회교육기관, 지역사회단체 등이 중심이 되어 부모교육을 실시하여야 한다.

나. 부모교육의 대상 : 부모교육의 대상은 원칙적으로는 부모들이다. 그러나 부모 중에서도 어머니의 참여율은 높은 편이나 아버지의 참여율은 여러 가지 이유로 인하여 낮은 편이다. 그러므로 아버지의 부모교육 참여율을 높일 수 있는 각종 프로그램이 개발되어야 할 것이다.

(4) 사회지원체계의 확립

부모교육을 효과적으로 실시하기 위해서는 다양한 사회지원체계가 이루어져야 한다. 예를 들어 아버지의 부모교육의 참여율을 높이려면 아버지가 다니는 직장의 지원이 있어야 할 것이다. 즉 부모교육 참여를 위해 휴가를 인정하든지, 회사 내에서 정기적으로 부모교육을 실시하는 방법도 가능할 것이다. 그리고 범국가적인 차원에서 부모교육기관에 대한 재정적 지원을 통해 부모교육의 전문성을 높여야 할 것이다. 또한 전문 부모교육기관을 지정하고, 대학을 비롯한 전문교육단체에서도 부모교육을 위탁하여 실시할 수 있는 체계를 구성해야 한다.

(5) 부모교육프로그램의 개발

지금까지 부모교육프로그램은 주로 아동과 관련된 프로그램이 주류를 이루고 있다. 그러나 다양한 가족문제해결을 위해서는 다양한 계층을 위한 부모교육프로그램이 개발되어야 한다. 예를 들어 청소년의 약물남용의 경우 청소년에게만 초점을 맞추어 접근하지 말고 부모들이 공동으로 참여하여 문제해결을 하는 방향으로 접근해야 한다. 그러므로 부모교육프로그램은 영유아, 아동, 청소년, 노인, 장애인 등으로 세분화시켜 접근해야 할 것이다. 그리고 정부에서는 체계적인 부모교육프로그램 개발을 위해 부모교육자료집을 개발하여 보급해야 할 것이다.

(6) 부모교육 전문가의 양성

앞으로 발생되는 다양한 가족문제로 인하여 부모교육의 분야는 확대될 것이다. 그러므로 부모교육을 담당해야 할 전문가도 다양하게 구성해야 할 것이다. 또한 학계, 의학계, 사회단체인사, 공무원, 가족복지 관련종사자 등에서 부모교육 전문가를 확보하여 지원해 주어야 할 것이다. 부모들이 부모교육에 잘 참여하지 않는 이유 중에 하나가 전문가에의 전문적인 부모교육이 잘 이루어지지 않는 이유도 있다. 따라서 장기적으로 다양한 부모교육 전문가를 양성해야 한다.

4. 부부관계 향상프로그램

1) 개념

가족관계 및 가족주기 등에서 부부관계가 차지하는 비중과 중요성은 매우 높다. 그러므로 가족 내에서 부부관계를 어떻게 유지하느냐는 가족 전체의 가족관계에 영향을 미친다. 즉 다양한 부부관계 향상 교육과 프로그램을 통하여 부부관계를 향상시켜야 할 것이다. 그러나 우리의 경우 부부관계는 예방이라는 차원보다는 부부관계가 악화되었을 때, 또는 부부관계의 문제를 해결할 수 없을 경우가 되었을 때, 부부관계를 심각성을 인정하는 경우가 많다. 이런 경우에는 부부관계를 회복하기 어려운 경우가 많다. 최근 우리 사회에서 이혼율이 급증하는 것도 이와 같은 현상과 밀접한 관계를 가질 것이다.

2) 부부관계 향상프로그램의 내용

(1) 접근방향

한국가족관계학회(1998)에서 제시하고 있는 부부관계 향상의 전제조건은 다음과 같다.

① 건강한 부부관계는 문제가 전혀 없는 상태가 아니라 문제해결능력을 가지고 있다.

② 기능적인 부부관계는 우연히 이루어지는 것이 아니라 부부의 성장 잠재력을 개발함으로써 부부가 함께 성장할 수 있다.

③ 대부분의 부부가 부부관계 향상에 대한 강화방법을 잘 모르고 있으며, 건강하고 기능적인 부부생활을 위한 기술과 정보의 필요성을 인정하고 있다.

④ 건강하고 기능적인 부부관계의 향상과 유지는 한 가지 방법만으로는 불가능하다.

(2) 부부관계 향상프로그램

미국의 부부관계프로그램은 대부분이 부부간의 의사소통능력의 향상에 초점을 맞추고 있다. Guermey(1977)의 Conjugal Relationship Enhancement에서는 부부의 의사소통 패턴을 개선하여 만족스러운 부부관계를 유지하기 위하여 다양한 치료기법을 쓰고 있는데, 감정이입, 공감형성, 정당한 싸움, 상호교육과 수용 등을 이용하여 부부관계를 향상하고 있다.

〈표 12-1〉 부부관계 향상프로그램

프로그램 (개발자, 연도)	목표	내용
부부행복세미나 (송정아, 1998)	-긍정적인 자아상과 자존감 향상 -부부역할수행의 강화 -체계적이고 효과적인 의사소통 기술 -사랑하는 기술과 표현하는 기술 습득 -성에 대한 긍정적인 사고와 아름다운 성생활 유지	-건전한 자아상 -결혼에 대한 기대와 결혼의 의미 -부부연합과 부부일치 -효과적인 의사소통과 배우자를 세워주는 기술 -부부갈등해결과 건강한 부부싸움 -부부사랑 가꾸기 -부부성생활
부부관계증진학습 프로그램 (정석희, 1992)	-부부관계의 잠재력 확인 -관계유지 증진 -의사소통 -문제해결기술 -갈등해결기술 -만족스럽고 기능적인 부부관계형성	-부부관계 이해 -부부간 적극적 경청 -배우자 마음 공간 -부부간 건설적 감정표현 -부부간 인정해주기 -부부간 갈등해결기술

출처 : 최경석 외. 2001에서 재구성

우리나라에서도 Gordon의 PAIRS(Practical Application of Intimate Relation Skill)가 현재 실시하고 있다. 이 프로그램에서도 부부간의 친밀감 향상을 위해 배우자에 대한 헌신, 개방성과 감정이입에 의한 효과적인 대화기술, 정당한 싸움과 같은 갈등해결기술, 의사 유형 탐색 등을 통해 부부관계를 향상시키고 있다.

그러나 우리나라는 아직까지 체계적이고 전문적인 부부관계 향상프로그램을 개발하지 못하고 있는 실정이다. 부부생활세미나, 부부관계 향상프로그램, 새생활가정 세미나, 부부관계 증진학습프로그램 등이 대표적인 프로그램이다. 그리고 미국을 포함한 선진국의 프로그램은 우리나라의 사회문화적 배경과 차이가 많이 있음으로 그대로 적용하기에는 문제점이 많을 것이다. 현재 우리나라에서 실시하고 있는 부부관계 향상프로그램은 〈표 12-1〉와 같다.

3) 부부관계 향상프로그램의 실제

(1) 프로그램의 목표

부부관계 향상프로그램의 구체적인 목표를 살펴보면 다음과 같다(최경석 외, 2001).

① 건강하고 기능적인 결혼생활을 유지하기 위하여 건전한 부부관계의 유지와 부

부관계에서 숨겨져 있는 잠재력 개발을 지원하여 부부관계 향상의 기회를 제공한다.

② 부부의 원만한 적응을 위하여 부부 상호간의 유사점을 인정하여 서로 문제점을 인식하고 해결하도록 한다.

③ 부부관계 향상의 장애요소를 감소・제거하여 부부관계의 심리사회적 독립성과 상호성을 증가시킨다. 여기에서는 부부관계에서 자아존중감과 의사소통 기술을 강화시킨다.

④ 부부관계 향상에 필요한 여러 가지 정보와 기술을 제공하고, 필요하다면 교육을 통하여 습득시킨다.

⑤ 가족체계에서 중요한 구심점이 되는 부부관계를 강화시켜서 전체 가족구성원의 기능화를 촉진・강화시켜 준다.

(2) 프로그램의 단계별 내용

부부관계를 향상시키기 위한 구체적인 단계별 내용을 살펴보면 다음의 〈표 12-2〉와 같다.

〈표 12-2〉 부부관계 향상프로그램의 단계별 내용

단계	목표와 내용
제1단계 : 수용단계	-프로그램 참가에 대한 확신과 지지 -부부간의 가치관과 생활방식 차이를 인정하고 이해 -부부간의 개인적 차이와 가족문화의 수용
제2단계 : 감정이입단계	-부부간의 지지를 확대 -감정이입적 의사소통과 경청 -부부관계의 향상을 위한 부부체계의 구성
제3단계 : 감정표현단계	-부부관계의 다양한 역동성을 인정 -다양한 감정표현기법의 개발과 실시 -부부간의 갈등해결 체계 인정 -부부간의 역할기대와 지지 -기능적인 부부관계의 형성
제4단계 : 부부관계향상단계	-부부관계 향상을 위한 목표설정 및 실시 -부부간의 욕구설정 및 해결 방안 강구와 대안마련 -부부의 강점과 잠재력 찾기
제5단계 : 부부관계확인단계	-부부관계 향상을 위한 구체적 프로그램 실행 -부부관계 향상에 대한 확인 및 재구성 -부부간의 신뢰 형성과 구체적 지지 보내기

4) 새로운 관계의 형성

결혼의 중요한 발달과업 중의 하나는 가족 이외의 다른 사람들과 친밀한 관계를 형성하는 것이다. 친밀감의 형성은 능동적인 과정으로서 자신의 정체감을 잃을지도 모른다는 두려움 없이 타인과 개방적이고 지지적이며 조화로운 관계를 형성하는 능력이다. 타인과 친밀한 관계를 형성한 사람은 자신의 견해나 계획을 다른 사람들과 의논할 수 있으며, 감정이입능력, 욕구조절능력, 자기통제능력 등을 갖추고 있다. 친밀감의 형성은 자아정체감을 확립한 후에 이루어지는 것으로 자신을 가치 있고 유능하며 신뢰할 수 있는 사람으로 지각할 수 있을 때 가능하다(김태련 · 장휘숙, 1996).

또한 친밀감은 결혼 상대와 애정을 나눌 수 있으며, 사회생활에서 우정을 나눌 수 있는 관계를 포함한다. 친밀감은 대개 결혼관계에서 형성되지만, 결혼초기의 상호적응, 첫 자녀의 출산, 부모와 친척의 기대 등이 부부의 친밀감 형성을 방해할 수 있다. 그러나 결혼생활을 통하여 서로의 욕구를 만족시키고 약점을 수용하면서 친밀감을 형성해가며, 친밀감이 형성되면서 인간관계가 점차 성숙해진다.

친밀감의 형성에는 성별로 차이가 존재한다. 장년기의 남성은 친밀하고 상호의존적인 관계형성에 저항하는 경향이 있기 때문에 친밀감의 형성에 어려움이 존재한다. 그러나 여성은 친밀감 형성의 요구를 충족시킬 준비가 되어 있으며, 자신의 문제에 관심을 가지고 지지해주는 사람들과 친밀한 관계를 형성할 수 있다.

결혼에 앞서 친근감을 획득하지 못한 사람은 지나치게 자기 의식적이고 자신의 사회적 행동과 적응에 대해 걱정하고 불안해하기 때문에 원만한 사회적 상호작용을 하지 못하여 고립감에 빠져들게 된다. 그들은 친근감의 형성이 자신의 정체감 확립을 손상시킨다고 생각하여 자신과 타인과의 관계형성을 제한한다.

5) 결혼준비프로그램

(1) 의의

예비부부와 신혼부부를 위한 결혼준비는 원활한 결혼생활과 결혼 후 건강하고 안정적인 가족관계를 유지하기 위한 과정이다. 아직까지 우리의 경우 결혼준비프로그램과 교육이 부족한 실정이지만 선진국의 경우 결혼준비프로그램은 매우 다양하다. 이러한 현상은 우리의 경우 결혼준비를 양가 부모들이 주로 책임지고 하지만 선진국의 경우 예비부부들이 직접 준비하는 경우가 많기 때문이다.

그러나 어떠한 형식을 통하여 결혼을 하더라도 결혼에 대한 교육과 프로그램을 개발하여 실시하여야 한다. 결혼은 단순한 남녀의 만남이 아니고 가족과 가족의 만남이 동시에 다른 가족체계에서 생활해 온 남녀가 만나기 때문에 결혼에 대한 준비는 매우 중요하다.

미국서점 내의 결혼준비서적

(2) 결혼준비프로그램

우리의 경우 과거 결혼준비프로그램은 주로 예비신부로서 요리, 살림살이, 가정교육 등을 부모로부터 직접 교육받는 경우가 많았다. 특히 신부의 경우 결혼생활에서 친정부모의 영향을 많이 받아왔다. 그러다가 1990년대에 와서 전문적이고 체계적인 결혼준비프로그램이 도입되기 시작하였다. 주된 프로그램의 내용은 부부간의 이해, 부부간의 의사소통기법, 성숙한 사랑과 성에 대한 내용, 가족생활의 운영 등을 포함하여 다양하게 이루어지고 있다.

5. 지역사회교육

1) 지역사회교육의 개념

건강가정사업은 가정 내에서만 이루어지는 것이 아니고 지역사회 차원에서 접근하여야 한다. 그러므로 건강가정의 위한 지역사회 교육프로그램이 중요하다.

지역사회교육이 무엇인가를 정의하려는 시도는 많이 이루어져 왔지만, 지역사회교육은 현존하는 실천적 관행의 특성을 반영하기 위한 거시적 수준의 일반적 용어로 사용되어 왔다. 즉 지역사회교육은 지역사회의 학습사회화라는 이념적 차원에서 서술적으로 사용되어 왔다. 지역사회교육에 대한 이러한 관점 때문에, 지역사회교육의 실천하는 프로그램이나 접근방법 또는 목표에 따라 성인교육, 지역사회봉사, 지역사회개발, 지역사회학교와 같은 용어와 혼용되어 사용되기도 하였다.

지역사회교육을 "일정한 지역사회 내 모든 주민들의 복지에 영향을 주는 모든 활동과 관련된 과정이며, 아동들을 가르친다는 전통적 개념에서 지역사회의 욕구, 문제 및 부족을 발견하고, 전체 지역사회의 개선목적을 위한 시설, 프로그램, 실무자 및 지도자의 개발을 돕는 프로그램으로서의 성격을 가진다"라고 기술함으로써, 지역사회교육을 과정과 프로그램이라는 측면에서 정의를 내리고 있다(김익균 · 고순철, 1997).

즉 지역사회교육은 지역사회의 발전을 위한 교육활동이고, 지역사회학교는 지역사회교육의 이념을 실천하는 하나의 수단이라는 것을 알 수 있다. 따라서 지역사회교육은 지역사회가 가지고 있는 학습의 장과 학습자료로서의 특징을 활용하여 지역사회주민들의 교육적 욕구를 충족시키고, 지역사회가 좀 더 바람직한 방향으로 발전할 수 있도록 전체 지역사회가 교육서비스를 제공하는 다양한 교육활동의 과정 및 프로그램으로 개념화할 수 있다. 이러한 지역사회교육의 개념에는 ① 시설사용의 증대, ② 모든 연령집단을 위한 프로그램 및 서비스, ③ 다른 기관과의 협조적 계획, ④ 지역사회주민의 참여, ⑤ 정규학교 교육과정과의 통합, ⑥ 학교와 지역사회 관계의 증진 등 여섯 가지의 요소가 내포되어 있다.

2) 지역사회교육과 건강가정사업

대부분의 지역사회에서는 어떤 형태로든 지역주민의 욕구를 반영하는 프로그램을 고안하고 지역사회 교육활동에 관심을 두고 실천하고 있다. 지역사회주민들의 참여, 지역사회 제 자원의 활용 및 기관간의 협동과 협조를 중시하는 교육적 접근을 통하여 주민들은 지역사회의 문제를 해결하고, 지역사회 발전을 위한 민주적인 절차와 공동체적 문제해결능력을 습득할 수 있게 된다.

지역사회교육은 사회교육적 활동의 차원을 넘어서서 지역사회의 문제해결에까지 그 영역이 확대된 개념이란 특징을 갖는다. 앞서 개념화한 지역사회교육의 조작적 정의에서 보듯이, 지역사회교육은 개개인의 교육적 필요와 욕구를 충족시킴으로써 자아실현에 도달하게 하는 주민 개개인의 성장과 발달이란 측면과 지역사회 전체의 성장과 발달이란 측면으로 구분해 볼 수 있다. 지역사회 전체의 발전이란 측면은 지역사회주민의 공동의 참여로 지역사회 문제해결 및 봉사의 과정으로서 이의 실천을 위해서는 지역사회주민의 사회운동이 필연적으로 수반된다.

이와 같은 지역사회교육을 통한 개입은 특히 폭력가족문제, 학대가족, 장애인가족 등의 문제해결을 위해 필수적이라 하겠다. 특히 폭력가족의 지역사회개입은 지역사회교육을 통하여 가정폭력을 일으키는 요인, 폭력에 대한 응급절차, 신고절차, 법률홍보 등을 인식시켜 줄 수 있다.

3) 지역사회홍보

건강가정사업에서 홍보사업은 실제로 실시하고자 하는 가족건강사업의 홍보배경이 무엇인가에 대하여 명확하게 판단하는 작업을 의미한다. 홍보사업은 크게 보아 사전 반응적인 것과 사후 반응적인 것으로 구분된다. 사전 반응적 프로그램이란 조직이 대중들의 호의적인 여론을 조성하고 진작시키기 위하여 수행하는 것을 의미하며, 사후 반응적 프로그램이란 문제가 발생할 때 그 문제를 해결하기 위하여 실시되는 프로그램을 의미한다. 따라서 사전 반응적인 프로그램이 예방적이고 장기적인 성격을 지닌다면, 사후 반응적인 프로그램은 문제해결중심의 단기적 성격을 가진다. 그러므로 교육과 더불어 홍보는 지역주민들로 하여금 가족문제를 이해하고 해결에 참여할 수 있는 기회를 마련한다.

4) 건강가정사의 교육가로서의 역할

건강가정교육 실무자는 지역사회 교육기관에 소속되어, 지역사회교육의 이념과 실천을 지역사회주민들을 위해 활동을 전개하는 개인이라고 할 수 있다. 이들은 조직에 소속되어 기본적으로 조직을 발전시키고 유지하는 역할, 프로그램개발과 정보활동, 주요 변화 프로그램의 실천과 같은 변화촉진자로서의 역할을 수행한다. 즉 이들은 직원회의, 실무위원회 활동, 자체연수 활동 등과 같은 조직의 생존과 효과성을 위한 활동은 물론이고, 조직 내·외부집단 및 개인으로부터의 압력에 기초한 개인적 활동과 전화응답, 개인상담, 회의참석, 기존 업무의 추진 등의 개인적 활동 또는 사건 등 단일분야 전문가로서 활동하기보다는 다목적적인 현장

활동가로 존재하는 것이 일반적이다.

6. 가족자원봉사 활동

1) 자원봉사의 이해

(1) 자원봉사의 의의

현대사회에서는 자원봉사의 유급화와 전문화에 대한 접근이 지속적으로 이어지고 있어서 자원봉사의 개념이 변하고 있다. 그리고 현대사회에서 이러한 자원봉사의 성격의 변화와 함께 그 등장배경을 간단히 살펴보면 다음과 같다.

자원봉사활동은 인간으로 하여금 스스로 미래의 어떤 불완전한 생활에 대하여 혹은 예기치 못한 사고의 유발에 대하여 준비하고, 그에 따른 마음의 안정을 가져다주게 된다. 그러나 많은 사람들은 예기치 못한 사건들이 발생했을 때 더욱 불안하고 커다란 불행으로 이어지게 된다. 평소 자원봉사활동에 자주 접하는 사람들은 그러한 자원봉사활동을 통해 자연이나 타인들에 대하여 스스로 겸허해질 뿐 아니라 스스로 선하고 가치 있는 일을 했기 때문에 그와 같은 상황에서 누군가 자원봉사자가 있을 것이라는 믿음을 가질 수 있기 때문에 불안과 초조감이 아닌 안정된 생활을 영위할 수 있다.

뿐만 아니라 봉사활동 그 자체는 많은 레크리에이션과 같은 의미의 가치들을 지니고 있다. 즉 어떤 어려움의 상황에서 이를 잊고 희망을 갖도록 해주는 일이 매우 중요한데, 이를 위해 해학적이고 레크리에이션과 같은 성격의 활동을 함으로써 개인적인 안정감을 증진시키면서 권태·단조로움·외로움을 떨쳐 버리게 한다. 자원봉사자들은 이처럼 자원봉사활동을 통해 대상자들로 하여금 현재에 할 수많은 흥미 있고 활력 있는 일감을 제공하며, 동시에 미래를 위한 많은 계획들과 프로그램들을 제시해 주어야 하기 때문에, 이와 같은 활동을 통해 스스로 흥겨워하고 낙관적이고 긍정적인 생활을 할 수 있게 해준다.

(2) 자원봉사 활용 확대추세

가. 자원봉사분야의 확대 : 현대사회가 급변하면서 자원봉사에 대한 가치와 실

천도 변화하고 있다. 이러한 변화는 자원봉사활동이 특정한 분야에서만 한정되는 것이 아니고 다양한 분야에서 활용되고 있다는 것이다. 현대사회에서는 자원봉사의 분야는 정치, 사회복지기관과 시설, 스포츠, 환경, 소비자운동 등으로 확대되어 가고 있다.

나. 자원봉사 필요성의 증가 : 자원봉사를 필요로 하는 시설이나 기관이 많아지고 자원봉사활동의 가치를 존중하고 있다는 것이다. 이런 현상은 자원봉사의 주요대상인 시설과 기관에 근무하고 있는 직원들이 자원봉사활동을 많아 요청하고 있는 것에서 알 수 있다. 그리고 기업에서도 기업이미지나 홍보 및 사회적 책임을 수행한다는 면에서 자원봉사활동을 권유하고 유도하고 있다. 그리고 많은 분야에서 자원봉사자들이 없으면 운영이 되지 않을 정도로 자원봉사 필요성이 증가하고 있다. 최근에 와서는 미국의 일부 지역에서는 시민들의 자원봉사참여의 권리를 주법으로 정해서 모든 사회기관으로 하여금 시민들의 자원봉사참여를 무조건 허락하도록 규정하고 있다(김범수, 2002).

다. 역할의 변화 : 이제까지의 단순한 자원봉사활동에서 전문적 분야까지 자원봉사의 역할이 변화하고 있다. 최근의 자원봉사활동은 준전문가의 역할을 요구하고 있다. 그러므로 준전문가의 역할을 수행하려면 전문적인 교육과 훈련을 요구하고 있다. 또한 각국의 자원봉사의 전문성을 알려면 그 국가의 자원봉사 교육과 훈련의 수준을 보면 알 수 있다. 또한 자원봉사의 역할이 일회성이나 단시간에 그치지 않고 장기간 지속적으로 이루어지는 경향이 증가하고 있다. 민간단체 직원의 60% 정도가 무급직원인 미국에서는 자원봉사자를 동반자(partner)라고 부를 만큼 단순한 보조자의 역할이 아니고 새로운 자원봉사자의 역할이 요구되고 있다.

2) 건강가정사업과 가족자원봉사 활동

(1) 가족자원봉사 활동의 의의

가족자원봉사는 단순한 자원봉사가 아니고, 가족이 다 같이 자원봉사에 참가함으로써 가족간의 협동정신과 가족간의 의사소통의 활성화 등 가족자원봉사로 인한 가족관계의 향상에 목적이 있다. 최근에 우리나라도 선진국과 같이 다양한 가족자원봉사 프로그램이 도입되어 가족관계의 향상에 많은 도움을 주고 있다.

(2) 가족자원봉사 활동의 필요성과 효과

가. 가족의 자존의식과 정신건강의 증진 : 인간의 특징 중 하나는 사회생활을 한다는 것이고, 사회생활이란 각기 다른 사람들이 서로 의존하고 사랑을 베푸는 호혜적 생활을 하면서 살아가는 삶이다. 때문에 사람들은 스스로 자신을 판단하기보다는 자신이 다른 어떤 사람들에게 자기 자신이 필요하고 귀중한 존재라는 사실을 알았을 때, 스스로 보람을 얻게 되고, 그와 같은 귀중함을 더욱 잘 활용하기 위하여 노력하게 된다.

이와 같이 타인에게 도움이 되도록 생각하는 일은 매우 귀중한 일이며, 일상생활에서의 정신건강에 매우 바람직한 일이다. 따라서 자원봉사활동은 개인이 활동적이고 유용한 시간 활용으로 유도하게 되며, 이러한 일상생활을 곧 계속적으로 새로운 삶의 활력소를 가져다주고, 새로운 삶의 목표를 설정하게 되며 따라서 신체적・정신적・정서적 건강을 가져온다.

나. 인격적 성숙과 발전 : 개인의 인격적 성숙과 자신만을 위한 삶이 아니라 함께 더불어 살며 서로 사랑하고 도와주는 삶이다. 인격적 삶이란 스스로를 귀하게 하는 일이며, 스스로를 귀하게 하는 일이란 남을 귀하게 여기는 일이고, 타인의 아픔과 어려움을 나의 일처럼 여기면서 자신의 여력을 다해 함께 살아가는 행동하는 힘에서 우러나온다. 이와 같은 인격적인 행동은 자신의 성숙된 삶과 사회의 성숙화에 바탕이 되며, 인격을 갖추도록 하는 데 바람직한 활동의 하나가 곧 자원봉사활동이다. 이런 성숙과 발전을 통하여 가족관계를 향상시킬 수 있다.

다. 가족간의 애정의 증가 : 일반적으로 자중자애란 스스로를 소중하게 생각하면서 스스로를 사랑하는 일이다. 스스로가 귀중하고 가치가 있기 위해서는 당연히 그와 같은 가치 있는 생각과 행동이 필요하다. 봉사활동은 곧 이와 같은 마음에서 어렵고 힘든 생활을 하는 사람들에게 자발적으로 도와줌으로써 그들에게 자중자애심을 길러 주는 것이다.

즉 자기 자신뿐만 아니라 타인에 대하여 자중 자애하는 사람들의 마음은 기본적으로 가족의 생명에 대한 중요함과 존엄성을 스스로 깨달아야 하기 때문에 결국 가까운 가족들에게 사랑하는 마음을 키워주게 되고 스스로의 건강 생활에의 적극성과 가족생활에서의 일탈행위 혹은 사회에 해를 끼치는 행위를 예방할 수 있다.

라. 가족관계의 개선 : 자원봉사는 인간적이고 선하고 가치로움을 추구하는 사람들과의 만남의 기회를 제공해 줄 뿐 아니라, 가족간의 깊은 인간적인 만남의 기회를 만들어 주며 더욱 성숙한 인간적 자세를 갖추게 한다. 자원봉사자가 가지는 개인적인 직책과 직종, 성별, 연령을 초월하여 더욱 다양하고 폭넓은 가족관계의 바탕을 마련해 준다.

마. 가족구성원의 자신감과 성취감 : 자원봉사자는 스스로 자율적 의지에 의해 활동하게 된다. 이와 같은 자원봉사활동은 스스로 활동하기 때문에 의욕적이며, 최선을 다하기 때문에 성공적일 수도 있고 일을 성공적으로 처리한 후에 얻는 성취감으로부터 새로운 일에 대한 자신감과 즐거움을 맛보게 된다. 그리하여 가족들은 자기가 어떤 집단이나 지역사회에 가치 있는 존재가 되고 있다는 사실을 스스로 인지하게 되고, 바람직한 일을 자행하므로 인해서 스스로 높은 일의 성취감을 가질 수 있게 된다. 이런 성취감을 통하여 가족들이 가족문제를 자율적으로 해결하고 기능적인 가족체계를 구성할 수 있다.

바. 가족의 건전한 여가선용 : 자원봉사활동은 자율적 활동이 아닌 타의적 행동이라면 매우 힘들고 어려운 일들이다. 자원봉사활동이기 때문에 스스로 만족해 하고 행복한 심정으로 하게 된다. 따라서 자원봉사활동은 자신의 본업 이외에 남는 시간을 가장 가치롭고 건전하게 활용할 수 있는 생활의 한 방편이다. 즉 이런 자원봉사가 가족의 건강한 여가활동으로 연결되어 가족관계를 개선할 수 있다.

7. 가족여가프로그램

1) 가족여가의 이해

(1) 의의

여가활동이란 휴식, 기분전환, 사회적 성취 및 개인적 발전을 위해서 활용하는 제반활동을 말한다. 이것은 개인적 관심을 표현하는 수단이 되며, 다양한 사람들과 서로 교류하고, 신체적·정신적 기능을 개선시킬 수 있으며, 자신에 대한 긍정적 느낌을 갖게 한다. 그와 더불어 여가활동은 휴식, 기분전환 및 사회적 성취를 도모하며, 스트레스에 대처할 수 있게 한다.

여가활동은 경제적으로나 시간적으로 여유가 있어서 여가에 대한 폭넓은 기회를 접할 수 있는 가족에게 수행해야 하는 중요한 과업 중의 하나이다. 가족은 개인적으로나 사회적으로 다양한 변화를 접하게 되고 이에 적응해야 한다. 이러한 변화에 잘 적응하기 위해서는 적절한 여가활동이 필요하다. 여가활동은 가족의 문제를 위기를 극복하고 적응하는 데 중요한 역할을 수행할 수 있다.

(2) 문제점

현대사회에서 가족여가는 일터와 가정의 연결, 인적 재원의 재충족, 노동력 질의 향상을 위해서도 필요하며 개인 및 가족 삶의 질 향상에 절대적인 역할을 하고 있으므로 점차 비중이 커져가고 있는 기능임에도 불구하고 우리의 경우 그 역할이 적어지고 있는 실정이다.

그리고 오늘날 가족여가는 대부분 창조적 활동보다는 소비적인 측면이 강하고 계급 및 계층간의 격차가 매우 큰 것으로 나타나고 있다. 또한 가족계층별로 차이가 많이 나고 가족 전체 차원에서의 여가프로그램이 부족하다. 가족단위의 여가에서 나타나는 계층별 차이는 현저하여, 부유층의 과시적 소비풍조가 편승된 여가활동의 모습들은 계층간의 괴리감을 조장하는 동시에 다른 계층에게도 영향을 미쳐 모방소비라도 해야 하는 부담을 주고 있는 실정이다. 이러한 현상은 교육비 비중의 증가와 출산율 하락 및 자녀수 감소에 따라 자녀 1인당 교육투자액이 급속히 증가하고 있어 가족여가에 지출할 수 있는 비용이 줄어들고 있음도 알 수 있다.

2) 세대별 여가활동

(1) 중년기의 여가활동

가족단계에 있어 경제적 · 심리적인 준비가 필요하며, 여가활동은 심리적 준비에 도움이 될 수 있다. 그러나 젊은 시절부터 다양한 활동을 했던 사람은 중년기에도 다양한 여가활동을 할 수 있지만, 그렇지 못한 사람들은 중년기에 여가활동을 시작하기가 어려울 수 있다. 따라서 중년기에는 직업으로부터 은퇴로의 전환을 용이하게 할 수 있는 여가활동에 능동적이고 적극적으로 참여하여 노년기의 성공적인 적응에 도움이 될 수 있도록 해야 한다.

(2) 노인의 여가활동

노인에게 여가생활은 휴식 · 취미 · 오락 · 문화 · 교육 · 건강증진 등과 관련된 제반활동을 통하여 노인의 다양한 욕구를 충족시키고, 고독 · 소외감 · 역할상실 등을 해결하며, 건강을 유지할 수 있게 한다. 이것은 노인들이 생활의 만족을 느끼면서 자아실현을 할 수 있는 기회를 제공하며, 사회발전을 위해 자신의 시간을 활용할 수 있게 하고, 지역사회 생활에 잘 적응하면서 독립적으로 살아갈 수 있도록 한다.

여가생활은 이와 같이 노인들의 삶에 중요한 부분을 차지하고 있는 것으로 개인적으로는 노후생활의 만족과 자기충족을 느낄 수 있도록 하며, 사회적으로는 생산적이고 건설적으로 기여할 수 있는 계기가 될 수 있다(김정후 · 한만주, 1998). 그러므로 노인들이 노년기의 풍부한 시간을 이용하여 여가를 충분히 활용할 수 있도록 해야 한다.

노인의 여가생활은 주로 TV 시청 · 라디오 청취, 친구 · 친척들과의 만남, 종교생활, 신문 · 책 읽기, 화투 · 장기 · 바둑 등의 오락, 운동 · 등산 · 낚시, 정원손질 등을 통하여 이루어지고 있다(이가옥 외, 1994). 노인들은 비교적 단순하고 비용이 들지 않는 여가활동을 즐기고 있으며, 시간과 비용을 투자해야 하는 취미생활을 포함한 다양한 여가활동을 즐기지 못하는 것으로 나타나고 있다. 따라서 노인들이 취미오락, 건강증진, 사회교육, 지역사회봉사 등과 관련된 다양한 여기생활을 즐길 수 있도록 사회적 여건을 조성해야 한다.

3) 가족여가프로그램의 활성화

가족생활에서 여가활동이 차지하는 비중은 높은 편이나, 우리의 경우 선진국과 같이 가족 차원의 여가활동프로그램이 부족한 실정이다. 선진국은 다양한 가족여가프로그램을 통하여 가족관계를 향상시키는 데 많은 역할을 하고 있다. 그리고 각종 가족캠프를 통하여 가족간의 의사소통을 활성화시키고 가족관계를 개선시키고 있다. 그러나 우리나라는 대학입시와 자녀에 대한 과중한 부담감, 아버지의 직장에 대한 스트레스 등으로 가족여가 또는 가족문화가 사라지고 있는 실정이다.

이러한 현상은 우리 가족문화의 발전을 저해하고 있다. 그러므로 정부에서는 다양한 가족여가프로그램을 개발하여 보급하여야 할 것이다. 그리하여 가족문화의 발전의 통하여, 아동문화, 청소년문화, 노인문화, 부부관계문화 등 가족 내에서 각종 문화프로그램이 개발되어야 할 것이다.

제 13 장

이혼과 건강가정사업

1. 결혼과 이혼의 이해

1) 결혼

(1) 결혼준비

결혼은 장년기에 친밀감이 형성되고 성숙한 사회적 관계가 확립되면서 배우자를 선택하여 새로운 가족을 형성하는 것이다. 이것은 장년기의 생활에서 사랑의 실현, 정서적 안정, 경제적 안정, 성적 만족, 자녀의 출산 등에 기여한다. 결혼은 책임과 의무가 수반되는 인생의 중요한 결정사항이기 때문에, 결혼을 하기 위해서는 심리적·사회적·경제적 준비가 되어 있어야 한다.

결혼을 하기 위해서는 결혼 상대에 대해 온정과 애정을 가질 수 있고, 친밀감을 나눌 수 있으며, 상대의 개인적 특성을 현실적으로 이해할 수 있고, 상대의 정서생활에 관심을 기울일 수 있어야 한다. 또한 결혼 후에 일어날 경제적 문제에 현실적으로 대처할 수 있는 자신감과 능력이 있어야 하며, 개인적인 계획에 상대를 고려할 수 있고, 자신의 능력을 최대한 발휘하여 결혼생활에 공헌할 마음가짐이 되어 있어야 한다. 그 외에도 기꺼이 성적 상대가 될 수 있어야 하며, 남편과 아내로서의 위치를 받아들일 준비가 되어 있어야 한다(Duvall, 1977).

결혼은 남성과 여성이 모두 육체적으로나 정신적으로 성숙한 시기에 하는 것이 바람직하다. 그러나 육체적·정신적 성숙도는 개인차가 크기 때문에 결혼에 적합한 연령을 정확히 판단하기는 어렵다. 결혼에 적합한 연령은 대체로 남녀 모두 25~30세 정도라고 할 수 있지만, 이러한 연령도 각국의 사회적·문화적 변화에 따라 달라질 수 있다.

(2) 배우자의 선택

배우자의 선택은 결혼생활의 안정과 행복의 가장 중요한 요소이다. 그러므로 배우자를 선택할 때에는 상대방에 대한 다양한 사항들을 고려하여 신중하게 결정해야 한다. 배우자의 선택에서 근접성, 이상적 이성상, 부족한 부분에 대한 보상적 욕구, 환경의 동질성, 성향의 동질성 등은 선택의 동기로 작용할 수 있다. 배우자의 선택에서 고려해야 할 주요사항으로는 신체적 · 정신적 건강, 성숙한 성격, 사회적 · 경제적 · 문화적 배경을 포함한 성장배경, 건전한 이념과 가치관, 연령, 경제적 능력 등이 있다(유안진 · 김혜선, 1996).

배우자의 선택에서 개인차가 있기는 하지만 대개 남성은 여성의 외모와 성격을 중요시하고, 여성은 남성의 경제적 능력과 장래성을 중요시하는 경향이 있다는 것이다. 그러나 최근 여성의 경제적 능력의 향상을 비롯한 다양한 사회적 변화로 인하여 배우자 선택에서 중요시하는 요소들이 변화하고 있다.

배우자의 선택에서 결혼동기가 건전하지 못할 경우에는 결혼을 결정하지 않는 것이 바람직하다. 만일 결혼동기가 연애에 실패한 후 상처를 치유하기 위해서, 동정심에서, 외로움을 이길 수 없어서, 불행한 가정에서 탈출하기 위해서, 혼전임신으로 등과 같이 부정적인 경우에는 결혼생활이 행복해질 수 없기 때문이다. 한편 정서적으로 불안정한 사람, 신경질적인 사람, 열등감이 강한 사람, 터무니없는 우월감을 갖는 사람, 냉혹한 사람, 무계획적인 사람, 독립심이 부족한 사람 등은 배우자로서 적합하지 않다. 또한 쉽게 싫증을 느끼는 사람, 극단적인 허영심을 소유한 사람, 무책임한 사람, 금전의식이 올바르지 못한 사람, 사회적응능력이 결여된 사람 등도 결혼생활을 순조롭게 이끌 수 있는 능력이 없는 사람들이기 때문에 배우자로서 적합하지 않다는 것이다(서병숙, 1993).

(3) 가족생활의 변화

가족은 친밀한 인간관계를 통해서 서로의 애정, 신뢰, 위안, 존경 등 심리적 · 정서적 만족을 얻을 수 있는 곳이다. 그러나 결혼과 더불어 가족생활은 수많은 결정과 적응을 필요로 하는 일이 많으면서 여러 가지 어려움에 직면하게 된다. 결혼한 젊은 부부는 가족생활에서 직면하게 될 갈등이나 긴장을 예상하지 못했기 때문에 처음 몇 년 동안은 더욱 어려운 시기를 보내게 된다.

결혼초기의 긴장과 갈등은 사회적 · 경제적 · 종교적 · 교육적 배경이 서로 유사하지 않을 경우에 더 많이 존재하며, 이러한 배경들을 서로 공유하고 있다 하더라도 결혼생활은 긴장과 갈등이 존재한다. 특히 경제적 어려움은 부부 상호간의 정서적 안정을 해치고 상호의존의 느낌을 감소시키며, 부부 각자의 부모들의 요구도 결혼생활의 어려움을 증가시킨다(김태련 · 장휘숙, 1996).

따라서 결혼 후 처음 몇 년 간은 부부 상호간의 적응 및 부부와 관련된 다른 사람들과의 관계형성을 위해서 상호간의 적극적인 노력이 요구된다. 부부간에는 수면 유형, 음식기호, 일하는 습관, 욕실사용습관 등에 대해서도 적응해야 하며, 금전의 지출에서도 의견의 일치를 보아야 하고, 만족스런 성적 관계를 확립하기 위해서 노력해야 한다. 특히 남편은 아내가 새로운 생활에 익숙할 때까지 격려할 수 있어야 하며, 아내에게 안정감을 제공해야 한다.

〈결혼에 대해서〉

결혼생활은 이제까지 자라온 환경이나 경험이 다른 두 남녀가 공동의 생활을 하는 것이기 때문에 다양한 갈등이나 충돌이 발생할 가능성이 크다. 자신의 가치관이나 주장을 소중히 여기면서도 이에 구애받지 않고 상대방의 주장이나 가치관과 상호 조정할 수 있는 능력이 요구되는 것이다. 이 때문에 결혼을 앞둔 청년기에는 생활양식이나 가치관의 다양성에 대한 인식이 필요하다.

그런데 오늘날 생활양식이나 가치관의 다양성은 결혼이나 부모로서의 의식에 영향을 미치고 있다. 그래서 요즘 청년들의 결혼관이나 자녀관에 대한 의식은 이전보다 많이 다르다. 보건사회연구원(2003)의 발표에 따르면 25~29세의 미혼율이 1970년에는 10%였던 것이, 2000년 현재는 40%나 증가하였고, 30~34세의 미혼율도 1970년에는 1%에 지나지 않던 것이 2000년에는 11%나 달하고 있다. 그리고 미혼 여성들의 결혼관에 대한 조사결과를 보면 '결혼은 하지 않는 편이 좋음'(3.6%), '해도 좋고 하지 않아도 좋음'(37.9%)로 나타났으며, 56%의 여성이 결혼에 대해 '걱정스럽다 내지 두렵다'라고 하는 부정적 이미지를 강하게 느끼고 있는 것으로 나타났다. 자녀관에 관한 조사에서는 기혼여성의 58%, 미혼여성의 31%만이 '자녀는 꼭 이어야 한다'고 생각하는 것으로 나타났다. 나머지는 '있는 편이 나거나 없어도 무관하다'고 반응하는 사람들이다. 이처럼 이전과는 많이 달라진 결혼관 내지 자녀관에 대한 의식변화는 저출산현상이라고 하는 새로운 사회적 문제를 발생시키고 있다.

이처럼 만혼(晩婚)의 경향성이 두드러지고, 결혼을 하더라고 자녀를 두지 않는 결혼생활을 선호하는 젊은이들도 늘어나고 있는 실정이다. 또는 결혼 그 자체를 거부하고 남녀가 동거의 형태로 살아가거나 독신 스타일을 선호하는 청년도 적지 않게 등장하고 있다. 이러한 라이프스타일의 다양화는 가치관의 변화가 심한 현대사회에서 일과성의 사회현상으로도 간주할 수도 있지만, 오히려 이러한 사회이기에 기존의 틀에 구애받지 않는 자기실현이나 적응을 위한 모색이라는 면도 있다고 볼 수 있다.

2) 이혼

이혼(divorce)은 부부와 자녀의 삶에 심각한 영향을 초래하는 중대한 사건이다. 이혼은 부부 모두에게 스트레스, 우울증, 죄의식, 외로움, 실패감, 낮은 자존심, 자아의 상실, 자기비난 등을 가져오게 하며, 자녀에게 비행, 범죄, 정신장애의 간접적인 요인으로 작용하고 있다(김경희, 2001). 또한 이혼은 자녀양육문제, 경제적 곤란, 역할상실, 사회적 고립, 부모와 자녀 간의 갈등, 대인관계의 문제, 이혼한 전 배우자와의 관계, 일상생활의 가사문제 등의 어려움을 겪게 한다.

결혼생활이 아무리 불행했다 하더라도 그것을 끝낸다는 것은 언제나 고통스러우며, 특히 자녀가 개입되었을 때에는 더욱 그러하다. 이혼을 많은 사람들은 부부관계에서의 실패로 보지 않고 인생 전반에서의 실패로 보기 때문에, 이혼 후에 많은 사람들은 흔히 우울증에 빠지게 된다. 이혼이 아무리 자의적인 것이었다 하여도 고통스런 적응 기간이 있기 마련이다(정옥분, 2000). 이러한 이혼의 원인으로는 대개 성격차이, 배우자의 부정, 가족부양소홀, 알코올중독, 도박, 배우자학대 등이 있다.

최근 이혼율이 과거에 비해 현저하게 증가하고 있다. 과거에는 불행한 결혼생활이더라도 그것을 지속하는 것이 자녀들을 위한 길이라고 생각하여 이혼을 하지 않았지만, 최근에는 그것이 자신은 물론 자녀를 위한 최선의 길이라고 생각하지 않고 있다. 그와 더불어 남성과 여성의 경제적 지위가 동등해지고 있으며, 이혼에 대한 사회적 인식도 달라지고 있다. 또한 배우자가 자신의 삶을 풍요롭게 해주고, 자신의 잠재능력을 향상시켜 주며, 사랑하는 동료이자 원만한 성적 상대자이기를 바라지만, 이러한 기대에 미치지 못하면 이혼을 고려하게 된다. 결혼생활에서의 이와 같은 변화들이 이혼율을 증가시키는 요인이 되고 있다.

이혼한 부부는 결혼생활 동안 경험하지 못했던 광범위한 문제들로 고통을 받기 때문에, 이러한 문제들을 해결하기 위한 적극적인 노력이 필요하다. 이혼에 적응하기 위해서 심리적으로는 상담과 다양한 사회활동을, 사회적으로는 자녀교육에 대한 관심과 재혼을, 그리고 경제적으로는 직업훈련과 취업 등을 필요로 한다.

2. 이혼의 과정

1) 이혼의 이해

(1) 이혼의 의의

이혼이라 함은 부부가 살아있는 동안에 그들의 법률상 부부관계를 해소하여 서로 갈라서는 것을 말하며, 이혼의 방법에는 '협의상 이혼'과 '재판상 이혼'의 두 가지가 있다.

협의이혼이라 함은 당사자간의 자유로운 의사의 합치에 의하여 혼인관계를 장래에 향하여 해소시키는 신분행위로, 가정법원의 확인을 받아 신고함으로써 그 효력이 발생한다(민법 제834조). 이혼원인에는 아무런 제한이 없다.

(2) 이혼 증가의 배경

가. 결혼과 이혼에 대한 접근방향의 변화 : 결혼과 이혼은 그 나라의 사회경제적 문화, 역사적 배경, 윤리의식 등에 따라 다양하게 달라진다. 그동안 우리의 경우 나름대로 이혼율이 낮은 이유는 이혼에 대한 사회적 불리와 이혼에 대한 좋지 않는 시각 등에 의한 부분이 많다. 그러나 최근에 와서는 결혼을 포함한 이혼을 보는 시각이 다양해지고, 법적 장치가 마련되기 시작하면서 이혼이 증가하고 있다. 그리고 이혼이 과거의 사회문제에서 사회현상으로 변화하면서 합리적이고 긍정적인 이혼에 대해서는 찬성하는 측면이 강해지고 있다. 그러므로 앞으로는 사회적인 압박, 자녀문제, 가족관계 등에서 벗어나 자기중심적인 이혼이 지속적으로 증가할 것으로 보인다.

그리고 결혼에 대한 의미가 다양하게 변화함으로써, 결혼이 영구적인 구속이 아니라 보다 행복한 인생이 있다면 새로운 삶을 시작할 수 있다는 의식이 강해짐으로 결혼의 의미기 변화고 있다. 이러한 변화로 인하여 과거보다는 결혼에 접근하는 방향이 달라지고 있다.

나. 여성의 다양한 변화 : 과거에 비해 여성의 사회문화적 배경, 경제적 배경, 사회적 지위 등이 급속도로 변화고 있다. 특히 여성들의 사회참여로 인하여 경제적 자립이 높아짐으로 이혼으로 인한 경제적 문제가 감소함으로써 이혼이 증가하고 있다.

다. 이혼 관련 법적 장치의 강화 : 가족과 여성 관련법규가 새로 제정되고, 보완되면서 이혼과정에서 여성의 불리함이 감소되기 시작하면서 이혼을 고려하는 여성들이 증가하고 있는 실정이다. 그리고 이런 현상을 계속 증가할 것이다.

라. 가족구조와 체계의 변화 : 가족구조가 과거에 비해 소규모화로 인하여 가족구성원의 압력 또는 압박으로 인한 요인이 감소하고 있다. 특히 자녀수의 감소는 이혼증가와 밀접한 관계를 가지고 있다. 그리고 가족체계도 개방적으로 변화하여 자신의 희생보다는 자신의 행복을 우선하는 방향으로 변화하면서 이혼을 증가시키고 있다. 특히 최근에 황혼이혼이 증가하고 있는 이유에서 그동안 여성들이 가족구성원의 관계에서 이혼을 보류하고 있다는 사실을 알 수 있다.

2) 협의이혼

(1) 실질적 요건

가. 당사자 사이에 이혼의 합의가 있을 것 : 이혼의 합의는 부부관계를 영구적으로 해소하려는 의사의 합치로서 자유롭고 무조건·무기한의 의사표시에 의하여 이루어져야 한다. 중혼인 경우에도 협의이혼할 수 있다.

나. 금치산자는 이혼동의를 얻을 것 : 금치산자는 부모 또는 후견인의 동의를 얻어서 협의이혼을 할 수 있고, 부모 또는 후견인이 없거나 또는 동의할 수 없는 때에는 친족회의의 동의를 얻어 협의이혼을 할 수 있다.

(2) 형식적 요건

협의이혼은 가정법원의 확인을 받아 호적법에 정하는 바에 의하여 신고함으로써 그 효력이 생긴다. 따라서 협의이혼을 하고자 하는 자는 가정법원으로부터 협의이혼의사의 확인을 받아 확인서등본을 교부 또는 송달받은 날부터 3월 이내에 그 등본을 첨부하여 신고하여야 하고(법 제79조의2 제1항, 제2항), 신고 기간의 기산일에 초일은 산입한다. 확인서등본을 교부 또는 송달받은 날부터 3월이 경과한 때에는 가정법원의 확인은 그 효력을 상실한다.

(3) 협의이혼의사 확인절차

가. 신청절차 : 본적지 또는 주소지를 관할하는 가정법원(지원)이나 시・군법원의 확인을 받아 신고하여야 한다. 부부 쌍방의 주소지가 서로 다른 경우에는 각 주소지를 관할하는 가정법원이 관할법원이 된다할 것이며, 당사자 쌍방이 재외국민인 경우에는 그 확인은 서울가정법원의 관할로 한다.

나. 신청인 : 협의이혼 당사자인 부(夫)와 처(妻)이며, 대리인에 의한 신청은 허용되지 않는다. 또 협의이혼의사 확인신청은 부부 중 일방이 재외국민이거나 출석하기 어려운 경우를 제외하고는 부부가 함께 출석하여 하여야 한다.

이혼의사 확인신청은 부부가 함께 법원에 출석하여 협의이혼의사확인신청서를 제출함으로써 한다. 다만, 부부 중 일방이 재외국민이거나 수감자로서 출석하기 어려운 경우에는 다른 일방이 출석하여 제출할 수 있다.

과거에는 부 또는 처가 신청하도록 되어 있었으나 2002.6.26. 호적예규 제629호 [협의이혼의의사확인사무및호적사무의처리요령]에 의하면 부부가 함께 출석하여 신청서를 제출하는 것으로 변경되었다. 당사자 일방만이 신청을 한 경우 그 신청서는 반려한다.

다. 신청방법 : 서면(협의이혼의사확인신청서, 예규 제347호 별지 제2호 서식)으로만 하여야 한다(규칙 제86조 제1항). 신청서에는 호적등본 1통, 해당사항을 기재한 이혼신고서 3통, 주민등록등본 1통(주소지 관할법원에 신청할 경우에만 필요함)을 첨부하여야 한다.

협의이혼의사확인신청서에는 다음 각호의 사항을 기재하고 이혼하고자 하는 부부가 공동으로 서명 또는 기명날인하여야 한다(호규 86조 2항).

① 당사자의 성명 · 본적 · 주소 및 주민등록번호
② 신청의 취지 및 연월일

(4) 협의이혼의 변화과정

－2005년 2월 이전의 협의이혼절차는 협의이혼의사 확인신청 후 당일 이혼의사확인등본 발급

→ 2005년 3월부터 2006년 3월까지는 협의이혼의사 확인신청 1주일 뒤 이혼의사확인등본발급(3개월 이내에 관할구청 등에 이혼신고)

→ 2006년 3월 이후는 협의이혼의사 확인신청 3주일 뒤에 이혼의사확인등본 발급

〈자료〉 가족관계의 등록 등에 관한 법률 중 이혼규정

제8절 이혼

제74조 (이혼신고의 기재사항) 이혼의 신고서에는 다음 사항을 기재하여야 한다.

1. 당사자의 성명 · 본 · 출생연월일 · 주민등록번호 및 등록기준지(당사자가 외국인인 때에는 그 성명 및 국적)
2. 당사자의 부모와 양부모의 성명 · 등록기준지 및 주민등록번호
3. 「민법」 제909조 제4항 또는 제5항에 따라 친권자가 정하여진 때에는 그 내용

제75조 (협의상 이혼의 확인)

① 협의상 이혼을 하고자 하는 사람은 등록기준지 또는 주소지를 관할하는 가정법원의 확인을 받아 신고하여야 한다. 다만, 국내에 거주하지 아니하는 경우에 그 확인은 서울가정법원의 관할로 한다.

② 제1항의 신고는 협의상 이혼을 하고자 하는 사람이 가정법원으로부터 확인서등본을 교부 또는 송달받은 날부터 3개월 이내에 그 등본을 첨부하여 행하여야 한다.

③ 제2항의 기간이 경과한 때에는 그 가정법원의 확인은 효력을 상실한다.

④ 가정법원의 확인 절차와 신고에 관하여 필요한 사항은 대법원규칙으로 정한다.

제76조 (간주규정) 협의이혼신고서에 가정법원의 이혼의사확인서등본을 첨부한 경우에

는 「민법」 제836조 제2항에서 정한 증인 2인의 연서가 있는 것으로 본다.

제77조 (준용규정) 제74조는 혼인취소의 신고에 준용한다.

제78조 (준용규정) 제58조는 이혼의 재판이 확정된 경우에 준용한다.

제837조 (이혼과 자의 양육책임)

① 당사자는 그 자의 양육에 관한 사항을 협의에 의하여 정한다.〈개정 1990.1.13〉

② 제1항의 양육에 관한 사항의 협의가 되지 아니하거나 협의할 수 없는 때에는 가정법원은 당사자의 청구 또는 직권에 의하여 그 자의 연령, 부모의 재산상황 기타 사정을 참작하여 양육에 필요한 사항을 정하며 언제든지 그 사항을 변경 또는 다른 적당한 처분을 할 수 있다.〈개정 1990.1.13, 2005.3.31〉

③ 제2항의 규정은 양육에 관한 사항 외에는 부모의 권리의무에 변경을 가져오지 아니한다.〈개정 1990.1.13〉

제840조 (재판상 이혼원인) 부부의 일방은 다음 각호의 사유가 있는 경우에는 가정법원에 이혼을 청구할 수 있다.〈개정 1990.1.13〉

1. 배우자에 부정한 행위가 있었을 때
2. 배우자가 악의로 다른 일방을 유기한 때
3. 배우자 또는 그 직계존속으로부터 심히 부당한 대우를 받았을 때
4. 자기의 직계존속이 배우자로부터 심히 부당한 대우를 받았을 때
5. 배우자의 생사가 3년 이상 분명하지 아니한 때
6. 기타 혼인을 계속하기 어려운 중대한 사유가 있을 때

3. 이혼상담

1) 이혼상담의 의의와 도입배경

(1) 의의

최근에 우리나라는 이혼율이 급증하고 있다. 이혼으로 인한 가족해체현상으로 각종 사회문제가 발생하고 있다. 우리의 경우 아직 이혼에 대한 가족체계적인 접근방법이 부족하고, 이혼은 가족문제라는 측면이 강하여 국가적 개입이 적은 편이었다. 그리고 이혼율이 높아짐에 따라 결혼문제와 재혼문제가 가족생활주기에서 중요한 문제로 등장하고 있다. 그러므로 이혼상담으로 통해 이혼과 재혼으로 인하여 가족생활주기가 어떠한 영향을 받으며, 가족구성원들에게 어떠한 영향을 미치며, 앞으로 새로운 가족주기생활을 위해서 어떠한 방향으로 접근하느냐가 새로운 가족형성과 더불어 건강가정 구성에 영향을 미친다.

(2) 도입배경

이혼상담을 이혼으로 발생할 수 있는 가족문제를 예방하고 치료하기 위하여 도입된 제도이다. 이혼상담에 대해 찬반의 논란이 있지만, 시대사회적 배경으로 볼 때 도입해야 할 제도이다. 그리하여 서울가정법원은 2005년 3월부터 경솔한 이혼을 방지하기 위하여 1주일의 숙려기간을 실시하여, 협의이혼을 하는 경우 미성년 자녀의 복지를 위하여 친권, 양육에 관한 사항을 미리 합의하도록 숙려제도를 시범적으로 실시하였다.

2) 이혼상담의 과정

(1) 이혼하기로 의사를 정한 경우

이혼을 하기로 의사를 결정한 경우에는 자녀문제를 해결하기 위하여 자녀양육에 대한 구체적 계획을 수립하여 부부간 교섭을 하도록 한다. 그리고 위자료 등 재산문제를 포함한 경제적 독립계획도 수립하도록 상담을 유도해야 한다. 그리고 자녀가 충격을 받지 않도록 부부간의 이혼에 대해 설명함으로써 자녀의 충격을 감소시켜야 한다.

(2) 이혼이 보류된 경우

이혼이 보류된 경우에는 지금까지 나타난 부부문제 및 가족문제를 다시 변화시키는 방향으로 이혼상담을 진행해야 할 것이다. 그리고 이혼을 다시 한번 고려할 수 있도록 부부관계 향상프로그램을 실시하여 새로운 전략을 수립해야 한다.

(3) 이혼이 법적으로 결정된 경우

이혼이 법적으로 결정되어 새로운 가족체계가 성립되면 이혼 후 발생되는 새로운 문제를 해결할 수 있도록 지원해야 한다. 그리고 새로운 가족에 접근방법과 자녀와 이별 후 만남에 대한 적절한 방법 등을 고려해서 상담을 지원해야 한다(참조 〈표 13-1〉).

〈표13-1〉 이혼단계별 가족발달적 접근

	이혼에서의 정서적 과정과 태도	발달적 접근
1. 이혼결정	-지속적인 관계를 통해서 부부간의 긴장을 충분히 해결하기 없음을 수용하기	-결혼실패에 대한 자신의 잘못을 수용
2. 체계변화와 계획	-가족체계의 모든 부분에 대한 재구성을 위한 준비와 지지	-보호와 방문, 재정적 문제를 협조적으로 처리하기 -이혼문제에 대한 확대가족 문제해결
3. 별거	-협동적인 관계를 유지하고 아동에 대한 재정문제 등 협조적인 체계를 구성 -새로운 체계에 대한 적응	-현실을 이해하고 가족체계의 재구조화 -새로운 가족체계의 연결과 유지
4. 이혼과 이혼 후 가족	-정서적 결별을 위한 노력과 상처, 분노, 죄책감 등의 극복 -재정적 책임 유지 -아동에 대한 지지적 접촉 유지와 노력	-확대가족과 연결 -새로운 환경에 적응 -재정적 지원의 재형성 -사회적 관계망의 재형성 -아동과 효과적인 부모관계의 유지 -전 배우자와 그 가족에 대해 융통성 있는 방문허용

4. 숙려제도

1) 이혼숙려제의 의의

2006년 12월 1일부터 협의이혼을 하려면 1~3주의 숙려기간을 반드시 거쳐야 한다. 이혼숙려제는 부부가 협의이혼을 신청한 뒤 일정기간이 지나야 법원이 이혼을 허가해주는 제도다. '홧김이혼'과 '경솔이혼'을 막자는 뜻으로 도입했다.

하지만 숙려기간 자체에 대한 반론이 아직은 많다. 이혼을 합의한 당사자에게는 숙려제가 고통스런 기간의 연장일 수 있기 때문이다. 즉 모든 이혼을 무조건 경솔하거나 홧김이혼이라고 보기 어렵기 때문이다. 그러므로 3개월의 숙려기간은 너무 길다는 지적도 있다. 숙려기간 경제능력이 없는 당사자가 부양비나 교육비를 확보할 방안이 없기 때문이다.

상당수 법원에서 시행하고 있는 '이혼 전 상담'도 논란이다. 상담은 법원에서 위촉한 상담 위원을 만나 부부가 이혼절차와 양육비 지급 등을 합의하는 절차다. 즉 협의이혼 부부에게 무조건 상담을 권고하는 법원 추세가 문제이며 현재는 무료상담을 하고 있지만 유료상담제로 바뀔 가능성도 있다. 또한 법원이 규정한 상담이지만 법적 효력이 없는 점도 문제로 지적된다. 상담위원 앞에서 부부가 재산이나 양육권에 대해 합의한다고 해도 강제규정이 아니라 이행 여부를 알 수 없다. 양육비 지급을 합의하고서도 이행하지 않을 때, 따로 소송 등을 해야 하는 번거로움은 여전히 남아 있는 셈이다.

2006년도의 이혼 부부는 하루 300여 쌍. 이 가운데 80% 가량이 협의이혼이다. 당연히 상담전문인력을 확보하는 일이 과제다. 여건이 좋은 대도시는 100~130여 명의 상담위원들이 활동하고 있지만 지방은 상담인력 부족에 시달릴 것으로 예상된다. 상담위원의 전문성을 법원이 어떻게 판단하느냐에 따라 상담 수준이 지역에 따라 큰 차이가 날 수도 있는 셈이다. 더욱이 이혼을 금기시하는 종교인들의 상담은 논란거리다. 종교단체에서 임의로 법적 권한이 있는 것처럼 협박성 조정서를 보냈다며 상담해온 사례가 있다(한겨레신문, 2006. 11.30).

2) 이혼숙려제의 효과

이혼이 크게 늘면서 이를 줄여보자는 취지로 도입이 검토되는 이혼숙려제는 과연 효과가 있을까? 부부가 깊이 생각하지 않고 갈라서는 이른바 '홧김이혼'을 막는 효과가 있다는 주장에 대해 대다수 여성단체를 중심으로 여성 측에 불리할 뿐만 아니라 효과도 없는 제도라고 맞서고 있다.

이혼숙려제는 법원의 최종 이혼확인을 받기 전에 쌍방이 한 번 더 생각할 수 있는 시간을 두는 제도이다. 그러나 기존의 숙려기간이 너무 짧아 효과가 없다는 지적이 일자 국회와 법원을 중심으로 이혼 숙려기간을 더 연장해야 한다는 주장이 강력히 제기되고 있다.

이혼을 청구한 부부들에게 3주 동안 이혼을 다시 생각해 보도록 하는 '이혼숙려제'를 실시한 결과 5쌍 중 1쌍 꼴로 이혼청구를 취소한 것으로 나타났다. 서울가정법원의 경우 지난해 협의이혼을 신청한 7107쌍 중 1355쌍(19.1%)이 숙려기간을 거친 뒤 이혼청구를 취하했다. 숙려제가 실시되기 전인 2005년 1~2월의 경우 협의이혼청구 취하율은 7~8% 수준이었다. 대구 가정지법 가정지원에서도 숙려제가 도입된 지난해 9월~올 2월까지 협의이혼을 청구한 3355쌍 중 761쌍(22.7%)이 이혼청구를 취소했다. 숙려제 도입 직전인 지난해 3월~8월까지 협의이혼을 청구했다 취하한 비율은 16% 정도였다(경향신문, 2006.5.7).

〈자료〉 이혼숙련제의 효과

서울가정법원은 협의이혼신청 부부가 상담을 받지 않을 경우 현행 1주일에서 3주일로 숙려기간을 늘리고 상담 받을 경우에도 1주일의 숙려기간을 두는 이혼숙려 및 상담제도를 지난 3월부터 시행중이다. 앞서 법원은 지난해 3월 상담받지 않은 채 협의이혼을 신청한 부부에게 1주일의 숙려기간을 거치게 하고 상담받은 뒤 이혼할 수 있도록 하는 이혼숙려 제도를 시범 도입했다. 법원관계자는 "이혼숙려제 시범시행 후 협의이혼 취하율이 배 이상 높아졌다"면서 "당초 1주일이던 숙려기간을 3주로 확대한 것이 홧김이혼을 막는 효과가 있다"고 강조했다. 다른 관계자는 "종전에는 이혼합의서를 제출하면 당일이나 다음날 이혼확정 판결을 받을 수 있었지만 이혼숙려제가 도입된 이후 곧바로 이혼하기가 어려워져 이혼신청이 줄어드는 것 같다"고 지적했다.

3) 이혼숙려제에 대한 찬반

이혼숙려제에 대한 반대도 만만치 않다. 이미 이혼을 결심한 부부에게 3개월의 숙려기간은 무의미하고 가정과 개인 문제에 국가가 과도하게 개입하는 문제점을 낳고 있다는 것이다. 더 이상 부부로서 법적 지위를 유지하기 어려운 당사자들의 행복추구권을 침해한다는 법리공방까지 불러일으키고 있다.

여성단체들도 이혼을 막는 예방처방보다는 이혼 후 안정된 생활 등 여성의 경제적 능력을 보장하는 조정에 더욱 무게를 두는 여성인권적 시각에서 이 문제를 보고 있다. 사회적으로 이혼에 대한 부정적 관념이 전제된 상황에서 이혼숙려제는 국가가 개인의 의사결정 자유를 침해하는 행위라고 지적하고 있다. 즉 자기결정권 침해이며 대안 없이 숙려기간만 늘리는 것은 또 다른 고통의 연장이라는 시각이다.

〈자료〉 선진국의 이혼숙려제

이혼숙려제는 많은 국가들이 시행중이지만 나라별로 차이가 있다. 이혼숙려기간이 짧게는 우리와 같이 몇 주에서 길게는 9개월에 달하기도 한다.

연방국가인 미국은 주마다 결혼서약 및 이혼절차 등이 다르다. 펜실베이니아 앨라배마 아칸소 뉴저지 뉴욕 등의 주는 별거기간을 두어 혼인 회복이 어렵다는 사실이 입증될 경우 이혼을 허용한다. 일부 주는 결혼면허 조건과 함께 이혼 사유를 규정하는 입법화 움직임도 일고 있다. 콜로라도에서는 결혼 전에 일정기간 교육이수를 의무화한 결혼허가제를 채택했다. 이와 함께 이혼시 자녀부양 및 교육 등의 후유증을 최소화하기 위해 이혼을 가능한 한 제한하자는 주장도 강력히 제기되고 있다. 특히 여성에게 자녀양육 생활비 등의 곤란이 발생하지 않도록 이혼 진행은 물론 이후에도 생활비 지급 등을 명문화하고 있다.

1996년 이혼법을 만든 영국은 이혼절차 개시 전 이혼 관련 정보제공 안내 모임에 의무적으로 참가토록 하고 있다. 이어 3개월 후 법원 진술이 가능하며 이혼숙려기간은 무려 9개월에 이른다.

비교적 다른 선진국보다 혼인과 이혼의 자율성을 보장하는 프랑스는 이혼청구 후 최소 3개월의 숙려기간을 거친 뒤 이혼이 가능하다. 이혼 당사자는 물론 한부모자녀의 이익을 보호하고 경솔한 이혼 결정을 사전에 예방키 위한 숙려제도는 어느 정도 효과를 보고 있다는 분석이다.

독일은 1년 별거 후 이혼청구가 가능하다. 98년 친자법을 개정해 상담조정기능을 강화했다. 특히 사회법에 자녀가 있을 경우 사회복지 차원에서 자녀복리에 적합한 해결책을 모색할 수 있도록 상담 신청할 권리를 규정했다. 이 밖에 스위스는 2000년 이혼법을 통해 법원의 부부의견 청취 후 2개월의 숙려기간을 두었으며, 민간상담기관의 상담조정기능을 강화했다.

제 14 장

건강가정 사례관리

1. 사례관리의 이해

1) 의의

현대사회에서 복잡하고 다양한 욕구를 지니고 있는 클라이언트에게 장기적으로 공식적 또는 비공식적인 자원을 조직 또는 조정하여 서비스를 효과적이고 효율적으로 전달하는 것을 목적으로 하고 있는 사례관리는 1980년대 이후 영국·미국·일본 등의 선진국에서 크게 주목을 받아왔다. 이들 국가에서 사례관리란 재가복지영역, 발달장애영역, 노인복지영역 등에서 효과적인 서비스 접근방법으로 평가받고 있다. 우리나라에서도 최근 사회복지환경의 급격한 변화에 따라 전통적인 실천방법, 즉 개별사회사업, 집단사회사업, 지역사회조직 등의 기능들을 수용하면서도 클라이언트의 다양한 욕구에 초점을 맞추는 사례관리 접근방법이 전문사회사업의 중요한 패러다임(paradigm)으로 인식되고 있다.

이러한 사례관리는 최근 인간에 대한 서비스체계에서 클라이언트를 원조하는 새로운 기법으로서, 복합적인 욕구를 지닌 사람의 복지와 기능화를 최대화시키기 위해 고안된 활동들을 포함하는 개념으로서 많은 역할을 하고 있다. 또한 클라이언트 수준, 서비스들 사이의 조정, 서비스의 통합, 보호의 연속성이라는 사례관리의 초점은 의료적, 사회적, 경제적 측면의 서비스가 일련의 연속적 과정으로 장기적으로 제공되어야 하는 클라이언트의 특성과 그 맥을 같이할 수 있다.

이러한 이유 등으로 인해 기존의 사회복지 전달체계의 모순과 서비스의 단편성과 일회성을 극복하여 사회사업분야에서 클라이언트에게 효과적인 서비스의 전달하려는 목적으로 사례관리를 필요로 하게 되었다.

이렇게 사례관리는 다양한 욕구를 지닌 클라이언트에게 효과적으로 서비스를 제공하려는 전략임과 동시에 방편이다. 사례관리라는 용어는 원어 그대로 케이스 매니지먼트(case manage)로 사용되기도 하며, 보호관리(care management), 관리된 보호(managed care), 보호의 조정(care coordination), 지속적인 보호의 조정(continuing care coordination), 지속적인 조정(Continuity coordination), 서비스의 통합(service integration), 서비스의 조정(service coordination) 등으로 불리기도 한다.

결국 이러한 사례관리란 다양하고 복잡한 욕구를 가지고 있는 클라이언트에 대해 각각의 상황에 따른 개별적인 원조계획을 세워 클라이언트의 능력을 최대한 발휘하게 하고 클라이언트 자신의 자원인 가족, 친구, 이웃 등의 비공식적인 자원과 공식적인 자원을 연결하여 대응케 함으로써 서비스의 효과성을 증진하기 위한 서비스체계라고 할 수 있다.

미국사회복지사협회(1995)의 사회사업백과사전에서는 사례관리란 복잡하고 다양한 문제와 장애를 가진 클라이언트가 시기적절한 때에 적절한 방법으로 그들이 필요로 하는 서비스를 포괄적으로 제공받을 수 있도록 보장하는 서비스 접근방법이다라고 정의하고 있다. 위의 사전적인 의미에서도 알 수 있듯이 사례관리를 서비스의 전달체계로 보는 동시에 클라이언트에 대한 서비스의 적절성과 포괄성을 강조하고 있다. 한편 Applebaum & Austin은 사례관리가 최적 수준의 보호서비스를 조정하고 모니터 하는 것이라고 보았다. 이러한 정의는 서비스의 조정의 측면과 서비스의 지속성에 초점을 두고 있다라고 할 수 있다.

위의 여러 가지 정의를 정리하여 보면, 사례관리란 사례관리자가 ① 복잡하고 다양한 욕구를 지니고 있는 클라이언트를 대상으로, ② 공식적 · 비공식적 자원 및 활동의 망(network)을 조정하여, ③ 클라이언트에게 적절한 서비스를, ④ 효과적으로 전달하고, ⑤ 지속적으로 점검하는, ⑥ 서비스 전달과정이라고 할 수 있다.

2) 등장배경

사례관리가 등장하게 된 배경은 미국에서 사회사업의 통합화와 사회복지에 대한 생태학적 접근과 시스템이론의 발전이라 하겠다. 즉 현대사회에서는 사회복지사의 새로운 역할을 기대하면서 사회복지의 전체성을 요구하고 있다. 그리고 시스템이론에 근거하여 통합화의 장점이 도입되어 시스템이론이 가진 의의와 한계성 때문에 인간의 생활실태에 더욱 가까운 실천으로서 사례관리가 등장하게 되었다.

3) 목적

이전에서 언급한 바와 같이 복지서비스의 효과성, 책임성에 기초하여 서비스의 중복을 점검해야 하는 전문기술의 필요성을 절감하게 되었고, 서비스의 계획을 관리하고, 서비스 전달의 효과성을 최대화하며, 적은 비용으로 큰 효과를 기대하는 효율성의 측면에 대한 사례관리 방법에 대한 관심이 높아지게 된다. 이러한 사례관리의 목적을 학자에 따라서 각각 살펴보면 다음과 같다.

(1) Loomis의 사례관리의 목적

Loomis(1988)는 사례관리의 목적을 3가지로 구분하여 제시하고 있는데, 이를 살펴보면 다음과 같다.

① 사회적 목적은 지역사회에 거주하는 클라이언트에게 의료적 보호보다는 지지적 서비스의 제공으로 능력을 부여해 더 이상 사례관리서비스를 필요로 하지 않게 하고자 하는 것이다.

② 사례관리에 대한 전통적 모델 접근에 근거하여 의료적 서비스에 대한 점검을 통해 자원을 효율적으로 활용하고자 하는 것이다.

③ 의료·사회적 목적으로 곤란에 처한 클라이언트에게 초점을 두어 의료적이며 지지가 서비스를 다 활용해 부과적 문제를 예방하고 균형을 유지시켜 주고자 하는 것이다.

(2) Moxley의 사례관리의 목적

Moxley(1989)는 클라이언트와 그의 사회망을 활용하여 목적을 달성하려는 데 초점을 맞추어 사례관리의 목적을 클라이언트 측면, 서비스 제공자의 측면, 사례관리 수행과정상의 측면으로 나누어 설명하고 있다.

① 서비스와 자원들을 이용하고 접근하는 데 있어서 가능한 한 클라이언트 자신의 생활기술을 증진시키도록 하는 것이다.

② 클라이언트의 복지와 기능화를 증진시키기 위해 사회적 망과 관련 대인복

지서비스 제공자들의 능력을 발전시키도록 하는 것이다.

③ 가능한 한 가장 효율적인 방법으로 전달되는 서비스 및 지원이 되도록 하고, 동시에 서비스의 효과성을 증진시키도록 하는 것이다.

(3) Moore의 사례관리의 목적

Moore(1990)는 사회사업실천을 위한 사례관리의 목적은 개인의 능력과 자원 간의 균형을 이루도록 하는 것이라고 말하고 있고, 구체적으로 사례관리의 목적을 다음과 같이 제시하고 있다.

① 환경적인 도전을 받아들이도록 개인의 잠재력을 최대화하는 것

② 가족의 클라이언트에 대한 보호능력을 최대화시키는 것

③ 이웃 · 친구 등 비공식적 지원체계가 클라이언트를 보호할 수 있는 능력을 최대화시키는 것

④ 클라이언트와 가족의 욕구를 충족시키는 데 있어 공식적 원조체계의 능력을 최대화하는 것

이와 같이 Moore는 클라이언트, 클라이언트 가족, 비공식적 지원체계, 공식적 지원체계라는 4가지 체계의 관점에서 사례관리의 목적을 설명하고 있으며 클라이언트 체계의 능력에서 공식적인 사회체계에 이르기까지 체계의 범위를 확장시키고 있다.

이상의 내용을 종합해 보면 사례관리의 주요 목적은 클라이언트와 비공식적 지원체계인 가족, 친족, 친구 등과 공식적 지원체계인 국가 및 공공기관이 보유하는 각종 자원을 통합하여 클라이언트에게 보다 효과적인 서비스를 전달 및 연결하는 것이라고 볼 수 있다.

4) 기능

(1) 조정의 기능

사례관리는 요구와 사회자원의 관계를 조정하고, 서비스 제공자와 기관과의 관계도 조정하는 기능을 지니고 있다. 또한 클라이언트 본인과 가족과의 조정역할도 한다.

(2) 대변기능

사례관리자는 지역사회에서 문제를 지니고 있는 사람이나 가족이 있을 경우에는 직접 그들을 찾아가서 대변기능을 하여 문제해결 의욕을 이끌어내는 역할을 하여야 한다.

(3) 사정의 기능

사례관리에서 사정은 적절한 서비스를 제공하기 위해서 욕구를 파악하는 것이다. 사정의 내용에는 주로 현재의 문제상황, 신체적 · 정신적 건강상태, 일상생활동작, 심리적 · 사회적 기능, 경제상황, 가치관, 가족의 자조노력이나 프로그램에 대한 적극성, 현재 이용하고 있는 서비스나 원조 등이 포함된다(장창호, 2001).

(4) 자기개발기능

사례관리에 있어 자기개발의 기능이란 사례관리에서 가족의 능력을 스스로 활용하게 하는 것이다. 즉 가족 자신에 의한 선택, 자립에 대한 지원 등을 유도하는 기능이다.

(5) 사회개발기능

사례관리가 가족의 욕구와 사회자원을 연결시켜 가족의 삶의 질을 높이는 것이라고 할 때, 사례관리자는 단순히 가족과 서비스를 연결시켜 주는 업무를 넘어서 가족의 입장에서 욕구를 충족시키기 위해 사회자원의 개발의 기능을 하여야 한다.

(6) 평가의 기능

사례관리에 있어 평가란 사례관리자가 사례관리 실시를 적절하게 했는지를 확인하는 것이다.

5) 원리

사례관리의 구조나 원리에서 사례관리대상자의 사회생활의 원조의 공통적인 원리를 살펴보면 다음과 같다.

(1) 사회생활의 전체성

사회생활의 모든 문제나 욕구는 상호 연관되고 중복되어 있으므로 사례관리를 통하여 사회생활의 전체의 관점에서 욕구를 파악하여 사회자원을 활용해야 한다.

(2) 사회생활의 계속성

사회생활의 욕구나 문제는 항상 변화하고 문제의 내용도 변질하므로 계속적인 사정을 통하여 사회생활의 계속성의 입장에서 사례관리를 실시하여야 한다.

(3) 사회생활의 개별성

사회생활에서 욕구를 충족시켜 주는 방법은 개개인이 주체적으로 선택하는 입장에서 사례관리를 실시하여야 한다.

(4) 사회생활의 지역성

사회생활의 문제나 욕구를 해결하는 방법은 개개인의 지역의 사회자원의 상황에 따라 차이가 나야 한다. 사례관리에 있어서도 지역의 사회자원의 범위 내에서 계획을 작성, 실시하여야 한다.

2. 건강가정사업과 사례관리

사례관리는 가족과 사회환경 간의 서비스나 원조의 이용관계를 강화시킨 것으로 과거의 케이스 워크나 인테이크 부분을 강조하는 것으로 통합적인 건강가정사업을 실시하기 위해서 필요하다. 구체적으로 그 필요성과 전문성을 알아보면 다음과 같다.

1) 필요성

(1) 다원적인 가족서비스의 증가

탈시설화와 지역사회 중심의 다원적인 서비스의 증가에 의한 서비스의 형태의 변화가 변화하고 있다. 가족에 중도(重度)의 장애를 갖게 되었거나 사회적 기능에 문제를 가진 가족들의 증가로 인하여 가족문제가 복잡성을 띠고 있다. 그러므로 현재의 건강가정사업은 단편적인 서비스 제공으로는 복잡한 가족문제를 해결할 수 없다. 이런 측면에서 다원적인 차원에서 통합적으로 접근해야 한다.

(2) 사회적 지지와 관계망의 필요성

가족의 개인의 사회적 기능수행에 사회적 지지와 사회적 관계망이 중요한 역할을 수행하고 있다는 사실의 인식이 증가하고 있다. 그러므로 건강가정사업을 효과적으로 실시하기 위해서는 사회적 지지와 관계망을 잘 활용해야 한다. 그리고 앞으로 건강가정사업을 체계적이고 전문적으로 실시하려면 사회적 지지와 관계망을 확대해야 할 것이다.

(3) 가족복지 접근방법의 변화

가족복지의 접근방법의 관심이 환경조정으로 변화하면서 가족복지에서 사례관리에 관한 관심이 증가하고 있다. 과거의 개인치료에 초점을 맞추어 접근하는 방법에서 가족전체와 가족환경으로 접근방법이 변하고 있다.

(4) 가족복지 공급주체의 다양화

지방자치제의 실시와 더불어 가족복지서비스의 공급주체의 다원화되어 단순한 공급조직을 가지고는 전문적인 건강가정사업을 실시할 수 없다. 그러므로 다양한 가족문제와 욕구를 해결하기 위해서는 지금까지의 단편적이고 일시적인 공급조직으로서는 전문적인 건강가정사업을 실시하기에는 한계점이 있다.

즉 가족기능의 저하와 가족의 욕구의 다양화・고도화・전문화에 의해서 지역사회의 차원에서의 자원개발과 재가보호대상자에 대한 지속적인 건강가정사업을 제공하기 위해서는 사례관리가 절실히 필요하다고 볼 수 있을 것이다.

2) 전문성

재가복지를 중심으로 하는 가족복지는 가족들이 가능한 한 근접한 지역에서 생활 가능한 조건을 정비하고 욕구충족에 맞추어 공급 측이 가족을 일방적으로 평가하는 것이 아니고, 욕구의 전체성을 조명하면서 가족에게 종합적이고 통합적인 서비스를 제공하지 않으면 안 된다. 그리고 사례관리를 적절히 할 수 있는 공급체계를 구축하는 것도 건강가정사업의 전문성의 확립과 밀접한 관계를 가진다.

즉 가족이 근접한 장소에서 적절한 서비스를 받을 수 있도록 체제를 구축하는 것으로 그 주된 내용은 가족의 욕구의 파악, 정책의 입안, 계획화, 관련기관・시설의 연락조정, 서비스자원의 점검과 정비, 복지종사자의 확보, 정보제공, 주민참가계획 등이 포함된다.

또한 가족복지의 차원에서 가족복지서비스를 원하는 가족들의 욕구를 충족시켜 주기 위해서는 기존의 체계를 활용하는 것도 중요하겠지만 지역사회의 사회자원을 개발, 발전시키는 일도 사례관리의 전문성과의 관련성에서 중요하다. 특히 노인 등을 포함한 만성질환자는 가족의 보호와 같은 비공식적인 지원을 거의 가지고 있지 못한데다 복합적인 욕구를 가지고 있는 경우가 대부분임으로 보호를 제공해 줄 수 있는 잠재적 자원인 지역사회 내에서 관계망이 클라이언트가 가지고 있는 관계망으로서 적극적인 활용할 줄 알아야 한다.

그리고 가족의 신체적, 사회적, 정서적인 모든 측면의 욕구를 충족시키기 위해서는 가족이나 인근 지역주민들을 보호자로서 또한 원조자로서 발굴하여 이들을 가족과 연계시키는 기능이 중요하다.

3) 대상가족별 사례관리의 필요성

최근의 가족복지의 변화추세는 대인복지서비스 전달의 구성부분으로서 사례관리에 대한 관심이 높아지고 있으며, 민간부문 물론 공공부문까지 광범위한 영향을 미치고 있다. 그리하여 사례관리를 활용하는 분야는 학교, 보건 및 정신보건진료소, 병원 등으로 확대되고 있으며, 재정상의 서비스에 대한 부가요소로서 사례관리를 계획하고 있다. 특히 사례관리는 허약한 노인, 시설에서 퇴원한 정신질환자, 발달장애를 지닌 아동과 성인 등에게 폭넓게 활용되고 있고, 만성질환자의 정신보건 및 신체상의 장애를 지닌 보호대상자들에게도 활용되고 있다. 이러한 측면에서 가족복지에서의 노인, 장애인, 아동을 중심으로 사례관리의 적용을 살펴보자.

(1) 노인

최근의 산업화・도시화로 인하여 사회변동이 심화되고 정부의 복지부담이 점점 커져 가면서 가족기능의 강화를 포함한 사회적 지지에 대한 관심이 나타나기 시작하였다. 지역사회에 거주하는 대부분의 재가노인들은 가족의 도움을 받고 있으며, 가족지지망의 강화가 노인의 사회적·심리적 및 신체적 복지에 가장 영향을 많이 주는 요인으로 나타나고 있다.

그러나 그들에게 서비스를 제공할 수 없는 경우에는 지역사회 내의 공식적인 지원망을 통하여 그들에게 서비스를 제공하는 것이 바람직하다. 특히 사례관리가 지역사회에 기반을 두어 한정되고 결핍된 자원 내에서 서비스의 전달의 효과를 최대화하며, 대인서비스 전달의 비용을 억제하는 측면에서 지역사회 내에서 인적 자원을 동원하여 재가노인들에게 서비스를 전달해야 한다.

즉 재가노인들에게는 가족보호와 같은 비공식 보호가 바람직 한 것은 사실이나 대개 가족들은 어떤 서비스가 유용한가에 대해서 잘 알지 못하고 사회자원과의 연결도 가능하지 않다. 이것은 노인과 가족들이 다차원적인 욕구를 가지고 있는 반면 이들이 필요로 하는 다양한 서비스에 대한 정보와 인식이 부족하고, 더욱이 서비스전달체계가 복잡하며 자원이 부족하여 결과적으로 노인의 욕구와 서비스가 적절히 연결되지 못하고 있는 실정이다. 이러한 문제를 해결하는 데는 사회사업방법론의 새로운 분야인 사례관리를 활용하는 것이 바람직하다.

이런 경우에 사례관리는 재가노인의 복잡한 욕구와 문제를 해결할 수 있는 서비스와 신속하게 연결시키며, 복합적인 욕구에 대처하기 위하여 서비스를 통합·조정하고 만성질환노인을 포함한 재가노인들에게 지속적인 보호를 제공할 수 있을 것이다.

(2) 장애인

장애인문제는 장애인의 심신상의 문제와 사회적인 성격을 지니고 있기 때문에 복잡 다양한 측면을 지니고 있고, 그 대책에 있어서도 다양하게 접근해야 한다. 장애인들을 가족 내에서 자립생활을 지원하기 위한 각종 대책이 강구되면서 시설중심의 장애인복지가 재가복지를 중심으로 관심이 변화하였다. 즉 정상화의 이념과 통합화의 이념에 의하여 자립생활을 강조하기 시작하였다.

또한 장애인에 대한 연구방향도 수요의 다양화, 장애의 중복·복잡화에 따라 종래의 소수요인을 분석하는 연구방법에 의해서는 문제해결이 곤란한 상황이 되고 있다. 즉 체계적 방법을 활용함으로써 개인적 수준에서의 해결방법으로부터 사회 전체에서의 해결방법을 강조하고 있다.

그러므로 장애인 또는 그 보호자를 대상으로 보다 다양한 지지체계라 할 수 있는 단기보호, 장기보호, 재활서비스 등을 포함한 재가복지서비스를 실시하기 위하여 전문가에 의한 원조서비스의 계획이나 조정을 추진케 하는 사례관리의 필요성이 대두되고 있다.

사례관리에 의하여 서비스의 연계, 가족과 비공식 지원체계의 강화, 장애인의 사회적 기능향상을 위하여 공적 기관과 민간기관이 통합화함으로써 장애인문제를 효율적으로 해결할 수 있을 것이다.

(3) 아동

현대 아동문제에 대한 복지서비스는 아동들에게 보다 나은 생활과 발달을 보장하기 위하여 가족에 의한 아동양육을 지원・강화하는 서비스와 정신적 또는 신체적으로 장애를 가진 아동과 가족에 대한 의료, 심리임상, 재활서비스 및 가족의 부양이 어려운 아동에 대한 시설서비스 등이 주된 내용이다.

그러나 지금까지의 아동복지는 시설 위주의 서비스에만 중점을 두어 왔지만, 앞으로는 지역사회를 거점으로 하는 가족 내에서의 대인복지서비스가 보다 많은 부분을 차지할 것이다. 그리고 아동들에 대한 대인적 서비스를 제공하기 위해서는 가족중심의 복지체계로 전환해야 하며, 아동들의 생활의 원천이 되는 가족에로의 접근, 즉 재가복지서비스의 체계를 강화해야 한다.

아동을 위한 재가복지서비스는 일차적으로 가족, 친척, 이웃을 통한 지원체계를 활용해야 하겠지만, 사례관리를 통하여 지역사회주민을 교육시켜서 보호할 수 있는 능력을 함양시키고 지원봉사의 활용을 통하여 지역사회자원과의 연계를 실시하여야 한다.

3. 건강가정 사례관리의 전개과정

사례관리의 과정은 가정이나 기관의 성격, 사례관리자의 역할에 따라 다르게 나타날 수 있다. Steinberg & Carter는 사례관리의 과정을 ① 사례발굴(즉, 일련의 기준을 가지고 모든 잠재적인 클라이언트를 확인), ② 사정, ③ 목표설정과 서비스계획, ④

보호계획실행, ⑤ 점검(monitoring)으로 제시하고 있으며, Weil은 ① 클라이언트 확인과 현장 접근(outreach), ② 개인적 사정과 진단, ③ 서비스 계획과 자원발굴, ④ 요구된 서비스와 클라이언트 연결, ⑤ 서비스 실행과 조정, ⑥ 서비스 전달체계 점검, ⑦ 옹호, ⑧ 평가로 사례관리의 과정을 나누고 있다. 구체적으로 사례관리 과정을 정리하여 설명하면 다음과 같다.

1) 초기단계 또는 시작단계

초기단계에서는 가족이 기능적 및 재정적으로 서비스를 받을 자격이 있는지를 결정한다. 사례발견, 스크리닝, 인테이크가 이 단계에서 행하여진다. 사례발견은 사례관리자에 의한 현장접근(outreach)을 포함하여 가정을 얼마나 신속히 발견하느냐 하는 것이다. 가족이 스스로 사례관리기관을 찾아오는 것은 극히 드물다. 그 결과 많은 가정은 문제나 욕구를 가지고 있으면서도 상담을 못하거나 기관을 전전한다. 사전심사(Screening)는 긴급한 욕구를 가진 자를 최우선으로 사례관리를 받을 수 있도록 하는 것이다. 즉 단순한 욕구를 가지고 있거나 정보를 제공하는 것만으로 더 이상의 개입이 필요하지 않는 사람들을 제거시키는 일이다. 인테이크(intake)에서는 가족에게 사례관리의 내용을 설명하고 가족으로부터 사례관리를 받는다는 승낙을 얻는다.

이 단계의 사례관리자의 지침은 ① 케이스 발견의 방법을 선택, ② 잠재적인 가정의 정밀 사전심사, ③ 가족을 인테이크 과정에 관여, ④ 긴급사태에 대처, ⑤ 해당 기관의 서비스를 설명, ⑥ 내방자를 기관에 확인된 가정의 등록, ⑦ 가족으로부터 동의를 받는 것 등이다.

2) 사정(assessment) 또는 측정

이 단계의 목적은 가정을 전체적 체계로서 이해하고 가족의 장점이나 욕구를 파악하는 것이다. Moxley는 욕구의 주요영역을 소득, 주택・보호처, 고용・직업, 건강보호, 정신건강, 사회적・인간적 관계, 여가선용과 휴양, 일상생활의 활동들, 이동수단, 법적 욕구, 교육 등 11가지 욕구로 구분하고 있다. 사정은 이러한 욕구에 기초하고 있어야 하며 이 단계에서 사정해야 할 구체적인 내용으로는 주로 현재의 문제상황, 신체적이고 정신적인 건강상태, 일상동작능력, 심리·사회적 기능, 경제적 상황, 가정의 의지, 가치관, 가족과 친지와 친구에 관한 정보, 세대구성, 가족의 자조능력, 프로그램에 대한 적극성, 현재 이용하고 있는 서비스 및 원조, 경제상황, 주거장소 등을 포함한다. 이 단계에서는 특히 자세하게 나누어진 사정용지가 필요하다.

사정단계에서의 사례관리자에 대한 지침은 ① 필요하면 해당 기관의 포괄적인 기준화된 사정을 수행하고, ② 기준화된 사정이 필요치 않으면 사정의 범위를 선택 적용한다.

3) 목표설정과 서비스계획의 작성

전달되어야 할 서비스와 그 빈도, 지속 기간 및 목적을 구체화하고 실현 가능한 목표를 세워야 한다. 이 계획은 가족 그리고 전문가와 협력하여 수립한다. 사정과정에서 모아진 정보를 기초로 하여 계획은 치료자나 실제로 유용한 시설의 활동에 맞게 만들어진다. 서비스 계획이 가족의 자율성과 독립을 제한할 것인지 확대할 것인지 그리고 안정을 증진시킬 것인지 완화할 것인지를 결정하는 주요 요인이 된다. 서비스계획의 작성은 각 가족에 해당하는 개별화된 서비스와 원조의 패키지를 준비하고 계획하는 것으로, 그 기본원칙은 ① 전 단계에서 실시한 가족에 대한 포괄적인 사정의 결과에 바탕을 두고, ② 가족이 그 과정에 참여해야 하며, ③ 미리 결정된 케이스 목표에 부합되는 것이어야 하며, ④ 구체적인 서비스 기간을 정하고, ⑤ 공식적인 서비스와 비공식적인 서비스를 모두 계획하고, ⑥ 가족을 의식하고 있어야 하며, ⑦ 형식화된 계획용지에 문서화시켜야 한다는 것이다.

이러한 원칙을 바탕으로 작성된 서비스 계획에는 원조내용이 구체적으로 포함되어진다. 또한 포괄적인 계획을 세우는 과정은 ① 포괄적으로 문제의 목록을 작성하고, ② 다루어져야 할 문제 하나를 어떠한 상태로 병행할 것인가를 정하고, ③ 바람직한 결과를 성취하기 위해 필요한 도움의 형태를 파악하고, ④ 도움을 제공하는 제공자와 서비스의 내용을 정하고, ⑤ 제공될 서비스의 양을 기록하고, ⑥ 서비스 비용을 지불해 줄 기관·단체를 기록하고 구체적으로 서비스를 제공하는 기관과 소용되는 비용을 계산하고, ⑦ 가족이 합의한 바를 기록한다.

이때 목표설정이나 서비스계획에 간해서 의견의 불일치가 생길 경우 사례관리자는 합의로 얻어진 타당성 있는 목표설정과 계획을 위해서 사람들과 기관을 조정하고 연결하는 역할을 한다. 이 단계에서 사례관리자는 ① 기관이 결정한 요건에 바탕을 둔 목표나 계획을 만들어야 하고, ② 가족 또는 상황에 입각한 목표나 계획을 만들어야 하고, ③ 개입의 초점을 명확하게 하기 위하여 목표나 필요한 서비스를 재검토하고, ④ 서비스 분배상에서 연속성이나 우선성을 결정해야 한다.

4) 서비스계획의 실시 또는 서비스의 조정 및 구입

이 과정은 가족이 질이 좋은 서비스나 원조를 원활히 받을 수 있도록 계획을 실시하는 과정으로 가족에게 필요한 서비스들을 선별해서 이를 조정한다. 서비스 제공자 및 비용조달을 하는 담당자와 접촉하여 서비스 수수료의 액수를 조정한다. 서비스 연결과정은 사례관리의 심장부이라고 할 수 있다. 서비스 연결과정은 계획을 수립하는 동안에도 이루어지고 케이스가 진행되는 동안에도 계속된다. 조정과정은 서비스 제공자를 정하고 서비스 제공자와 가족을 연결할 뿐 아니라 서비스 제공자와 다른 사람을 연결하기도 한다. 성공적인 연결과 조정활동을 위해 사례관리자는 지역사회에 있는 유용한 서비스를 알아야 하고, 가족이 다른 기관의 프로그램에 참여하고 있더라도 그 클라이언트에 대한 일차적 책임은 사례관리자가 가진다. 서비스의 공급주체는 비공식적인 원조와 공식적인 서비스로 구분되어, 전자에는 가족, 친척, 친구, 이웃, 자원봉사자, 제도화되어 있지 않은 자조단체 등이 있고 후자에는 행정, 사회복지법인, 제도화된 자조단체, 지역의 공공단체와 정부 등이 있다.

이 단계에서의 사례관리자의 지침은 ① 자원목록에서 가족에게 필요한 서비스를 찾아내고, ② 자원이 있는 기관에게 왜 그 자원이 필요한지를 설명하고 교섭하고 변호하여 필요한 서비스를 입수하고, ③ 서비스의 개시를 확인하고 클라이언트를 활용하는 것도 확인하고, ④ 서비스의 분배를 확인하고, ⑤ 서비스 제공자와 가족을 격려하고, ⑥ 서로간에 갈등이 있을 경우 갈등과 오해를 풀어주도록 노력하며, ⑦ 변화에 순응시키고, ⑧ 새로운 자원을 확보하여 새로운 서비스를 만들고, ⑨ 사례관리 실시에 따른 평가 결과를 명확히 하고 보고하는 것이다.

5) 모니터링

모니터링단계는 서비스가 계획된 바에 따라 전달되고 있는지 검토하고 가족의 상태에 따라 계획을 수정하는 단계이다. 또한 새로운 서비스 계획의 수립 그리고 연결에 이르는 가족의 서비스 과정에 대한 계속적인 평가의 단계이다. 구체적으로 계획된 서비스가 가족에게 전달되고 있는지, 가족이 목적하고 있는 효과를 얻고 있는지, 또한 그 가족이 서비스에 대해 만족하고 있는지, 서비스를 사용하는데 어려움은 무엇인지를 모니터링하고 필요한 경우 재사정하여 계획을 수정하는 민감성과 융통성 있는 대처가 중요하다.

6) 재사정

이 단계는 서비스전달상황을 재평가하는 단계로 가족의 일상동작능력이나 사회상황의 변화에 따라서 욕구가 변화해 있지 않았는지를 체크하는 것이다. 보통 3개월에 한 번씩 이루어지며 재사정단계를 거쳐 가족의 욕구가 충족되지 않았을 경우 목표설정과 서비스계획작성으로 돌아가 사례관리의 과정을 반복하게 된다.

7) 평가

재사정의 단계를 거쳐 앞으로도 현재의 상태가 계속 유지될 것이 확인되면 평가 후 종결하게 된다. 종결시에는 종결의 우선순위를 정하여 결정하고 가족이 다시 원조를 필요로 할 경우에는 언제든지 도움을 줄 수 있다는 지지를 해주는 것이 필요하다. 양적, 질적 기술을 이용하여 가족에 대한 서비스 전달계획의 영향을 평하는 것으로 가족에 대한 서비스 전달계획의 영향을 평가하는 것으로 가족이 서비스 이행으로부터 어떤 이득을 어느 정도 취했는가를 평가한다. 평가는 가족에 대한 직접적인 개입이 클라이언트의 문제해결에 얼마나 효과가 있었는지에 대한 효과성 평가와 가족의 서비스에 대한 만족에 관한 평가 등이 있고 후자에는 과정평가 즉, 가족에 대한 서비스와 지원계획에 대한 평가가 있다.

8) 사후관리

사후관리는 사례관리 관련문헌에서 따로 분류되어 다루어지고 있지는 않지만 지역사회에 적응하기 어려운 가족의 서비스의 연장으로 매우 중요하게 다루어야 할 부분이다. 사후관리의 빈도는 높을수록 바람직한 것은 두말할 나위도 없지만, 가족의 상황에 따라 개별적으로 이루어지며, 미국이나 캐나다에서는 3개월 또는 6개월에 한번을 기준으로 하고 있는 곳이 많다.

제 15 장

가족치료

1. 가족치료의 이해

1) 의의

가족치료는 가족복지서비스의 치료적 접근으로 정신과 의사들이 중심이 되어 발전시켰지만 오늘날 점차 전반적인 가족문제의 해결을 위한 접근법으로 널리 활용되고 있다. 그리고 가족치료는 가족문제에 대한 임상적 접근으로 다양한 이론적 배경을 가지고 접근한다.

즉 심리적 문제를 개인 한사람의 문제로 보지 않고 그가 속한 가족시스템의 문제로 생각하여 가족문제를 해결하는 심리치료의 한 분양이다. 가족치료의 시작은 정신분석학적인 요소가 강했지만, 정신분석이 '개인속의 가족'을 다룬다면 가족치료는 그를 포함한 실재가족을 다룬다고 볼 수 있다.

가족치료는 가족을 하나의 체계로 보며, 그 체계 속의 상호 교류양상에 개입함으로써 가족체계의 역기능적인 상호작용 패턴과 관계구조를 변화시켜 인간의 문제를 해결하고자 하는 치료적 접근법이다. 즉 인간문제의 원인을 개인적 요인에서 찾는 것이 아니라 가족 성원들 간의 관계의 문제로 보고 인간문제의 원인을 가족구성원들의 상호작용적 맥락에서 이해하고 해결하고자 하는 접근이다. 그러므로 건강가정사업을 전문적이고 체계적으로 접근하여 실시하려면 다양한 가족치료기법을 도입하여 진행하여야 할 것이다.

2) 가족치료의 출현배경

가족치료의 발전에 공헌을 한 것은 사회복지사가 많은 영향을 주기는 했으나, 대부분 정신과 의사였다. 사회복지사들이 가족이론 및 가족치료의 발전에 지대한 공헌을 했으며, 사회사업 전문직 초기부터 가족생활의 향상을 위해 노력해왔다. 초기 사회복지사라고 볼 수 있는 우호 방문자들은 가족문제를 자세히 이해하기 위해서 가족들을 동시에 면접하도록 교육받았다. 사회사업의 선구자인 Richmond는 가족구성원을 따로 떼어 내기보다는 가족 전체를 한 구성원으로 보아야 할 것이라고 자신의 저서 『*Social Diagnosis*』에서 밝힌 바 있다.

3) 발전과정

가족치료는 1950년대에 미국을 중심으로 일어났으며 등교거부나 가정 내 폭력, 식사거부증과 같은 사춘기의 문제에 비교적 단기간에 효과를 볼 수 있다는 점이 중요하게 부각되기 시작하였다.

의사소통파 혹은 단기치료파로 부리는 Weakland, Watzlawik, Fisch, 구조파의 Minuchin, 전략파의 Haley, 체계파의 Palazzoli 등이 현재에도 영향을 주고 있는 가족치료의 제1세대이다. 각파의 이론에 서로 상이한 점은 있으나, 당시 기초과학에서 커다란 영향을 주기 시작했던 일반 체계이론을 공통기반으로 하고 있다.

가족치료 실질적인 출발은 Bateson의 패로얄트그룹 혹은 연구소 이름을 따서 MRI그룹이라고 부르는 팀이 '분열병이론을 위해서'를 발표한 시점으로 볼 수 있다. 그것은 '이중구속이론'이라 불리어지며, 정신분열병을 가족 내의 의사소통에서 설명하는 것으로 유명했으나, 그보다는 분열병보다 일반적으로 인간행동을 설명하는 것으로 이해하는 편이 좋다. 인간행동을 개인 내부의 무의식에서 설명하지 않고 복수의 인간 사이에서의 메시지 교환에 의한 상호구속으로 설명했다. 거기에서는 개인치료, 집단치료에서 많이 보이는 역동적인 접근, 집단역동이라는 개념에서 정보이론적인 접근으로 전환하였다. 현재는 제2, 3세대에 의해 구성주의(constructivism)라는 인식론에 입각한 가족치료의 일반이론으로 하여 다양하게 발전하고 있다(신섭중 외역, 1995).

또한 가족복지서비스적 접근은 예방적 접근, 사후 치료적 접근으로도 분류할 수 있으며, 예방적 접근은 가족문제 발생을 사전에 방지할 수 있도록 가족을 강화하는 가족생활교육이 있고, 치료적 접근에는 가족치료가 있다.

2. 가족치료와 가족체계이론

1) 개념

원래 체계이론은 생물학, 로봇공학, 수학과 같은 다양한 분야의 영향 아래 발전해 왔다. 20세기가 되면서 사회에 대한 유기체적, 진화적 관점과 정보학과 자동장치공학의 출현으로 체계이론이 정립되기 시작하였다.

체계이론이 가족연구에서 전개된 방식은 흥미로운데, 체계이론이 가족연구에 적용된 시기가 사회과학과 같은 확고한 분야에 적용된 시기보다 앞선다는 점이다. 그리고 개인의 정신분열증은 개인병리라기보다 가족체계병리의 증상이라는 생각은 역기능적인 가족이라는 용어를 탄생시켰다.

가족분야에 있어 의사와 치료사가 도입한 초기 체계이론은 곧바로 일반학자에 의해 보다 공식적으로 나타나기 시작하였다. 또한 가족치료와 체계이론은 서로 밀접한 관계를 유지하고 있다고 볼 수 있다.

2) 내용

가족체계이론의 두 가지 영역의 가족연구에서 유용한 것으로 증명되었는데, 이러한 영역 중 하나가 가족치료이다. 가족과정학자들은 체계이론이 개입을 안내하고 가족간의 복잡한 관계를 설명하는 데 있어 유용하다는 것을 발견하였다. 그리고 가족체계이론이 유용한 것으로 두 번째 영역은 결혼 및 가족의사소통과 상호작용의 영역이다. 체계이론의 구체적인 내용은 다음과 같다.

(1) 개념

가. 체계 : 체계는 모든 부분이 서로 연결되어 있고, 하나의 체계를 그 전체의 체계에서 고려해야 한다. 그리고 체계의 행위는 환경에 영향을 미치고 반대로 환

경은 체계에 영향을 미친다. 또한 체계는 실재가 아니고 가공의 산물이다.

나. 경계 : 모든 체계는 일정한 형태의 경계를 가지고 있다. 경계는 환경과 체계 사이에서 정보의 흐름과 에너지에 영향을 줄 수 있는 환경과 체계 사이의 경계이다.

다. 변형법칙 : 모든 체계는 변형이라는 내부법칙을 지니고 있다. 변형법칙은 체계의 두 가지 요소 사이의 관계를 나타낸다. 예를 들자면 남편과 아내는 결혼체계의 두 가지 요소이다. 결혼체계의 변형법칙은 남편이 아내에게 거칠게 대할 때마다 아내도 거칠게 반응한다는 보복규칙일 것이다.

라. 피드백 : 피드백은 체계의 산출을 입력으로 다시 순환시키는 순환 연결고리로 설명할 수 있다.

마. 다양성 : 모든 체계는 다양한 수준을 갖는다. 하나의 체계에 있어서의 다양성은 체계가 새로운 환경의 요구에 부합하거나 변화에 적응할 수 있는 자원을 어느 정도 가지고 있느냐와 관련된다. 예를 들어 아주 엄격한 규율을 가진 가정은 종교나 인종이 다른 남자와 결혼하고자 하는 딸의 경우 변화에 쉽게 적응하지 못한다. 이러한 엄격한 가정과 같이 다양성이 부족한 경우는 이러한 변화에 적응할 수 없기 때문에 가족체계에 불화가 생길 수도 있다.

바. 균형 : 다양성이 풍부한 체계의 경우에도 균형의 상태가 있을 수 있다. 균형은 입력과 산출의 조화라고 할 수 있다.

사. 하위체계 : 체계는 다양한 하위체계를 갖는다. 예를 들어 가족체계를 바라보는 한 가지 방식은 형제·자매, 부모·자녀 등의 하위체계를 포함한다는 것이다.

(2) 가족체계

가족체계의 적응가능성과 생존가능성[1]은 그 체계 내의 다양성에 긍정적으로 관련되고, 가족체계의 적응가능성과 생존가능성은 체계 내의 긴장에 부정적으로 관련된다. 그리고 상위목표는 하위목표들의 우선권을 규정하며, 본질적으로 수정되고 폐기될 가능성이 보다 적다고 본다.

3) 적용과 비판

(1) 적용

체계이론은 결혼 상호작용과 가족 의사소통연구에서 사용된 주요한 개념적 틀로 증명되었다. 체계이론은 나중에 의사소통이론과 가족과정이론으로 이분되었다. 그리고 가족 내의 상호작용으로 결혼 및 가족 의사소통의 유형이 정신분열과의 관계성을 조사하였다. 그리하여 의사소통 체계를 연구하는 학자들이 가족의 과학적 연구에 대한 체계 접근의 효력과 효용성을 분명하게 보여주었다.

(2) 비판

체계이론에서 가장 치명적인 비판은 체계이론이 하나의 모델이나 일정한 방향을 유도할 수 있는 이론이 아니라는 점이다. 비판자들은 다양성과 피드백 등의 체계이론의 개념조차도 이론적이기보다는 방법론적이라 비난하고 있다.

그리고 체계이론은 너무 추상적이고 총체적이라서 유용성이 그다지 크지 않다는 것이다. 즉 체계이론의 개념들은 너무 일반적이어서 거의 의미를 없다고 보고 있다. 체계이론가들은 여러 과학을 통합하는 과정에서 거의 의미가 없는 수준까지 추상화하였다.[2] 또한 가족체계이론은 가족과정이론에서 체계이론을 가족에 적용시키는 과정에서 가족을 체계로 보는 관점에서 가족이 곧 체계라는 관점으로 이동하는 경향을 보이고 있다.

---

1) 여기서 말하는 생존가능성은 경직성과 취약성과 대조되는 개념으로 이해하며 된다.

2) 그러나 체계이론가들은 이러한 대부분의 비판들이 특수한 사상을 적용시키는 것보다 일반적인 사상을 다양한 맥락에서 적용하는 것이 항상 더 쉽다는 것을 놓치고 있다고 말한다.

3. 가족치료의 모형

가족치료의 대상은 매우 다양한데 사회복지기관에서의 가족치료는 저소득층의 복합적인 가족문제가 주로 다루어지고 있고, 병원이나 민간 가족치료센터에서 유료로 이루어지는 가족치료는 중상류 계층의 심리적이고 부적응적인 대인관계의 문제가 주 대상이 되고 있다. 구체적인 치료모델을 살펴보면 다음과 같다.

1) 구조적 가족치료

(1) 의의

이 접근법의 이론적 기반은 전체와 부분 간의 관계에 의해 설명될 수 있다라는 것으로 개인의 병리는 가족구성원간의 관계 속에서 이해하여야 하며, 개인의 문제행동은 가족구조상의 문제에서 발생하는 것으로 본다. 그리고 개인의 정신분열증은 개인병리라기보다는 가족체계병리의 증상이라는 생각으로 역기능적 가족이라는 용어를 탄생시켰다.

즉 가족성원들이 바람직하지 못한 상호작용의 가족구조(규칙과 위계, 하위체계, 경계)를 계속 유지하는 데서 가족문제가 생긴다고 보며, 가족을 하나의 체계로 보고 개인의 문제를 심리적・내적인 요인보다는 사회체계와의 관련성에 두고 가족의 구조를 변화시킴으로써 체계 내의 개인의 위치가 변화되고 그의 경험이 변화되어 결국 개인의 변화를 가져오게 한다는 것이다.

따라서 치료목표를 가족구조의 변화에 초점을 두고 치료자는 가족구성원이 구조를 변화시키는 것을 돕기 위해 가족체계에 적극 참여하여 경계선을 바꾸어 명확한 경계를 확립하게 하고 하위체계를 재정비하여 역기능적인 가족을 재구조화하도록 하는 것이다. 구조적 가족치료에서는 가족을 하나의 체계이며 통합된 전체로 보고 여기에서 중시되는 개념은 가족구조, 하위체계, 경계이다.

(2) 가족구조의 주요 요소

구조적 가족치료에서는 가족을 하나의 통합된 체계로 보고 있는데, 구체적인 주요 요소를 살펴보면 다음과 같다(최경석 외, 2001).

가. 가족구조 : 가족구조는 가족의 상호작용의 유형에 초점을 두고 가족이 구조적으로 어떻게 조직되고, 체계를 유지하는가를 알고자 하는 것이다. 이러한 가족구조의 변동과 형태에 따라 각종 가족문제가 발생한다.

나. 하부체계 : 체계는 다양한 하위체계를 구성하고 있다. 그 한 가지 방식으로 형제・자매, 결혼, 부모・자녀 등의 하부체계를 포함하고 있다.

다. 경계 : 모든 가족체계는 어떤 형태의 경계를 가지고 있다. 경계는 환경과 체계 사이에서 서로 상호작용하는 경계이다. 경계는 정도에 따라 명확한 경계, 경직된 경계, 애매한 경계, 갈등관계 등으로 다양하게 분류해 볼 수 있다.

라. 기타 요소 : 이 밖에도 가족구조의 요소로는 체계의 두 가지 요소 사이의 관계를 나타내는 변형과 피드백, 다양성, 균형 등이 있다.

(3) 치료기법

이 모델에서는 개인보다는 가족을 하나의 단위로 보면서 접근하기 때문에 타협 등을 통해 자신들의 문제를 해결하도록 가족들에게 가르치는 것이다.

구조적 가족치료에서 주로 사용되는 기법은 유지(maintenance), 추적(tracking), 모방(mimicking) 기술을 활용하여 치료자가 가족성원들과 좋은 관계를 맺게 하기 위한 합류, 가족성원들의 역기능적인 상호작용을 분명하게 보게 하고 재조명이 일어나도록 하는 실연화, 그리고 경계선 만들기, 긴장고조, 과제부여 등이 있다. 이 모델은 소년비행, 거식증 가족, 약물남용가족, 사회경제적 수준이 낮은 가족, 알코올중독가족 등에게 성공적으로 사용되어 왔다(송성자, 1995).

그러므로 가족구조상에 발생하는 가족문제를 합리적으로 해결하려면 여러 가지 기법 중에서 선택하여 통합적으로 접근해야 한다. 그리고 이 기법은 빈곤가족에 잘 적용할 수 있고, 한국 가족구조의 특성상 적용가능성이 높지만 하부구조의 다양성과 애매성에 의한 가족문화로 인한 부작용도 발생할 수 있다. 구체적인 치료기법은 다음과 같다.

가. 합류 : 합류는 가족 내의 특정 가족이 아닌 모든 가족구성원을 수용하고 이

해하는 것이다. 그리고 합류하기 위하여 유지, 추적, 모방기술을 활용한다. 유지는 현재의 가족구조를 파악하여 존중하는 것이고, 추적은 가족문제를 여러 가지 자료를 통하여 가족구조를 파악하는 것이고, 모방은 가족체계의 감정적 분위기를 파악하여 그 분위기를 모방하는 것이다.

나. 가족상황의 연기 : 연기는 가족문제를 파악하기 위하여 직접 가족들에세 실제상황을 재현해 보라고 요청하는 것이다. 그리고 때론 문제 당사자들 간에 직접 이야기를 시킨다.

다. 경계선 만들기 : 가족문제를 해결하기 위하여 건강가정사가 나름대로 새로운 가족관계의 경계를 만드는 것이다. 이러한 경계는 나름대로 새로운 경계에 의해 가족들이 지지받고 기능을 강화시키기 위해 실시한다. 그리고 경계의 강도는 문제해결 정도에 따라 적절하게 조절한다.

라. 수정과 균형파괴 : 수정과 균형파괴는 가족문제를 해결하기 위해서 현재의 균형상태를 파괴하여 새로운 자극을 주거나 재배치하는 기법이다. 그러므로 가족문제해결을 위해서는 새로운 자극을 개발할 필요성이 있다.

마. 기타 기법 : 이 이외에도 기존의 가족 경계선에 도전하거나, 긴장을 고조시키거나, 새로운 과제를 부여하는 방법들이 있다.

2) 경험적 가족치료

(1) 의의

경험적 가족치료에서 치료자는 가족에게 문제를 설명하거나 통찰력을 제공하기보다는 가족성원들이 가족의 특유한 갈등과 행동양식에 맞는 경험을 하게 함으로써 문제해결을 돕고자 한다. 즉 억압된 충동, 표현되지 못한 정서는 심리적 역기능의 원인이 된다고 보고 감정에 중점을 두어 직접 체험하고 표현함으로써 치료효과를 갖게 하고, 치료자는 경험을 통해 가족이 성숙한 인간으로 성장할 수 있도록 도와주는 성장모델이다. 즉 변화보다는 성장에, 문제해결보다는 문제해결능력을 발전시키고자 하는 데 치료목표를 두고 있으며, 개인과 가족성장을 증진시키는 방법은 감정표현을 자유롭게 하는 것이고 이는 깊은 수준의 경험을 나누고 가족구성원간의 의사소통을 증가하게 한다.

(2) 주요 요소

경험적 가족치료는 인간은 성장을 통해 사회에 적응할 수 있다는 가치체계에 기본전제를 두고 있는데, 주요 요소를 살펴보면 다음과 같다.

가. 자기존중감 : 가족문제를 사정하는데 그 척도로 자기존중감을 기준으로 한다. 즉 자기존중감의 정도에 의한 의사소통의 유형에 의해 자신의 경험을 개방할 수 있다.

나. 가족규칙 : 가족규칙은 가족의 행동을 규제하는 것으로 가족 나름대로의 가족규범을 형성하고 있다. 그러므로 가족문제에 합리적으로 접근하려면 가족규칙에 대한 정확한 사정이 있어야 한다. 이러한 가족규칙에 의해 의사소통의 유형을 알 수 있다.

다. 의사소통 : 가족마다 독특한 의사소통이 있다. 그리고 의사소통의 유형에는 학자에 따라 다양하게 분류하고 있다. 가족문제해결에 있어 경험적 접근은 이러한 의사소통을 합리적으로 제공하는 것이다.

(3) 치료기법

경험적 가족치료사는 가족들이 각자 자신의 감정과 욕구에 민감하고, 이를 가족과 나누며, 실망, 두려움 등에 대해서도 대화하고 수용할 수 있도록 돕는 데 초점을 두고 있다. 경험적 가족치료의 주요 요소는 가치체계, 자기존중감, 가족규칙이며, 주로 사용되는 치료기법은 가족조각, 그림치료 등이 있다(조홍식 외, 2002).

가. 가족조각 : 이 기법은 가족치료자가 가족구성원에게 다른 가족들을 의미있는 형태로 배치하도록 요구함으로써 가족에 대한 인식 정도를 경험하게 하는 것이다. 특히 가족경험 중에서 어려운 시기의 사건을 선정하여 시도를 하면 좋은

결과를 얻을 수 있다.

나. 그림치료 : 이 기법은 가족치료자가 가족구성원들에게 가족을 인식하는 것을 그대로 그리도록 함으로써 새로운 사실을 경험하게 하는 것이다.

3) 전략적 가족치료

(1) 의의

전략적 가족치료는 가족성원들의 성찰이나 인식의 변화보다는 문제해결에 초점을 두어 성장보다는 변화에, 즉 문제행동을 변화시키는 해결방법을 기술하는 데 초점을 맞춰 증상해결중심치료라고도 한다. 즉 전략적 가족치료는 이론보다는 문제해결에 초점을 두고 접근한다. 전략적 가족치료는 문제행동이 가족의 역기능적 상호작용에 대한 하나의 적응방법으로서 가족을 유지시키는 기능을 한다고 보며, 문제행동을 유지시켜 주는 상호작용의 위계질서와 권력관계를 변화시키는 것에 관심을 갖는다(고수현, 2002). 즉 가족문제해결을 위해 적절한 치료전략을 선택해야 하는 것이다.

(2) 주요 요소

전략적 가족치료의 주요요소를 구체적으로 살펴보면 다음과 같다(최경석 외, 2001).

가. 위계질서와 관계규정 : 가족구조에도 다른 조직과 같이 위계질서가 존재한다. 가장 기본적인 위계질서는 세대로 볼 수 있고, 가족구조에 따라 여러 형태로 나타난다.

또한 가족구성원들이 공통적인 의사소통을 유지하지 못하면 가족위계질서에 문제가 발생하여 가족관계에 문제가 발생한다. 가족관계의 유형은 대칭적 관계, 보완적 관계, 초보완적 관계 등으로 분류할 수 있다.

나. 관계통제 : 관계통제는 가족의 위계질서에서 관계조정을 위한 권력다툼이다. 가족문제 해결과정에서 여러 형태의 관계통제가 발생하며, 때로는 가족성원에게만 발생하는 것이 아니라 가족치료자와 가족 사이에서도 발생한다.

(3) 기법

전략적 가족치료자는 치료과정에서 가족의 변화에서 저항이나 갈등을 최소화하는데, 가족치료자의 적절한 역할이 강조된다. 전략적 가족치료의 구체적인 기법을 살펴보면 다음과 같다.

가. 역설적 기법 : 전략적 가족치료에서 주로 사용되는 기법으로 역설적 기법은 가족들이 치료자의 지시에 저항하도록 하여 변화를 일으키려는 기법이다.

나. 지시와 가장기법 : 지시는 가족치료자가 가족에게 내리는 지시로서 가족이 거부할 수 없는 내용을 지시하고, 또한 실천 가능한 것부터 지시해야 한다. 지시방법에도 다양한 유형이 존재한다. 그리고 가장기법은 문제의 증상이 있는 것처럼 가장하도록 지시하여 그 증상을 포기하도록 하는 기법이다.

다. 시련기법 : 시련기법은 증상보다 더 고된 체험을 하도록 과제를 주어 증상을 포기하도록 하는 기법이다.

라. 순환기적 질문기법 : 순환기적 질문기법은 치료자의 일방적인 지시보다는 정도, 시간상의 차이에 대해 가족의 의견을 이끌어 내는 기법이다.

4) 해결중심적 가족치료

(1) 의의

기존의 가족치료 모델들은 문제에 초점을 둔 문제해결 접근인 반면에 해결중심 가족치료는 문제에 초점을 두는 것이 아니라 문제가 해결된 상황에 초점을 두고 해결책을 구축하는 치료 접근법이며, 상담기법이기도 하다.

해결중심 가족치료는 인간에 긍정적인 철학을 가지고 있어서 모든 클라이언트가 자신의 문제를 해결할 수 있는 능력과 자원을 가지고 있다고 믿고 이런 인간의 잠재능력에 대한 신뢰가 해결중심적 가족치료의 철학이 되어 내담자가 원하는 것이 무엇인지, 그렇게 하기 위해서 어떻게 해야 하는지를 물어봄으로써 스스로 답을 찾아가게 해주는 것이다. 이 모델은 치료 기간을 단축하였고 치료효과를 높임으로써 매우 효과적인 단기 치료모델로 인정을 받고 있다.

해결책 구축의 원리로는 정신건강에 대한 강조를 하여 병리적인 것 대신에 건강한 것에 초점을 두며, 이미 가지고 있는 자원 등을 활용하고, 클라이언트의 불평에 기초하여 개별화된 해결책을 발견하고자 하며, 할 수 있는 작은 것으로 목표를 세우고, 자연스럽게 일어나는 변화를 단지 확인하고 그 변화를 해결책으로 활용한다.

(2) 기법

해결중심적 가족치료에서 사용되는 주요 기법은 예외질문, 기적질문, 척도질문, 대처질문 등이 있다(송성자, 2002).

가. **예외질문** : 예외질문이란 현재 가족이 가지고 있지 않는 예외적인 질문을 하는 것이다. 예를 들어 '언제 문제가 발생하지 않습니까?', '문제가 발생하는 상황과 발생하지 않는 상황에는 어떤 차이점이 있습니까?' 하는 식의 질문이다.

나. **기적질문** : 기적질문이란 가족문제가 해결된 상태를 생각하면서 해결하기 위한 것을 구체화하고 명료화하기 위한 질문이다. 기적질문은 이런 질문을 통해 가족문제해결을 위한 노력을 유도하고 참여를 촉진시키는 것이다.

다. **척도질문** : 척도질문은 문제해결, 관계 등을 수치화시켜 구체적으로 다음 단계를 무엇을 해야 하는지를 구체적으로 탐색하기 위한 질문이다.

5) 행동주의 가족치료

(1) 의의

대부분의 가족들에게 가장 유용한 개입은 가족문제를 수정하고 때로는 행동을 바꾸게 하여 행동의 근본적인 원인을 찾는 것이 중요하다. 그러므로 행동주의 치료기법은 가족발달단계에 대한 사정을 통해 이루어지기 때문에 부모・자녀, 부부관계의 가족문제에 많이 이용된다. 행동주의 가족치료는 기존의 가족치료보다는 부모와 자녀가 함께 사용할 수 있는 실천적인 방법을 제공한다는 것이다(이화여자대학교 사회복지연구회, 2001).

또한 이 치료는 행동을 통한 가족의 상호작용을 통해 이루어진다. 즉 부모의 행동변화를 통해 아동의 변화를 유도하는 것이다. 그래서 요즈음 단순한 부모가 아니라 치료자로서의 부모역할을 요구하고 있다. 즉 아동들은 주위에서 항상 부모를 주시하고 있기 때문에 부모들의 역할과 행동에 의해 우리 자녀들은 변화할 수밖에 없다. 그래서 부모들은 아동양육 및 발달에 필요한 기술을 배우느냐 또는 배우지 않느냐는 매우 중요한 문제이다.

(2) 주요기법

행동주의 가족치료의 기법에는 부모역할훈련, 모델링, 타임아웃, 역할극, 주장훈련 등이 있다(이화여자대학교 사회복지연구회, 2001).

가. 부모역할훈련 : 이 기법은 전문적인 부모훈련을 통한 치료기법이다. 가족문제 중 특히 아동문제와 관련해서는 부모역할이 매우 중요하다. 그러므로 다양한 부모역할교육 모델을 개발해야 한다.

나. 모델링 : 모델링은 가족에게 구체적인 행동을 보여주기 위해 사용된다. 이 기법은 특히 가족이 특정한 어떤 행동을 하는 것을 상상하지 못할 경우 많이 사용된다. 즉 가족행동을 하는 데 필요한 기술이 부족하거나 행동을 하는 것을 주저할 때 사용된다.

다. 타임아웃 : 타임아웃은 아동의 행동문제를 약화시키는 데 사용되는 필수적인 기법이다. 타임아웃은 부모가 설정한 규칙을 아동이 깨뜨릴 때 사용된다. 그러므로 부모와 아동은 적절한 규칙을 만들어야 한다. 타임아웃은 장소선택이 중요하고 적절하게 시간을 조절해야 한다.

라. 역할극 : 역할극은 가족생활에서 실제 일어날 수 있는 각본에 맞추어 행동하고, 이에 필요한 기술을 개발하는 것이다.

마. 자기통제 및 주장훈련 : 자기통제훈련은 자신의 행동에 대해 어느 정도 책

임질 수 있는 아동에게 사용된다. 이것은 불안감소, 무단결석 등의 행동개입에 사용된다. 구체적으로 자기통제의 과정은 ① 변화해야 할 행동 선정, ② 행동장소와 시산 및 선행사건 기록, ③ 목표설정, ④ 행동변화와 기록, ⑤ 변화지속을 위한 계획수립 등이다. 주장훈련은 가족들이 효과적으로 자기주장은 하는 방법을 개발하는 것이다.

6) 그 이외의 가족치료기법

(1) 사회학습모델

이 모델은 행동치료와 행동수정으로부터 개념과 기술을 발전시킨 것이다. 이 치료기법에서는 가족구성간의 갈등과 문제는 의사소통, 가족관계에서 갈등을 해결하는 기술과 방법을 배우지 않아서 발생한다고 보고 있다. 그러므로 가족문제를 해결하기 위해서는 사회학습을 통하여 이런 문제를 해결할 수 있는 실천기법을 가르치는 데 목적을 가지고 있다.

즉 가족이 사회적 상황 속에서의 행동의 학습에 관심을 갖고 있으며, 행동의 습득에서 관찰학습의 중요성을 크게 강조한 이론이다. 이것은 가족이 접하는 환경의 중요성을 인식하게 하여 환경의 변화를 통해서 그들의 문제를 해결할 수 있게 한다. 즉 사회학습모델은 가족이 문제행동과 접할 수 있는 기회를 차단하고 바람직한 행동과 접할 수 있는 기회를 증진시켜 그들의 문제를 해결하는 데 기여할 수 있게 한다.

가족이 이미 발생한 사건들에 대해서 흥미로운 해석을 제공할 수는 있지만, 경험적인 타당성이 의문시되며, 어떤 상황 속에서 인간이 어떻게 행동할 것인가에 대한 예측능력이 부족하다는 것이다. 즉 행동에 대한 이해를 향상시키려면, 개념적 · 경험적 측면에서 설명능력이 향상되어야 한다는 것이다. 따라서 가족의 행동을 이해하기 위해서는 내적 과정을 초월하여 사회적 상황이나 역할에 대해서 더 많은 주의를 기울여야 한다는 것이다.

(2) 이야기체(narrative) 접근

이 접근방법은 이야기와 일화, 지역사회나 문화와 관련된 이야기로서 설화, 영화, 전기, 소설 등에 관심을 가진다. 이런 것들은 사람들이 자신들의 상황을 묘사하기 위하여 준거틀로 활용되며, 의미와 목적을 갖고 있다. 우리 자신에 대해 생각하는 방법을 형성하는 사회 안의 언어의 능력과 사고 유형이 우리의 현실을 설명해주며, 개인과 가족문제를 규정한다고 보고 있다. 즉 특정한 질문기법들이 가족구성원들의 사고방식을 재검토하고 새로운 행동양식으로 이끄는 대안의 이야기를 구축하도록 돕는다(서울대 사회복지실천연구화 역, 1998). 즉 가족치료에서 우리사회에서 관심을 가지고 있는 이야기를 중심으로 접근하여 가족문제를 해결하려는 것이다.

제 16 장

지역사회네트워크와 건강가정사업

1. 지역사회자원과 건강가정사업

1) 지역사회자원의 정의

건강가정사업에서 가족욕구와 지역사회자원의 접합서비스(linkage service)는 매우 중요함으로 건강가정사업에 지역사회자원을 잘 이용해야 한다. 또한 최근에는 비용의 억제와 감소에 관심을 가지면서 비공식 지원체계에 대한 논의가 일어나고 있다.

지역사회자원은 비조직적이고 자발적이며 상호부조적인 특성을 지니고 있는 비공식적인 자원체계와, 공식적인 기구를 통하여 자원이 제공되는 공식적인 자원체계로 나눌 수 있다. 그리고 지역사회자원이란 욕구를 충족시키기 위해서 동원되는 시설, 설비, 자금이나 물자 그리고 개인이나 집단의 지식과 기능 등을 총칭하는 것이다. 즉 욕구의 해결을 위해 이용・동원되는 시설・설비, 자원・물품, 다양한 제도, 기능, 지식, 개인・집단 등의 유형이나 무형의 하드웨어, 소프트웨어의 총체라고 정의할 수 있고, 앞으로 정의의 범위는 더욱더 확대될 것이다.

2) 건강가정사업에서 지역사회자원 동원의 필요성

건강가정사업에서 지역사회자원은 대상자의 다양하고 복잡한 욕구를 충족시키고 사회적 기능을 향상시키는 데 결정적인 역할을 수행하는 핵심적인 요소이며, 중요한 요소 중의 하나이다. 그러므로 건강가정사업 실천여부는 지역사회자원의 적절한 동원과 밀접한 관계를 가지고 있다. 이러한 지역사회자원 동원의 필요성을 살펴보면 다음과 같다.

첫째, 건강가정사업의 방향이 지역사회와 밀접한 관계를 가지고 있다. 그리고 건강가정사업은 단순한 가족문제가 아니고 지역사회와 밀접한 관계를 가지고 있다.

둘째, 가족의 욕구가 다양화·고도화되면서 가족 내에서 완전히 해결되지 못하고 지역사회 차원에서 접근해야 하기 때문이다.

셋째, 건강가정사업의 내용이 다양화되면서 가족을 포함한 비공식적이고 공식적인 지역사회자원과의 연계를 필요로 하고 있다.

넷째, 건강가정사업 실천의 원조방법이 대상자의 심리적인 측면과 동시에 환경조정에로의 관심이 변화하면서 지역사회자원 동원의 필요성이 증대하고 있다.

2. 지역사회자원의 유형

1) 지역사회자원의 접근방법

지역사회자원은 건강가정사업의 내용과 밀접한 관련이 있으며, 조사된 자원의 활용과 건강가정사업과 어떻게 연결시킬 수 있는가에 일차적인 목적이 있다. 지역사회가 무엇인지 그리고 그것을 구성하는 요인에 대해서는 합의된 정의가 없지만, 지역사회는 기본적으로 학습의 장으로서의 성격과 학습자료로서의 성격을 가진다. 학습의 장으로서 그리고 학습자료로서의 지역사회를 특정의 목표달성을 위하여 조사할 때 그 내용은 크게 인적 자원, 물적 자원, 제도와 조직으로 구성되는 지역사회자원과 지역사회주민의 욕구로 구분하여 접근하는 것이 보편적이다.

(1) 인적 자원

건강가정사업과 관련하여 지역사회 내 활동에 있어서 가장 중요한 요소 중의 하나는 바로 인적 자원이다. 이들은 잠재적인 프로그램 수요자일 뿐만 아니라 교육활동을 보조하거나 또는 주체가 되기도 한다. 따라서 지역사회의 인적 자원을 파악하는 것은 건강가정사업의 주체로서 활용할 수 있는 자원인사를 찾는 것과 잠재적 수요자로서의 특성을 찾아내는 것에 초점을 두게 된다.

첫째, 자원인사라 함은 특정의 건강가정사업을 위하여 동원될 수 있는 사람을 말한다. 이혼과 관련된 약물중독에 대한 관계는 의사가, 레크리에이션은 레크리에이션 지도자가 전문적으로 담당할 수 있는 것처럼, 이들 자원인사들은 각자의 분야에서 전문적인 지식과 기술을 가지고 있는 사람들이다. 따라서 지역사회조사를 통하여 이들을 잘 발굴하고 활용하면 소기의 목적을 달성할 수 있을 것이다.

둘째, 잠재적 수요자로서의 지역사회 내 인적 자원의 특성을 살핌으로써 교육기관이나 시설은 교육활동의 전개와 관련된 프로그램의 개발방향이나 대상자를 윤곽화시킬 수 있다.

그리고 전체적으로 볼 때 지역사회를 구성하는 인적 자원은 크게 세 가지로 구분해 볼 수 있다.

첫째, 지도자집단으로서 여기에는 타인에게 공식적, 비공식적으로 영향력을 행사하는 여론지도자, 다른 사람들로 하여금 행동을 유발시키는 활동지도자, 그리고 외부 사람들에게 지역사회의 대표로 인식되는 대표지도자집단이 들어 있다.

둘째, 지식집단으로서 여기에는 특정분야에 대한 전문가집단(예 : 교수, 변호사 등), 특정의 신념을 보유하고 있는 집단(예 : 정치평론가, 종교지도자 등), 그리고 지역사회에 대하여 독특한 관점을 가지고 있는 집단(예 : 경찰관, 소방관 등)이 포함된다.

셋째, 대규모 집단으로서, 일반적인 지역사회주민을 의미한다.

이러한 인적 자원의 특성에 대한 조사를 통하여 사회복지기관이나 시설은 프로그램의 대상이 되는 목표집단을 찾아내고, 목표집단의 공식적, 비공식적 지도자를 찾을 수 있으며, 이들로부터 나오는 새로운 아이디어와 관행을 습득할 수 있게 된다.

(2) 물적 자원

건강가정사업과 관련한 물적 자원이란 지역사회에 존재하고 있는 가시적 자원을 의미한다. 보편적으로 물적 자원은 자연으로부터 주어진 생태학적 환경 및 인간이 만들어 낸 제도나 시설 등을 포함하고 있지만, 여기서의 물적 자원은 주로 생태학적 환경에 초점을 두는 협의의 관점이다. 생태학적 자원으로서의 물적 자원은 대부분 가시적이기 때문에 많은 사람들이 지역사회 자원을 언급할 때 연상하는 것이 바로 물적 자원이다. 예를 들어 이혼으로 인한 경제적 문제가 발생했을 경우에는 지역사회의 물적 자원과의 연계를 통하여 지원체계를 마련하여야 할 것이다.

(3) 제도와 조직

건강가정사업의 활성화를 위해서는 그 지역사회의 제도와 조직에 관심을 가져야 한다. 지역사회 내 모든 주민은 직접 또는 간접으로 어떤 조직이나 제도와 연관되어 있다. 지역사회는 경제, 교육, 문화, 사회제도 등 여러 가지 제도를 가지고 있지만, 실제로 지역사회에서는 이러한 제도들의 특징보다는 그러한 제도를 현실적으로 실천, 구현하고 있는 조직과 시설에 더 많은 관심을 가진다.

이는 지역사회 내에서 기능하고 있는 모든 조직과 시설들이 제도적 범위 안에서 기능을 하고 있고, 나름대로의 고유한 기능을 수행하면서 지역사회 내에서 일어나는 사회현상에 대한 전문적 지식과 자원을 가지고 있기 때문이다. 일반적으로 지역사회에는 다음과 같은 다섯 가지 유형의 조직체가 존재한다.

첫째, 지역사회의 자원을 외부에 알리거나 판매하는 조직체이다. 상공회의소, 관광공사, 토지개발공사 등이 이러한 조직체의 대표적인 예인데, 이들은 지역사회가 가지고 있는 자원을 개발하고, 가공하여 외부에 알리거나 판매하는 기능을 수행한다.

둘째, 지역사회 내에서 자원을 판매하는 조직체이다. 방송국, 건축가협회, 부동산협회, 은행 등은 지역사회 내에서 일어나는 각종 정보나 자원을 직접 지역사회 주민들을 위하여 제공하는 기능을 수행한다.

셋째, 지역사회를 위하여 봉사하는 조직체이다. 사회복지시설, 종교기관, 사회교육시설 및 기관들이 이러한 조직체의 대표적인 예이며, 이들은 대부분 지역사회 내에서 교육적 활동을 전개하는 기능을 가지고 있다.

넷째, 지역사회의 특정문제에 대하여 관심을 가지고 있는 조직체이다. 환경운동기구, 청소년상담기관, 농협 등은 지역사회 내 다양한 활동 중에서 특정의 주제에 대하여 관심을 갖고 일을 하는 조직체들이다.

다섯째, 지역사회를 연구하는 조직체가 있다. 대학, 청소년 연구원, 여성개발원, 교육개발원, 형사정책 연구원 및 각종 연구소들은 지역사회나 또는 지역사회에서 일어나는 사회현상에 대하여 전문적으로 연구하는 조직체이다.

이러한 다섯 가지 유형의 5S 조직체는 대부분 그들 나름대로의 지역사회에 대한 자료를 가지고 있다. 따라서 지역사회조사를 통하여 5S 기관을 찾아내게 되면, 교육기관은 프로그램 개발이나 인적 자원의 확보를 위한 중요한 자원을 갖게 되는 셈이다. 그러나 이들 지역사회 내 조직체를 파악하는 데 있어서 주의할 점은 대부분의 조직체가 외형적으로 드러난 상태에서 활동을 전개하지만, 쉽게 드러나지 않는 조직체도 있다는 점이다. 또한 한 조직체 내에서 내면적으로 흐르는 지도력 구조나 인간관계를 통하여 파악된 조직체의 활용에 걸림돌로 작용하기도 한다.

(4) 지역사회주민의 욕구

마지막으로 알아내야 할 내용 중의 하나는 지역사회주민들이 가지고 있는 욕구를 파악하는 것이다. 주민의 욕구는 어느 면에서 인적 자원의 한 유형에 속한다고 볼 수 있으나, 인적 자원이 구조적 상황이라면, 주민의 욕구는 역동적, 기능적 상황이란 점에서 따로 다루는 것이 일반적이다.

욕구(Need)는 결핍, 불균형, 소망, 흥미와 관련된 개념으로서, 개인, 지역사회, 사회적 차원에서의 다양한 내용의 욕구가 존재한다. 그러나 변화촉진기관의 입장에서 보는 욕구는 개인, 지역사회 또는 사회적 차원에서 원하는 것 또는 개선되기를 원하는 내용의 현재 상태와 바람직한 상태와의 격차를 의미하며, 욕구충족은 지역사회 내 자원봉사의 주요한 활동내용이 된다.

지역사회가 가지고 있는 욕구에 대한 잘못된 진단 및 해석은 잘못된 대응책을 마련하게 되고, 기관의 프로그램 활동에 대한 주민들의 잘못된 인식을 유발하거나 참여를 저해하는 요소로 작용하게 된다. 따라서 지역사회 내 기관은 지역사회 주민, 지역사회 자체가 가지고 있는 문제 및 사회적 문제에 대하여 끊임없이 관심을 가져야 하며, 지역사회조사를 통하여 정확하게 욕구를 파악하고 사정하는 노력을 기울여야 한다.

일반적으로 요구사정을 할 때, 현재의 상태는 성인교육자, 지도자, 학습자, 교육기관에 의해 수집되고, 분석되고, 해석되는 정보로, 그 준거로는 ① 현재의 추세와 변화, ② 물리적 요소, ③ 인간이 인지하는 욕구, ④ 대중적 주제 및 정책 등이 주로 사용된다. 그리고 바람직한 상태는 현재의 상황, 가능한 상황 그리고 이념적 상황의 측면을 감안하여 ① 사회적 규범, ② 연구결과, ③ 성인교육자, 지도자, 학습자의 가치판단 등에 의해 결정된다.

2) 건강가정사업과 관련된 지역사회자원의 유형

지역사회자원의 종류는 다양한 관점에서 분류할 수 있다. 구체적으로 살펴보면 다음과 같다.

(1) 자원의 본질 · 유용성에 의한 분류

① 개인이나 집단의 내적 자원과 외적 자원 : 개인의 내적 자원으로는 지식, 정보, 기술, 신뢰성, 건강 등이 있고, 외적 자원으로는 재산, 친구, 직장 등이 있다.

② 공식적 자원과 비공식적 자원 : 비공식적 자원에는 친척, 이웃, 동료 등이 있다.

③ 실재적 자원과 잠재적 자원 : 실재적 자원에는 가족의 욕구충족과 기능향상을 위해서 현재 사용되고 있는 자원이며, 잠재적 자원은 현재 활용하고 있지 않지만 장래에 활용할 가치가 있는 자원이다.

④ 목적 달성을 위해 어느 정도 통제 가능한 자원과 불가능한 자원

(2) 서비스 공급체계에 의한 분류

① 비공식적 자원체계 : 비공식적 자원체계는 정서적 지지, 애정, 충고, 정보제공, 금전대여, 서비스 안내, 행정업무대행 등과 같은 서비스를 제공하는 가족, 친척, 이웃, 동료, 자원봉사자 등으로 구성된다.

② 공식적 자원체계 : 공식적 자원체계는 회원들의 이익을 위해 조직된 공식 협의회나 회원조직으로서 회원들에게 직접 서비스를 제공하거나 다른 사회체계와 교섭하도록 돕는다. 공식적 자원체계로는 노동조합, 사회복지협의회, 보육시설연합회, 의사, 소비자보호협의회 등이 있다.

③ 사회적 자원체계 : 사회적 자원체계는 국민이나 지역주민이 공동으로 활용하는 국가기관이나 민간기관으로서 병원, 학교, 경찰서, 법원, 공공도서관, 시청, 동사무소, 사회복지기관 등이 있다.

(3) 통합적인 차원에서 분류

① 존재형태에 따른 인적 자원과 물적 자원

② 소재구분에 따른 내적 자원과 외적 자원

③ 활용여부에 따른 실재적 자원과 잠재적 자원

④ 공급주체에 따른 비공식적 자원과 공식적 자원

3. 지역사회자원의 개발과 확보

지역사회 내에서 건강가정사업을 활성화시키려면 지역사회자원을 확보해 한다, 지역사회의 공식적 지역사회자원과 비공식적 지역사회자원을 연결시켜 대상자에게 제공하는 지역사회자원을 효과적으로 개발하여야 한다. 그리고 이러한 자원에는 공식적인 전문기관뿐만 아니라 그 지역사회에서 나름대로 비공식적인 문제해결능력이나 자원체계가 존재한다. 즉 지역사회에서는 가족, 이웃, 직장동료, 종교단체 등을 개발하여 발전시킨다면 건강가정사업의 발전에 많은 도움을 줄 수 있을 것이다.

그리고 건강가정사업 실천에서 대상자에게 필요한 서비스를 실시하기 위해서는 지역사회자원을 개발하고 확보하여 그들과 연결시키고 조정하는 것이 중요하다. 그러므로 비공식적 자원체계를 통한 지역사회자원의 중요성을 살펴보면 다음과 같다.

1) 비공식적 자원체계

(1) 가족

가족은 지역사회자원에서 가장 신속하고 안락한 보호를 제공할 수 있는 서비스 유형이다. 그러나 최근 가족구조의 변화와 부양의식의 약화로 인하여 가족이 보호기능을 제대로 수행하지 못하고 있는 실정이다. 그 결과 아동학대와 방임, 배우자 학대, 유기 등이 나타나고 있다. 그러므로 부모의 아동에 대한 관심과 보호의 기술을 향상시키거나 접촉을 강화시켜서 가족기능을 강화시켜 주어야 한다.

(2) 지역주민

다양한 지역주민은 지역사회자원으로서 중요한 역할을 한다. 지역주민은 대상자의 생활방식, 관심사 및 지리적 측면에서 많은 공통점을 지니고 있다. 즉 지역주민들로 하여금 대상자에 대하여 지속적으로 관심을 가지게 하고 자원봉사에 대해 체계적인 훈련을 통해 지역사회자원으로 개발하고 활용해야 한다.

(3) 종교단체

종교단체는 잠재적으로 가치 있는 비공식적 지역사회자원이다. 그것은 지역사회의 풍부한 자원의 원천이며, 정신적 자극, 사회적 활동, 준거집단, 레크리에이션, 단기간의 가정지원서비스, 가정방문 등의 구체적인 서비스를 실시할 수 있다.

2) 공식적 자원체계

공식적 자원체계는 공식적 조직을 통하여 건강가정사업을 실시할 수 있는 국가기관, 공공법인, 민간기관과 시설, 사회단체, 공식협의회, 회원조직 등이 있다. 국가기관에는 저소득층을 중심으로 공공부조사업을 전개하는 사회복지담당공무원, 보건의료서비스를 제공하는 국공립병원, 보건소 및 지역사회정신보건센터, 아동학대방지센터, 가족과 관련된 각종 쉼터 등이 있다.

공공법인에는 자립적인 생활이 불가능한 경우에 시설에서 수용보호를 받을 수 있는 사회복지시설, 시설에서 수용보호를 받지 않고 지역사회에 거주하면서 각종 서비스를 제공받는 사회복지시설과 사회복지관, 각종 가족상담시설 등이 있다.

민간기관과 시설에는 민간기업에서 가족복지 증진을 위해 투자하는 기업의 복지재단, 민간기업이 투자하여 운영하는 사회복지이용시설과 복지기업 등이 있다.

사회단체에는 사회적 상호작용, 레크리에이션, 취미생활, 기능교육 등을 실시하는 단체가 있고, 협의회에는 사회복지협의회, 여성단체협의회, 장애인단체협의회가 있고, 회원조직에는 의사회, 약사회, 변호사회, 노인회 등이 있다.

4. 건강가정사업과 지역사회자원의 조정

건강가정사업의 체계적이고 전문적인 전개를 위해 지역사회자원의 필요성에 대해서는 누구도 부정하지 못할 것이다. 그러나 보다 효과적인 지역사회자원을 동원하기 위해서는 자원조정이 필요하다. 구체적인 지역사회자원 조정을 살펴보면 다음과 같다.

1) 자원의 조정 · 정비

우선 지역사회 내에서 충분한 자원을 확보하고 있어야 한다. 이러한 지역사회자원의 기반정비에 관한 일차적 책임은 행정에 있지만 실천현장에서 일하는 건강가정사도 자원조성·정비의 기능을 담당해야 한다. 그리고 건강가정사는 다양한 욕구를 충족시키기 위해서 개발한 자원을 조정하고 정비하여 가장 적절한 건강가정서비스가 제공되도록 해야 한다.

2) 공식적 자원과 비공식적 자원의 연결과 정보화

건강가정사는 공식적 자원과 비공식적 자원을 적절하게 연결시켜야 한다. 즉 양자를 복합적으로 파악하여 적응시킬 수 있다는 생각을 기본적으로 가지고 있어야 한다. 지역사회에는 다양한 지역사회자원이 존재하고 있다. 이러한 자원을 적절하게 이용하려면 어디에 어떠한 서비스자원이 있는가를 파악해야만 가능하다. 그러므로 쉽게 접근할 수 있도록 정보에 대한 시스템 개발이 필요하다. 또한 앞으로 정보통신기술 발달 등으로 인하여 정보네트워크에의 접근이 보다 용이하여 지역사회자원의 개발도 과학적으로 이루어질 것이다. 즉 건강가정지원센터에 지역사회자원과 관련한 정보화를 구축해야 한다.

제 17 장

한부모가정과 건강가정사업

1. 한부모가족의 이해

1) 개념

(1) 개념

건강가정사업에서의 한부모가정에 대한 실천적 접근은 매우 중요하다. 한부모가족은 지금까지는 일반적으로 모자가족으로 불리어 모자복지의 한 분야로 인식되었다. 그러나 가족해체로 부자가족이 빠른 속도로 등장하면서 한부모가족이 가족복지의 중요한 분야로 등장하였다. 가장 간략하게 한부모가족을 정의하면 부모 중 한쪽부모로만 구성된 가족 유형을 한부모가족이라 부를 수 있다.

현대사회는 산업화, 도시화, 핵가족화 등 사회변화로 인하여 배우자와 사별, 유기, 별거, 기타 사유로 정상적인 가족의 형태를 유지하지 못하고 배우자가 없거나 배우자가 있어도 정신 또는 신체장애로 인해 장기간 노동능력을 상실함으로써 사실상 한쪽 부모가 가정생활을 유지하는 경우가 늘어나고 있다.

즉 가족형태상 모친 또는 부친과 자녀로 이루어지는 가족을 말한다. 이전에는 양친이 없는 가족도 포함하여 결손가족이라 하였으나 최근에는 단친(單親)가족, 한부모가족 등으로 부르고 있다. 그러나 별거나 유기 등 실태가 분명하지 않은 가족형태나 또는 단친가족의 형태를 취하고 있지만 여러 가지로 주위에서 물질적·정서적 원조가 계속해서 이루어지고 있는 경우도 있어, 사회복지적 차원에서 단일하게 정의하기에 어려운 점도 있다.

(2) 개념정리의 필요성

한부모가정에 대한 구체적인 정의는 없으나 한부모가족지원법에서는 "모 또는 부가 세대주이거나 또는 세대주가 아니더라도 세대원을 사실상 부양하는 가정"으로 규정하고 있다. 그러나 아직까지 우리나라에서 구체적으로 한부모가족에 대한 개념정리가 되어 있지 않고 있다. 그러므로 가족복지정책수립 또는 가족관련법규 수정 등을 위해 빠른 시일 안에 개념정리가 이루어져야 할 것이다.

2) 유형

산업화로 인한 사회변화는 여성들의 직업활동과 노동참여를 가능하게 했다. 여성들이 가정과 직장을 겸하는 경향은 증가하는 전통적인 가정 내에서의 역할만을 하는 데서 오는 여성들의 문제들을 어느 정도 해결한 면도 있으나 부부관계나 자녀양육에 있어 여러 가지 새로운 문제들을 파생시키고 있다. 현대산업사회에서 직업활동이 가정과 분리됨으로써 가족관계 및 가족생활에 중요한 변화를 초래하였는데 이 변화는 부부간의 역할분담을 가정과 사회로 분리시킴으로써 소비생활만을 전담해 왔던 여성들의 가정 내 지위와 역할에 심각한 문제를 제기한 것이다. 특히 핵가족의 기반이 되는 부부관계의 안정성이 약화되어 이혼이 증가하는 한편 가족의 공동체적 유대의 기반이 약화됨으로 인해 전통적인 가족의 형태를 벗어난 독신가족이나 편부모가족이 증가하게 되었다.

한부모가 되는 유형은 다양하게 접근해 볼 수 있다. 가장 일반적인 유형은 배우자의 사망, 이혼, 별거 등이고 미혼모에 의한 한부모가정도 발생하고 있다. 그리고 우리나라의 경우 한부모가족의 유형과 수는 계속적으로 증가하고 있으며, 과거 사별에 의한 모자가족은 감소하고 이혼에 의한 모자가족은 증가하고 있는 추세이다. 그러나 앞으로 이혼과 별거의 증가 미혼모의 발생, 과거에 발생하지 않았던 비정형적인 가족 유형의 증가 등으로 한부모가정의 유형은 지속적으로 증가하리라 본다.

2. 모자가정과 부자가정

1) 모자가정

(1) 개념

일반적으로 모자가정은 배우자와 사별 또는 이혼하였거나 배우자로부터 유기된 여성, 정신 또는 신체장애로 인하여 장기간 노동능력을 상실한 배우자를 가진 여성이나 미혼여성, 사실혼에 있는 여성은 제외한다. 그러나 법령으로 배우자가 불명인 상태에 있는 여성, 배우자 또는 가족과의 불화 등으로 가출한 여성, 배우자의 해외거주 등으로 인하여 부양을 받을 수 없는 여성 등도 고려하여 포함하고 있다.

그리고 모자가족은 편친가정, 모자세대 등으로 사용되는 경우도 있다. 이와 같이 현대산업사회에서는 산업화, 도시화, 핵가족화 등 사회변화로 인해 배우자와 사별, 유기, 별거, 기타 여러 사유로 정상적인 가족의 형태를 유지하지 못하고 배우자가 없거나 배우자가 있어도 정신 또는 신체장애로 인해 장기간 노동능력을 상실함으로써 사실상 여성이 가계의 책임을 지며 살아가고 있는 이른바 모자가정이 늘어나고 있어 종합적인 대책이 필요하다. 모자가정이란 영어로 female(mother)-headed family, unsupported mothers, fatherless family 또는 one-parent family라고 하는데, 다양한 모자가족을 표현할 용어는 없다고 볼 수 있다.

즉 모자가정을 구체적으로 정의하면 남편과 사별했거나, 이혼, 별거, 유기, 실종, 투옥 등으로 장기간 부재하거나, 육체적, 정신적 장애나 질병으로 인하여 가족을 부양할 능력이 없기 때문에 여성이 세대주이면서 가족의 생계를 이끌어가야만 하는 어려움에 처해 있는 결손가족이라 하겠다.

(2) 문제점

가. 경제적 문제 : 모자가정이 당면하는 가장 큰 문제는 무엇보다도 가족부양의 책임을 맡았던 부의 상실로 인해 발생하는 경제적 문제이다. 모자가정과 빈곤과의 관계는 선진국가에서도 사회복지분야에서 발생했던 중요한 문제들이었다. 예를 들어 미국에서는 편모와 그의 자녀가 가장 급속히 증가하고 있는 빈민집단으로 알려져 있다. 그리고 모자가정의 경우 모가 직업을 가지고 있더라도 임금수

준이 낮은 하위직업에 주로 종사하기 때문에 경제적 문제가 심각하게 나타나고 있다.

특히 우리나라의 경우 아직까지 여성들의 사회진출이 적고, 특히 기혼여성들의 사회진출은 더 적은 편이다. 그리고 이혼의 경우도 준비되지 않은 이혼이 많기 때문에 모자가정의 경제적 문제로 인하여 모자가정이 빈곤상태에 빠질 가능성이 높다.

나. 정서적 문제 : 모자가정의 정서적 문제는 모자가정이 생활에 적응하는 과정에서 발생하게 된다. 인간은 살아가면서 특정한 타인들과 강한 유대관계를 맺음으로써 안정감을 느끼게 되나, 이들과 헤어지거나 사별하여 유대가 깨어지면 불안해지고 고통스러워하게 된다. 구체적으로 모자가정의 정서상의 어려움을 살펴보면 다음과 같다.

① 배우자와의 이별을 전후로 겪는 갈등과 감정상의 변화에서 오는 어려움

② 가족 내 역할의 변화에 따른 문제, 즉 생활비의 공급, 가사일, 자녀양육 대한 변화에서 오는 갈등

③ 사회인식의 문제, 사회 속에서의 지위의 변화와 관계 변화에 따른 갈등

이 이외에도 배우자의 이별 등으로 인하여 느끼는 정서적인 문제는 여러 가지 형태로 나타날 수 있다.

다. 대인관계 문제 : 모자가정은 부의 상실이라는 충격으로 인하여 가족을 둘러싸고 있는 사회적 관계망(social network)의 축소와 그에 따른 사회적 지원의 감소 및 사회활동의 위축 등과 같은 부정적인 방향으로 변화를 체험하게 된다. 대인관계에 있어서도 많은 변화를 가져와 부계친족과의 문제, 친구 및 이웃관계에도 많은 변화를 나타낸다. 특히 우리나라는 부계중심의 사회가 지속적으로 이어왔기 때문에 모자가족의 대인관계의 범위는 좁아질 수밖에 없어, 이로 인한 사회적 문제가 발생할 것이다.

라. 자녀양육문제 : 모자가정의 자녀문제는 부의 상실로 인하여 발생되는 자녀의 비행이나 탈선과 관계된다. 가족 내에서는 일정한 가족구성원의 역할이 존재하게 된다. 그런데 부의 수단적 역할이 없어지기 때문에 그로 인한 자녀양육에

문제점이 발생한다.[1)]

또한 자녀들이 동일시할 대상의 상실로 인해 자녀의 건전한 양육에 지장이 오고, 남아의 경우 동성의 동일화 대상의 상실로 인해 남성의 역할을 배울 기회를 잃게 되며, 여아는 이성을 정신적, 육체적으로 바르게 이해할 수 있는 기회의 상실로 인하여 여러 가지 문제가 발생하게 된다. 이것은 많은 비행청소년들과 미혼모들이 모자가정 출신이라는 조사결과가 이러한 사실을 입증하고 있다.

2) 부자가족

(1) 개념

부자가족이란 아직까지 우리에게는 익숙하지 않은 용어이다. 그러므로 부자가족은 부자가족보다 역사적으로 오래된 모자가족을 중심으로 고찰해 볼 수 있다. 즉 부자가족은 "배우자와 사별 또는 이혼하거나 배우자로부터 유기된 남성, 정신장애나 신체장애로 인하여 장기간 근로능력을 상실한 배우자를 가진 사실혼관계에 있는 남성으로 18세 미만의 아동을 양육하고 있는 부와 자녀로 구성된 가족"이라 할 수 있다. 최근에는 우리나라에서도 여성의 지위향상과 직업여성의 증가 등으로 인하여 여러 가지 형태의 부자가족이 발생하고 있으며, 앞으로도 지속적으로 증가할 것으로 예상된다.

(2) 문제

부자가족의 문제점은 모자가족과 비슷한 면을 지니고 있으나 조금 차이가 나고 있는데 구체적으로 살펴보면 다음과 같다.

가. 경제적 문제 : 부자가족도 모자가족처럼 경제적 문제가 발생한다. 현재 우리나라에서 발생하고 있는 부자가족의 유형 중에서 보편적인 유형이 남편의 실직과 경제적 무능력으로 인하여 발생하는 경우가 많다. 그리고 경제적으로 자녀양

1) 사회학자 T. Parsons는 역할구조론을 설명하면서 남편이 되고 아버지가 되는 남자는 경제적 수입과 사회에 대한 대외적 역할을 맡는 수단적 역할(instrumental role)을 담당하고 있고, 여자는 아내로서 또는 어머니로서 가족의 소비생활과 인간관계의 융합을 주로 도모하는 대내적 역할의 수행자로서 표현적 역할(expressive role)을 담당하고 있다고 말하고 있다.

육이라는 문제가 있기 때문에 일반 가족보다는 경제적 비용이 많기 때문에 빈곤으로 빠지기 쉽다.

나. **정서적 문제** : 부자가족에서의 정서적 문제는 모자가족보다 더 심각할 것이다. 부자가정의 자녀는 여러 가지 이유에서 모의 부재라는 현상으로 감정이나 애정을 표현하는 등의 표현적 경험을 가질 기회가 박탈되어 대인관계에 많은 문제를 가져올 것이다(조흥식 외, 2002). 이런 현상은 부가 취업을 한 경우는 더욱더 심하게 나타날 것이다. 그리고 우리 주위에서 아직까지 부자가족에 대한 인식이 부족하여 이러한 정서적 문제는 앞으로 심각한 사회문제로 등장할 것이다.

다. **자녀양육문제** : 지금까지 한부모가족에 대한 연구는 주로 모자가족을 중심으로 진행되어 왔기 때문에 부자가족에 대한 사회적 서비스가 부족한 실정이다. 그러므로 부가 가장 어렵게 당면하는 것이 자녀양육문제와 가사일이다. 이러한 현상은 아직까지 우리나라는 가사는 주로 모에 의해서 유지되어 왔고, 전반적인 사회제도에 이러한 현상에 익숙해져 있음으로 인해 나타나는 스트레스와 문제는 많을 것이다.

3. 대책

1) 실천적 접근

가족복지에서 아직까지 한부모가족에 대한 체계적이고 전문적인 실천프로그램이 운영되고 있지 못한 실정이다. 이런 점을 보완하기 위해서는 우선 한부모가족에 대한 개입을 한부모가족의 욕구에 대한 구체적인 사정에 의해 이루어져야 한다. 그리고 한부모에 대한 사정은 다양한 방향에서 접근해야 한다. 즉 가족욕구, 가족체계, 가족 의사소통, 가족관계 등이 포함되어야 한다. 이런 가족복지의 실천으로 부모역할의 교육 및 훈련, 가족상담과 치료, 지지적 관계망 형성, 유사집단 지지프로그램에 대해 알아보기로 하자(조흥식 외, 2002).

(1) 부모역할의 교육과 훈련

한부모가족의 가장 큰 문제는 한부모의 부재로 나타나는 문제이다. 이러한 문제를 해결하기 위해서는 부모교육과 훈련을 실시해야 한다. 가족구성원은 앞에서도 지적한 바와 같이 일정한 역할을 가지고 있다. 이러한 역할 중에서 한쪽이 부족하면 가족문제가 발생한다. 그러므로 교육과 훈련을 통해 부족한 부모역할의 능력을 높여주어야 한다.

(2) 지지적 관계망의 형성

지지적 관계망의 형성은 한부모가족에게 잠재적으로 지지가 될 수 있는 비공식적이고 공식적인 지지망을 확인하여 이들을 한부모에게 연결해 주는 프로그램이다. 그리고 여기서 말하는 지지적 관계에는 친척이나 친구, 이웃 등과 지역사회 자원 등을 포함한다. 그러므로 가족사회사업가는 적절한 지역사회와 사회자원을 발견하여 한부모가족과 전문적이고 체계적으로 연결해 주는 것이 중요하다.

(3) 유사집단 지지프로그램

유사집단 지지프로그램이란 비슷한 위치에 있는 한부모집단을 구성하여 정기적으로 모임을 가져 그 모임을 통해 한부모가족의 문제를 해결하도록 지지를 제공하는 프로그램이다. 이 프로그램은 사회복지실천에서 자주 사용되는 기술인데, 지속적인 상호협조관계를 유지한다면 좋은 효과를 거둘 수 있을 것이다. 이러한 유사집단을 잘 활용하여 전문적으로 구성하기 위해서는 가족사회사업가의 적극적인 개입이 요구되고, 한편으로는 유사집단이 장기적으로는 자율적으로 유지되도록 유도해야 한다.

2) 정책적 접근

(1) 개념정리와 법적 장치의 마련

현재 우리나라의 한부모가족에 대한 복지지원은 주로 한부모가족지원법에 의거하여 모자가족을 중심으로 이루어지고 있다. 그러나 증가하는 부자가족에 대한 명확한 개념정리가 되어 있지 않고, 이에 따른 법적 장치도 미흡한 상태이다. 그러므로 모자가족을 포함한 다양한 한부모가족을 포함하는 개념정리와 법적 장치를 마련해야 한다.

(2) 재가보호의 개선

현재 요보호모・부자가정의 선정에 있어 소득 및 재산기준이 너무 낮게 책정되어 반드시 보호를 받아야 할 모・부자가정이 제외되는 경우가 많다. 무엇보다도 소득수준이 요보호 모・부자가정이 되기 위한 기준에 약간 상회하기 때문에 열심히 일을 하면서도 가난한 무혜택 모자가정이 재가보호대상에 포함될 수 있도록 해야 한다.

또한 재가보호대상 가정으로 선정되기 위해서는 소득수준과 재산수준을 동시에 충족시킬 수 있는 제도로 개선되어야 한다. 즉 저소득층의 경우 재산보다는 소득이 생계유지에 직접적인 영향을 미친다는 점을 감안하여 재산수준보다는 소득수준에 더 중점을 두는 제도로 개선되어야 한다.

(3) 상담서비스의 강화

모・부자가정의 문제 중에 중요한 문제는 정서적이고 심리적인 문제이다. 모나 부의 상실과정에서 나타나는 정서적인 어려움은 물질적인 원조로서는 해결되지 않는 부분이 많다. 현재 우리나라의 모・부자복지사업은 주로 물질적인 사업에 치중해 왔고, 정서적이고 심리적인 문제를 해결하는 위기개입이나 상담서비스의 제공은 상대적으로 적은 편이다. 모・부자가족은 대인관계나 이웃관계에서 정서적인 어려움을 당하기 쉬우며, 심리적인 상처를 받기 쉽다. 또한 자녀와의 관계에 있어서도 많은 예상하지 못하는 문제들이 발생할 수 있다. 그러므로 이러한 모・부자가족을 위한 정서적 심리적 문제를 해결해 줄 수 있는 전문 사회사업가가 필요하다.

(4) 한부모가정을 위한 아동수당제도의 도입

선진 산업국가에서는 가정의 자녀보호기능을 지원하기 위해 일찍부터 아동수당제도를 도입하였다. 이 제도는 유럽의 대규모 공장에서 많은 부양가족이 있는 노동자들에게 보너스를 주는 데서 시작되었는데 유럽을 중심으로 확대되기 시작하였다.

모・부자가정은 정상적인 가정과 비교하여 볼 때 경제적인 측면에서 많은 문제점을 지니고 있고, 성장기에 있는 자녀들이 있다고 감안할 때, 가족의 일차적인 요구가 빈곤에서 벗어나고 싶은 욕구가 강함으로 경제적인 원조가 가장 시급하다고 할 수 있다.

(5) 주택정책의 개선

한부모가족의 경제적인 문제 중에서 주거문제가 중요한 문제이다. 모자복지와 부자복지도 재가복지의 방향으로 가족복지정책이 진행됨에 따라 한부모가족을 위한 시설의 확충보다는 재가복지의 확충을 위한 주택정책을 개선해야 할 것이다. 이러한 정책으로 소규모아파트나 공공임대주택을 건설하여 이들 가족에게 입주우선권을 주든지, 금융프로그램 개발을 통해 지원해 주어야 할 것이다.

4. 미혼부모가족

1) 미혼부모가족의 개념

미혼부모란 법적으로 혼인하지 않은 남녀가 성관계를 맺어 아기를 낳아 부모가 된 사람을 말하며, 사회사업의 대상이 되는 미혼모의 개념은 미혼으로서 아기를 낳은 여자와, 기혼녀가 별거하거나 이혼하였거나 과부로서 혼외의 아기를 낳은 여자를 모두 포함한다. 따라서 미혼부모사업이란 미혼부모가 경제・사회적인 입장에서뿐만 아니라 정신적・육체적으로 긴박하게 직면하고 있는 문제를 해결해 주거나 적절한 도움을 주거나 또는 가족이나 주위 사람, 혹은 사회사업가가 이들로 말미암아 사회가 당면하게 될 문제를 해결하기 위하여 제공하는 여러 가지 사업을 말한다.

미혼모는 사회에서 인정해 주는 혼인절차를 거치지 아니한 상태에서 가출한 상태에서 임신하게 됨으로써 가출한 상태에서 가족과 친구, 친척의 눈을 피하여야 하며, 미혼부는 책임을 회피하고 행방을 감춰 소식을 알 수 없는 경우가 대부분이다. 따라서 미혼모는 그에게 닥친 모든 문제들을 혼자 해결하여야만 하는 것이다. 그녀는 신체적인 변화와 함께 불안이 심화되며 거처할 곳의 문제와 분만에 대한 공포, 분만비에 대한 문제, 태어날 아기의 양육 문제, 자신의 장래에 관한 문제 등 누군가의 도움이 없이는 감당하기 어려운 위기에 직면해 있다. 또한 학업을 중단하거나, 직장을 포기해야 하는 경우까지 생기므로 심리적, 정서적, 경제적, 신체적, 사회적 문제, 즉 복합적인 위기상황에 놓여 있다 하겠다.

한편 그들의 아기는 그들이 양육할 수 없는 경우가 대부분으로 사생아 또한 미혼부모 자체와 더불어 사회에 여러 문제를 야기시킨다. 즉 미혼부모의 사생아들은 입양이라는 사회의 일차적 보호를 제공받지 못하면 기아가 되고, 그들의 생존은 사회의 책임여하에 달려 있게 되며, 부모로부터 버림받음과 사회적으로 인정받지 못함과 애정결핍 등으로 열등감과 죄의식에 빠져 정상적으로 성장하기 어렵다. 따라서 그들의 부모와 마찬가지로 비행청소년, 문제아가 되어 또 다시 사회에 많은 문제를 야기시키고, 또다시 다른 문제를 야기시킨다.

그러므로 미혼모의 문제는 당대에만 그치는 것이 아니라 2세가 성장할 때까지 많은 사회·경제적 비용이 소요되어야 하며, 그녀 개인이 치러야 할 정신심리적, 사회·신체적 대가도 크지만 투입되어야 하는 사회적 비용의 대가도 크다고 할 수 있다.

2) 미혼부모 발생요인에 대한 이론적 배경

미혼부모 발생의 문제는 매우 복잡한 현상으로서 이를 크게 다음과 같은 세 가지 접근으로 나누어 볼 수 있다.

(1) 정신분석학적 접근

정신분석학적 접근에서 가장 중요한 것은 부모와의 심리적 갈등, 특히 지배적이고 학대적인 성격을 가진 어머니와의 갈등이다. 즉 어머니에 대한 분노와 증오를 표현할 수 없기 때문에 이 분노를 자신에게 돌려서 자기를 학대하게 되며, 임신은 이러한 자기학대의 한 표출이라는 것이다. 아버지 없이 양육된 딸들은 행동에 문제가 있다고 한다.

아버지가 사망한 가정의 딸들은 대체로 남성들에 대해 부끄러움을 잘 타는 경향이 있고, 부모가 이혼을 한 딸들은 남성에게 지나치게 공격적인 접근을 보인다는 것이다. 이는 부친부재가 딸들에게 영향을 준다는 사실을 시사해 준다. 이 경우 성(性)동일시의 대상으로서 아버지가 없기 때문이 아니라 어머니가 남성에 대해서 행하는 상호교류의 모델이 결여된 데에 그 원인을 찾을 수 있다.

(2) 심리학적인 접근

심리학적인 접근은 미혼모가 되는 요인을 좀 더 의식수준에 있는 것으로 본다. 임신은 어린 시절의 사회화 과정에서 제대로 사랑을 받지 못하고 자란 사람이 사랑의 대상을 얻기 위한 수단이거나, 성공이나 성취를 얻는 다른 방법이 봉쇄되어 있을 때 인정을 얻기 위한 수단이라는 것이다.

(3) 사회학적인 접근

사회학적 접근에는 두 가지 입장이 있다. 하나는 혼전임신을 집단에 속해 있는 개인이 그 집단의 규범 및 행동방식을 따른 결과로 보며, 이 경우 혼전임신은 친구집단의 영향에 의한 것으로 설명된다. 또 다른 입장은 혼전임신을 계층적 지위와 관련시킨다. 사회・경제적인 지위가 낮은 가정에서 태어나 충분히 교육을 받지 못하고 장래에 대한 기대를 가질 수 없을 때는 일정한 시기 이후까지 성적인 충동을 연기할 수 있는 유인동기를 갖기 힘들게 된다. 이러한 경우 성행위를 억제하는 것이 힘들어지게 되고 그 결과 미혼모가 되게 된다는 것이다.

3) 미혼부모를 위한 복지대책

고대에서는 미혼모와 사생아에 대하여 대체로 징벌적・차별적인 태도를 취하였다. 뿐만 아니라 이들은 출생시부터 부모에게서 버림받았다는 열등감과 죄의식으로 다른 사람들과 정상적인 대인관계를 이루기가 힘들어 더욱 고립되는 위치에 놓이게 되었다.

영국에서는 1576년 Elizabeth법에 의해 사생아에 대한 책임을 부와 모가 지도록 함으로써 이들도 일반아동과 같이 취급되도록 했다. 미국에서는 1972년 대법원에서 아동은 그의 출생에 대하여 책임이 없다는 판결을 내려 사생아를 보호하도록 하였다.

우리나라에서는 1969년 최초로 한국기독교양자회에서 미혼모 상담실을 개설하였으며 1972년과 1973년에는 홀트아동복지회, 대한사회복지회, 한국사회봉사회, 한국십자군연맹, 서울시부녀상담소 등에서 미혼모 상담을 하기에 이르렀다. 그 외 구세군과 애란복지회에서 거처할 곳이 없는 미혼모들에게 숙식을 제공하고 보호하는 서비스를 하고 있다. 미혼부모와 그들의 자녀를 위한 복지대책을 사전적 대책과 사후적 대책으로 나누어 볼 수 있다.

(1) 사전적 대책

미혼부모 예방을 위한 사전적 대책을 살펴보면 다음과 같다.

① 자녀들에 대한 부모의 애정어린 관심의 촉구 및 적절한 가정교육

② 학교교육에 있어서 성교육의 강화

③ 청소년문제를 전담할 수 있는 기구의 설치

④ 사회·문화시설의 확충으로 젊은 남녀의 건전한 교제를 유도

⑤ 결손가정에 대한 지원사업

(2) 사후적 대책

가. **미혼모** : 미혼모가 일반적으로 안고 있는 문제로는 임신한 아기의 처리문제와 앞으로 자신의 거처문제를 대표적으로 들 수 있다. 따라서 미혼모에게는 다음과 같은 서비스를 제공하여야 한다.

① 전문가와의 상담을 통하여 앞으로의 방향을 결정한다.

② 미혼모를 위한 임시위탁시설의 설치를 한다.

③ 출산할 아동을 포기할 경우 거택구호의 실시를 한다.

④ 출산에 따르는 산전·산후의 의료서비스를 제공한다.

⑤ 미혼모의 사회복귀를 위한 직업교육의 실시 및 취업알선을 한다.

⑥ 정서적 측면으로 임신후회, 우울, 근심, 사회적 불안정, 죄책감, 수치, 현실왜곡, 부정 등의 정서적인 문제를 도와준다.

나. 아동

① 아동에 대한 생모의 감정과 가족이나 미혼부에 대한 감정을 구분하고, 아동과 자신을 위해 진정으로 바람직한 해결책이 무엇인지 결정하도록 돕는다.

② 결혼, 편부모로서의 양육능력에 대한 평가, 입양을 위한 친권 포기여부 등의 문제에서 미혼모의 결정을 도와주고 지지해준다.

③ 아동을 양육할 경우에 도움을 받을 수 있는 지역사회 지원에 대한 정보 제공을 해준다.

다. 미혼부 : 미혼부도 미혼모 못지않게 심리적인 갈등과 불안을 느끼게 되므로 그것을 해소하고 가능한 한 바람직한 방법으로 문제를 해결할 수 있도록 도와주어야 한다.

즉 미혼모와 아기에 대한 태도와 책임을 분명히 결정할 수 있도록 인간적인 상담을 실시하고 어떠한 대책이 마련되면 이에 따른 실질적인 도움을 제공하여야 한다. 구체적인 방안으로는 결혼, 친권포기, 경제적인 지원 등이 포함된다. 미혼부에게 제공되는 복지대책은 다음과 같다.

① 심리적으로 아버지 됨에 대한 준비를 시킨다.

② 미혼부가 이행해야 하는 책임의 확인과 이에 대해 결정을 내리도록 돕는다. 미혼모와의 관계를 명확히 함으로써 과다한 죄의식 없이 문제를 해결하고 결혼결정을 돕는다.

③ 미혼부가 됨으로써 갖게 되는 정서적 문제해결, 미혼부 재발가능성을 감소시키는 데 기여한다.

④ 법적절차에 대한 정보를 제공한다.

⑤ 미혼부가 자신의 친부모의 지지와 도움을 받기 위해 친부모와 함께 문제를 의논할 것인가를 결정하도록 돕는다.

4) 미혼부모사업의 접근방법과 과제

(1) 접근방법

가. 개별상담 : 개별적으로 미혼부모의 상담을 받아 비교적 그들의 요구에 합당한 실제적인 서비스를 제공하여 주는데, 의료서비스, 위탁 및 거택보호의 제공과 친권포기의 경우 입양에 대한 상담을 진행한다.

나. 집단사업 : 일정한 기간 동안 집단으로 수용하여 거택보호를 하는 것으로서 숙식제공, 출산에 따르는 의료혜택과 직업훈련을 실시한다. 소수의 미혼모를 모아 그들의 문제해결을 위해 공동으로 해결방법으로 모색하는 과정이다.

(2) 미혼부모사업의 과제 및 개선방향

미혼부모사업을 효율적으로 실시하기 위한 과제는 다음의 세 가지 측면에서 고려될 수 있다.

가. 관계법령 및 복지제도의 확충(치료적 측면)

① 미혼모 숙식보호와 직업보도를 하고 있는 부녀직업보도소를 확충해야 한다. 산전・산후 보호시설과 분만비 보조는 가장 절실히 요구되는 서비스로 현재 그 절대수가 부족하다. 따라서 미혼모를 위한 부녀직업보도소를 중점적으로 증설하여 계속 증가될 미혼모를 보호할 필요가 있다.

② 모자보건법을 강화시켜 미혼모 예방서비스의 법적 근거를 마련해야 한다. 이는 가족계획 사업과 원하지 않는 아이에 대한 합법적인 임신중절, 성교육, 피임계몽 등을 효과적으로 전개하는 방안을 강구해야 한다.

나. 서비스 개선방안

① 전문기관의 증설 및 전문요원 확보가 필요하다. 미혼모 내지 청소년문제를 다루는 사업기관 및 시설의 절대수가 부족하다. 따라서 국・공립기관을 증설하고 아울러 상담서비스의 질적 강화를 위해 전문요원의 훈련과 확보가 필요하다.

② 미혼모 자립대책을 위한 직업보도서비스가 강화되어야 한다. 현재 미혼모를 수용・보호하고 있는 전통적인 부녀직업보도소 직종에서 벗어나 현대사회의 노동시장의 수요에 적합한 새로운 직종개발로서 실제적인 직업보도가 되도록 하고, 시설퇴소 후에는 직업알선을 하여 자립할 수 있도록 해줄 필요가 있다.

③ 전화상담 안내시설의 확충이 필요하다. 미혼여성들의 경우 성문제로 상담을 하러 가는 것에 대하여 수치스럽게 생각한다. 따라서 기본적인 성과 피임에 관한 지식을 상담할 수 있도록 각 지역마다 전화상담 안내 설치가 강화되어야 한다.

④ 종합적인 복지시설의 설치운영이 필요하다. 현재 각 기관별로 분리되어 소수의 민간기관에서 실시하고 있는 서비스체제에서 탈피하여 미혼모 예방 및 치료대책에 관한 적극적인 정책지원과 아울러 상담사업과 입양서비스, 분만의료서비스, 숙식보호와 기술지도, 사후지도 등을 할 수 있는 종합적인 복지시설의 설치운영이 필요하다.

제4부 부록

참고문헌

1. 국내서적

강지원 외(1996), 『청소년비행상담』, 청소년 대화의 광장.

고수현 외(2002), 『사회복지개론』, 대학출판사.

교육부, 『교육통계연보』, 해당년도.

권육상(1999), 『사회복지실천론』, 학문사.

김광웅 · 박성연 역(1995), 『아버지의 역할과 아동발달』, 이화여대 출판부.

김만두(1997), 『효과적인 복지서비스를 위한 사례관리실천론』, 홍익제.

김문조(1991), 『향학문화와 청소년가출, 가출청소년 어디로 가고 있나』, 청소년가출에 대한 설문보고서.

김성천 · 윤혜미(2000), "가족복지 증진을 위한 정책 대안 연구", 『보건복지부 연구보고서』.

김용태(1999), 『가족치료이론』, 학지사.

김유숙(1998), 『가족치료』, 학지사.

김유숙(2000), 『가족상담』, 학지사.

김윤재 · 최윤진 · 김은희(2006), 『건강가정론』, 동문사.

김융일 외(1996), 『사회복지실천론』, 나남.

김융일 · 조홍식 · 김연옥(1995), 『사회사업실천론』, 나남출판사.

김익균(2001), 『보육행정론』, 양서원.

김익균(2003), 『가족복지론』, 교문사.

김익균 외(2003), 『가족문제론』, 창지사.

김익균 외(2004a), 『사회복지법제』, 대학출판사.

김익균 외(2004b), 『아동발달』, 교문사.

김익균 외(2005), 『사회복지실천론』, 교문사.

김익균 외(2007), 『아동상담』, 교문사.

김익균 · 고순철(1997), 『한국지역사회복지론』, 대학출판사.

김익균 · 정원주(2000), 『보육학개론』, 대학출판사.

김일기・심영희(1992), 『가정폭력의 실태와 대책에 관한 연구』, 형사정책연구원.
김향초(1998), 『가출청소년의 이해』, 학지사.
김혜란 외(2001), 『사회복지실천기술론』, 나남.
남세진・조흥식(1997), 『집단지도방법론』, 서울대 출판부.
남인순(1999), "가정과 여성복지－주요 흐름과 향후 과제", 『월간 복지동향』, 12월.
노융희(1992), 『지방행정환경 변화 전망과 지방자치의 발전방향』, 한국행정연구원.
노혜련(2000), "국내입양의 발전과 활성화를 위한 사회적 인식의 개선방안", 『홀트소식』, 11~12월.
대검찰청, 『범죄분석』, 해당년도.
대구대학교 사회복지연구소(1986), 『사회복지사전』, 경진사.
박용순(2001), 『사회복지개론』, 학지사.
변화순 외(2000), 『최근 가족해체 실태 및 복지대책』, 한국여성개발원.
서울대 사회복지실천연구회 역(1999), 『사회복지실천기법과 지침』, 나남.
서울여성의 전화, "서울여성의전화 1/4 통계 분석글", http://hotline.jinbo.-net/index1.html, n.d.
성미애・이현아(2004), 『건강가정사의 역할, 자격 및 양성방안』, 한국가족자원경영학회 8-3.
송정아 외(1998), 『가정생활교육론』, 교문사.
신섭중(2001), 『한국사회복지정책론』, 대학출판사.
신섭중 외(1995), 『현대복지학총람』, 대학출판사.
신섭중 외(2001), 『사회복지법제』, 대학출판사.
아산복지재단(1997), 『아동복지편람』.
안동환(2000), "가정폭력 대응 능력의 현황과 과제", 『가정폭력대응전략을 위한 대토론회 자료집』.
양승우(2006), "가족정책 성과와 과제", 『가족정책토론회』, 여성가족부.
엄명용 외(2000), 『사회복지실천의 이해』, 학지사.
엄명용(2000), 『가정폭력대응전략을 위한 대토론회 자료집』.
에반스 외, 성숙진 역(2000), 『상담의 필수 기술』, 나남.
여성가족부(2005), 『건강가정기본법 개정안 마련을 위한 연구』.
유성호 외(2000), 『노인복지론』, 아시아미디어리서치.
유영주(1990), 『신가족관계론』, 교문사.
유영주 외(1995), 『결혼과 가족』, 경희대학교 출판국.
유영주 외(2000), 『가족관계학』, 교문사.
윤현숙 외(2001), 『사회복지실천기술론』, 동인.

이근홍(1998), 『케이스메니지먼트』, 대학출판사.

이근홍(2003), 『인간행동과 사회환경』, 대학출판사.

이기숙(1993), 『유아교육과정』, 교문사.

이기영 외(2004), 『가정의 건강성증진을 위한 가정정책의 개발』, 국회 보건사회위원회 정책연구보고서.

이배근(1995), "아동학대 예방 및 치료사업", 『한국아동복지학』 3호.

이소희 외(1998), 『현대가족복지론』, 양서원.

이숙종 · 문연심 · 안형준 · 이창석 · 윤황지 · 이원숙(1997), 『아동복지의 이해 : 이론과 실제』, 학문사.

이연숙(1998), 『성인을 위한 가족생활교육론』, 학지사.

이용교 역(1993), 『아동학대연구』, 다울.

이원숙(2004), 『가족복지론』, 학지사.

이정덕 외(1999), 『결혼과 가족의 이해』, 학지사.

이정연 · 장진경 · 정혜정 옮김(1996), 『가족생활교육의 실제』, 도서출판 하우.

이화여자대학교 사회복지연구회 역(2001), 『가족복지실천론』, 나눔의집.

장동일(2001), 『한국사회복지법의 이해』, 학문사.

장인협(1999), 『사회복지실천론(上)』, 서울대학교 출판부.

장인협 · 오정수(1993), 『아동청소년복지론』, 서울대학교 출판부.

장창호(2001), 『케어매니지먼트 실천론』, 아시아미디어리서치.

정기원 외(1995), 『장애인 실태조사』, 한국보건사회연구원.

정옥분 · 정순화(2002), 『부모교육』, 양서원.

정춘숙(1999a), "가정폭력과 가족의 인권", 『월간 복지동향』, 5월.

정춘숙(1999b), "가정폭력방지법 시행 일주년과 여성인권", 『월간 복지동향』, 8월.

정현숙 · 최연실(1998), 『결혼학개론』, 상명대학교 출판부.

정희연(1999), "영유아보육법의 개정 방향", 『월간 복지동향』, 10월.

조복희 편(1995), 『아동발달의 이해』, 교육과학사.

조흥식 외(2002), 『가족복지학』, 학지사.

주정일 · 이소희(1992), 『아동복지학』, 교문사.

청소년개발원(1993), 『청소년복지론』.

청소년학회(1996), 『청소년 약물남용 실태와 예방대책 연구』.

최경석 외(2001), 『한국 가족복지의 이해』, 인간과복지.

최선희 외(2005), 『건강가정 실천프로그램 매뉴엘 I, 가족(전체) 기능향상프로그램』, 한국성서대학교

특성화사업단, 건강가정서비스 연구센터자료집.
통계청, 『한국통계연감』, 해당년도,
표갑수(1996), 『아동・청소년복지론』, 청주대학교 출판부.
하상락 편(1989), 『한국사회복지사론』, 박영사.
한국가족상담연구소(2004), 『가족생활 교육프로그램 자료집』, 한국가족상담연구소.
한국가족연구회(1993a), 『가족학』, 하우.
한국가족연구회(1993b), 『이혼과 가족문제』, 하우.
한국사회복지협의회(1994), 『사회복지사전』.
한국여성개발연구원(1990), 『한국 가족정책에 관한 연구』.
한국유아교육학회(1995), 『유아교육백서』.
한국유아교육학회(1996), 『유아교육사전』.
한국청소년연구원(1992a), 『청소년문제론』.
한국청소년연구원(1992b), 『청소년심리학』.
홍숙자(2001), 『노년학 개론』, 도서출판 하우.

대법원홈페이지
보건복지부홈페이지
여성가족부홈페이지
여성개발원홈페이지
중앙건강가정지원센터홈페이지
한국보건사회연구원홈페이지

2. 외국서적

高玉和子(1996), 『兒童福祉學』, 文化書房博文社.
全國社會福祉協議會(1994), 『社會福祉』.
野坂勉・秋山智久編(1988), 『社會福祉方法論 講座』, 誠信書房.
介護福祉士養成講座(1992), 『社會福祉援助技術』, 中央法規.
岡本民夫編(1998), 『社會福祉援助技術演習』, 川島書店.
新・社會福祉學習双書編(1998), 『社會福祉援助技術各論 I』, 全國社會福祉協議會.
小田兼三・岡本民夫 編(1995), 『社會福祉援助技術總論』, ミネルヴァ書房,

Alderson, P.(2000), "The Rights of Young Children", pp.158~169 in *Early Childhood Services : Theory, Policy, and Practice*, edited by H. Penn. Buckingham, UK : Open Univ. Press.

Andersen, M. L.(2000), *Thinking about Women : Sociological Perspectives on Sex and Gender* (5th ed), Needam Heights, MA : Allyn and Bacon.

Andrews, A. B.(1999), and A. Ben-Arieh, "Measuring and Monitoring Children's Well-Being across the World", *Social Work*, 44(2).

Bernardes, J.(1991), "We must mot define 'the family'", paper presented to the International Sociological Association Committee on Family Research seminar, Norway.

Betty Carter, and Monica McGoldrick(1989), *The Changing Family Life Cycle : A Framework for Family Therapy*, 2nd ed. Copyright 1989 by Alley and Bacon. Reprinted by permission.

Brieland, D. B. and W. S. Korr(1994), "Act Now for Children's Rights", *Social Work*, 39(1).

Bronstein, P. & Cowan, C. P.(Eds.) (1988), *Fatherhood Today : Men's Changing Role in the Family*, New York : Wiley.

Brubaker, T. H.(Eds.) (1993), *Family Relationship : Current and Future Directions*, Newbury Park, CA : Sage.

Castellucci, D. K.(2000), "Privacy, Confidentiality, and Anonymity in Adoption", *Voice of Adoption*, [on line] http://www.ibar.com/voices.

Costin, L. B. and Rapp(1984), *Child Welfare : Policies and Practice*, New York : McGraw-Hill,.

Daniek, P. and J. Ivatts(1998), *Children and Social Policy*, London : MacMillan.

DeShazer, S.(1988), *Keys to Solutions in Brief Therapy*, New York : Norton.

Downs, S. W., E. Moore, E. J. McFadden, and L. B. Costin(2000), *Child Welfare and Family Services : Policies and Practice* (6th ed), Boston, MA : Allyn and Bacon.

Duvall, E. M.(1977), *Marriage & Development*, New York : J. B. Lippincott Co.

Eitzen, D. S. and M. B. Zinn(2000), *Social Problems* (8th ed), Needham Heights, MA : Allyn & Bacon.

Erikson, E. H.(1963), *Childhood and Society*, 2nd ed., New York : Norton.

______(1968), *Identity : Youth and Crisis*, New York : Norton.

______(1982), *The Life Cycle Completed*, New York : Norton.

Feldman F. L. & Ssherz F H.(1967), *Family Social Welfare*, Chicago : Aldine Publishing Co.

Fine, M. J. & Henry S. A.(1989), *Prossional issues in parent education*. In M. J.(Ed.), Handbook on parent education, San Diego, CA : Academic Press〉

Freeman, M.(1983), "The Concept of Children's Rights", pp.27~39 in *Providing Civil Justice for Children*, edited by H. Geach, E. Szwed, London : Edward Arnold.

Ginsburg, M.(1993), "Sweden : The Social-Democratic Case", pp.173~203 in *Comparing the Welfare States : Britain in International Context*, edited by A. Cochrane and J. Clarke, London : Sage, 1993.

Goldenberg, I., & Goldenberg, H.(2000), *Family Therapy an Overview*, California : Pacific Grove, Brooks/Cole Press.

Gordon, M.(1996), *Social Security Policies in Industrial Countries*, Cambridge : Cambridge Univ. Press.

Gurman, A. S & Kniskern, D. P.(1981), *Handbook of Family Therapy*, Brunner/Mazel, Publishers, New York.

Gustavsson, N. S. and E. A. Segal(1994), *Critical Issues in Child Welfare*, Thousands Oaks, CA : Sage.

Hunter, S. & Sundel, M.(Eds.)(1989), *Midlife Myths*, Newbury Park, CA : Sage.

Jones, C. L., Tepperman, L., & Wilson, S. J.(1995), *The Future of the Family*, Englewood Cliffs, NJ : Prentice-Hall.

Kadushin, A.(1978), *Child Welfare*, U.S.A., Macmillan Publishing Co., Inc.

Laosa, L. & Sigel, I.(Eds.)(1982), *The Family as a Learning Environment*, New York : Plenum.

Maccoby, E. E. & Martin, J. A.(1983), Socialization in the Context of the Family : Parent-Child Interaction, in Mussen, P. H. (Ed.), *Handbook of Child Psychology*, 4th ed. Vol. 4, New York : Wiley.

Maccoby, E. E.(1980), *Social Development*, New York : Harcourt Brace Jovanovich.

Maddox, G. L.(Ed.)(1987), *The Encyclopedia of Aging*, New York : Springer.

Masters, W. H., Johnson, V. E. & Kolodny, R. C.(1995), *Human Sexuality*, 5th ed., New York : HarperCollins.

Moxley, David P.(1989), *The Practice of Case Management*, Newbury Park, CA : Sage Publications.

Olson, D. H. & Defrain, J.(2003), *Marriage and Families-Intimacy*, Diversity, and Strengths, McGrawhill. Co.

Stirey, L. Zimmerman(2003), *Family Policy*, Sage Publication.

Zanden, J. W. V.(1997), *Human Development*, 6th ed., New York : McGraw-Hill Co., Inc., Zastrow, C. & Kirst-Ashman, K. K.(1997), *Understanding Human Behavior and the Social Environment*, 4th ed., Chicago, IL : Nelson-Hall Publishers.

건강가정기본법

[일부개정 2005.3.24 법률 7413호]

제1장 총칙

제1조 (목적) 이 법은 건강한 가정생활의 영위와 가족의 유지 및 발전을 위한 국민의 권리·의무와 국가 및 지방자치단체 등의 책임을 명백히 하고, 가정문제의 적절한 해결 방안을 강구하며 가족구성원의 복지증진에 이바지할 수 있는 지원정책을 강화함으로써 건강가정 구현에 기여하는 것을 목적으로 한다.

제2조 (기본이념) 가정은 개인의 기본적인 욕구를 충족시키고 사회통합을 위하여 기능할 수 있도록 유지·발전되어야 한다.

제3조 (정의) 이 법에서 사용하는 용어의 정의는 다음과 같다.

1. '가족'이라 함은 혼인·혈연·입양으로 이루어진 사회의 기본단위를 말한다.
2. '가정'이라 함은 가족구성원이 생계 또는 주거를 함께 하는 생활공동체로서 구성원의 일상적인 부양·양육·보호·교육 등이 이루어지는 생활단위를 말한다.
3. '건강가정'이라 함은 가족구성원의 욕구가 충족되고 인간다운 삶이 보장되는 가정을 말한다.
4. '건강가정사업'이라 함은 건강가정을 저해하는 문제(이하 '가정문제'라 한다)의 발생을 예방하고 해결하기 위한 여러 가지 조치와 가족의 부양·양육·보호·교육 등의 가정기능을 강화하기 위한 사업을 말한다.

제4조 (국민의 권리와 의무)

① 모든 국민은 가정의 구성원으로서 안정되고 인간다운 삶을 유지할 수 있는 가정생활을 영위할 권리를 가진다.

② 모든 국민은 가정의 중요성을 인식하고 그 복지의 향상을 위하여 노력하여

야 한다.

제5조 (국가 및 지방자치단체의 책임)

① 국가 및 지방자치단체는 건강가정을 위하여 필요한 제도와 여건을 조성하고 이를 위한 시책을 강구하여 추진하여야 한다.

② 국가 및 지방자치단체는 제1항의 시책을 강구함에 있어 가족구성원의 특성과 가정 유형을 고려하여야 한다.

③ 국가 및 지방자치단체는 민주적인 가정 형성, 가정친화적 환경조성, 양성평등한 가족가치 실현 및 가사노동의 정당한 가치평가를 위하여 노력하여야 한다.

제6조 (다른 법률과의 관계) 국가는 건강가정사업과 관련되는 다른 법률을 제정 또는 개정하는 경우에는 이 법에 부합되도록 하여야 한다.

제7조 (가족가치) 가족구성원은 부양・자녀양육・가사노동 등 가정생활의 운영에 함께 참여하여야 하고 서로 존중하며 신뢰하여야 한다.

제8조 (혼인과 출산)

① 모든 국민은 혼인과 출산의 사회적 중요성을 인식하여야 한다.

② 국가 및 지방자치단체는 출산과 육아에 대한 사회적 책임을 인식하고 모성보호와 태아의 건강보장 등 적절한 출산환경을 조성하기 위하여 적극적으로 지원하여야 한다.

제9조 (가족해체 예방)

① 가족구성원 모두는 가족해체를 예방하기 위하여 노력하여야 한다.

② 국가 및 지방자치단체는 가족해체를 예방하기 위하여 필요한 제도와 시책을 강구하여야 한다.

제10조 (지역사회자원의 개발・활용) 국가 및 지방자치단체는 건강한 가정구현에 기여할 수 있도록 지역사회자원을 최대한 개발하고 활용하여야 한다.

제11조 (정보제공) 국가 및 지방자치단체는 가족구성원에게 건강한 가정생활을 영위하는 데 도움이 되는 정보를 최대한 제공하고 가정생활에 관한 정보관리체계를 확립하여야 한다.

제12조 (가정의 날) 가정의 중요성을 고취하고 건강가정을 위한 개인·가정·사회의 적극적인 참여분위기를 조성하기 위하여 매년 5월을 가정의 달로 하고, 5월 15일을 가정의 날로 한다.

제2장 건강가정정책

제13조 (중앙건강가정정책위원회)

① 건강가정에 관한 주요시책을 심의하기 위하여 국무총리소속하에 중앙건강가정정책위원회(이하 '중앙위원회'라 한다)를 둔다.

② 중앙위원회는 다음 각호의 사항을 심의한다.

1. 건강가정기본계획의 수립 및 시행에 관한 사항
2. 건강가정을 위한 중·장기 발전방향
3. 건강가정제도의 개선에 관한 사항
4. 건강가정정책의 평가
5. 건강가정 전담인력의 선발·관리에 관한 기본 방안
6. 국가 및 지방자치단체의 역할 및 비용 분담
7. 그 밖에 중앙위원회 위원장이 부의하는 사항

③ 중앙위원회는 제2항의 심의사항을 검토·연구하기 위하여 중앙위원회에 건강가정실무기획단(이하 '실무기획단'이라 한다)을 둔다.

④ 중앙위원회는 직무수행을 위하여 필요한 때에는 전문적인 지식과 경험이 있는 관계공무원 또는 관계전문가를 참석하게 하여 의견을 듣거나 관계기관·단체 등에 대하여 필요한 자료 또는 의견의 제출 등 필요한 협조를 요청할 수 있다.

⑤ 중앙위원회의 구성·조직 그 밖의 운영 및 실무기획단의 운영에 관하여 필요한 사항은 대통령령으로 정한다.

제14조 (시・도 건강가정위원회)

① 건강가정에 관한 중요사항을 심의하기 위하여 특별시・광역시・도(이하 '시・도'라 한다)에 건강가정위원회(이하 '시・도 위원회'라 한다)를 둔다.

② 시・도 위원회는 다음 각호의 사항을 심의한다.

1. 건강가정에 관한 시행계획
2. 건강가정을 위한 재정지원
3. 건강가정과 관련된 사업
4. 그 밖에 시・도 위원회 위원장이 부의하는 사항

③ 시・도 위원회의 구성・조직 그 밖의 운영에 관하여 필요한 사항은 대통령령으로 정한다.

제15조 (건강가정기본계획의 수립)

① 여성가족부장관은 관계중앙행정기관의 장과 협의하고 중앙위원회의 심의를 거쳐 건강가정기본계획(이하 '기본계획'이라 한다)을 5년마다 수립하여야 한다. 〈개정 2005.3.24〉

② 기본계획에는 다음 각호의 사항이 포함되어야 한다.

1. 가족기능의 강화 및 가정의 잠재력개발을 통한 가정의 자립증진대책
2. 사회통합과 문화계승을 위한 가족공동체문화의 조성
3. 다양한 가족의 욕구충족을 통한 건강가정 구현
4. 민주적인 가족관계와 양성평등적인 역할분담
5. 가정친화적인 사회환경의 조성
6. 가족의 양육・부양 등의 부담완화와 가족해체예방을 통한 사회비용 절감
7. 위기가족에 대한 긴급 지원책
8. 가족의 건강증진을 통한 건강사회 구현
9. 가족지원정책의 추진과 관련한 재정조달 방안

③ 기본계획은 국무회의의 심의를 거쳐 확정한다.

④ 여성가족부장관은 확정된 기본계획을 지체 없이 관계중앙행정기관의 장 및 특별시장・광역시장・도지사(이하 '시・도지사'라 한다)에게 통보하여야 한다. 〈개정 2005.3.24〉

제16조 (연도별 시행계획의 수립 · 시행 등)

① 여성가족부장관, 관계중앙행정기관의 장 및 시 · 도지사는 매년 기본계획에 따라 건강가정시행계획(이하 '시행계획'이라 한다)을 수립 · 시행 및 평가하여야 한다. 이 경우 관계중앙행정기관의 장 및 시 · 도지사는 그 시행계획 및 추진실적을 매년 여성가족부장관에게 제출하여야 한다.〈개정 2005.3.24〉

② 시행계획의 수립 · 추진 및 평가에 관하여 필요한 사항은 대통령령으로 정한다.

제17조 (시 · 도별 시행계획의 조정 등)

① 여성가족부장관은 기본계획에 기초하여 시 · 도별 시행계획을 조정하고 그 이행상황을 점검하여야 한다.〈개정 2005.3.24〉

② 여성가족부장관은 시 · 도별 시행계획이 기본계획 및 중앙행정기관의 시행계획에 위배되는 경우에는 당해 시 · 도지사에게 이를 변경하도록 요구할 수 있다.〈개정 2005.3.24〉

제18조 (계획수립의 협조)

① 여성가족부장관, 관계중앙행정기관의 장 및 시 · 도지사는 기본계획 또는 시행계획의 수립 · 시행을 위하여 필요한 때에는 관계공공기관 · 사회단체 그 밖의 민간기업체의 장에게 협조를 요청할 수 있다.〈개정 2005.3.24〉

② 제1항의 규정에 의하여 협조요청을 받은 자는 특별한 사유가 없는 한 이에 응하여야 한다.

제19조 (교육 · 연구의 진흥)

① 국가 및 지방자치단체는 건강가정과 관련된 연구를 진흥하고 전문가를 양성하여야 한다.

② 국가 및 지방자치단체는 건강가정을 위한 교육프로그램을 지속적으로 개발 · 제공하여야 한다.

제20조 (가족실태조사)

① 국가 및 지방자치단체는 개인과 가족의 생활실태를 파악하고, 건강가정 구현 및 가정문제 예방 등을 위한 서비스의 욕구와 수요를 파악하기 위하여 5년마

다 가족실태조사를 실시하고 그 결과를 발표하여야 한다.

② 제1항의 규정에 의한 가족실태조사를 위하여 필요한 사항은 여성가족부령으로 정한다.〈개정 2005.3.24〉

제3장 건강가정사업

제21조 (가정에 대한 지원)

① 국가 및 지방자치단체는 가정이 원활한 기능을 수행하도록 지원하여야 한다.

② 제1항의 규정에 의하여 지원하여야 할 사항은 다음 각호와 같다.

1. 가족구성원의 정신적·신체적 건강지원
2. 소득보장 등 경제생활의 안정
3. 안정된 주거생활
4. 태아검진 및 출산·양육의 지원
5. 직장과 가정의 양립
6. 음란물·유흥가·폭력 등 위해환경으로부터의 보호
7. 가정폭력으로부터의 보호
8. 가정친화적 사회분위기의 조성
9. 그 밖에 건강한 가정의 기능을 강화·지원할 수 있는 관련 사항

③ 국가 및 지방자치단체는 취업여성의 임신·출산·수유와 관련된 모성보호 및 부성보호를 위한 유급휴가시책이 확산되도록 노력하여야 한다.

④ 국가 및 지방자치단체는 모·부자가정, 노인단독가정, 장애인가정, 미혼모가정, 공동생활가정, 자활공동체 등 사회적 보호를 필요로 하는 가정에 대하여 적극적으로 지원하여야 한다.

⑤ 제2항 및 제4항의 규정에 의한 국가 및 지방자치단체의 지원에 관한 세부적 사항은 관계법률이 정하는 바에 의한다.

제22조 (자녀양육지원의 강화)

① 국가 및 지방자치단체는 자녀를 양육하는 가정에 대하여 자녀양육으로 인한 부담을 완화하고 아동의 행복추구권을 보장하기 위한 보육 및 방과 후 서비

스, 양성 평등한 육아휴직제 활용을 적극적으로 확대하여 나아가야 한다.

② 국가 및 지방자치단체는 가사노동의 가치에 대한 사회적 인식을 제고하고 이를 관련 법・제도 및 가족정책에 반영하도록 노력하여야 한다.

第23조 (가족단위 복지증진)

① 국가 및 지방자치단체는 사회보험・공공부조 등 사회보장제도의 운용과 관련하여 보험료의 산정・부과, 급여 등을 운용함에 있어서 가족을 지지하는 시책을 개발・추진하여야 한다.

② 국가 및 지방자치단체는 경제・사회, 교육・문화, 체육, 지역사회개발 등 각 분야의 제도・정책 및 사업을 수립・추진함에 있어 가족을 우대하는 방안을 강구하여야 한다.

第24조 (가족의 건강증진) 국가 및 지방자치단체는 영・유아, 아동, 청소년, 중・장년 등 생애주기에 따르는 가족구성원의 종합적인 건강증진대책을 마련하여야 한다.

第25조 (가족부양의 지원)

① 국가 및 지방자치단체는 영・유아 혹은 노인 등 부양지원을 요하는 가족구성원이 있는 가정에 대하여 부양부담을 완화하기 위한 시책을 적극적으로 강구하여야 한다.

② 국가 및 지방자치단체는 질환이나 장애로 가족 내 수발을 요하는 가족구성원이 있는 가정을 적극 지원하며, 보호시설을 이용할 수 있도록 전문보호시설을 확대하여야 한다.

③ 국가 및 지방자치단체는 가족구성원 중 장기요양을 필요로 하는 질병이나 사고로 간병을 요할 경우 가족간호를 위한 휴가 등의 시책을 마련하여야 한다.

第26조 (민주적이고 양성평등한 가족관계의 증진)

① 국가 및 지방자치단체는 부부 및 세대 간에 가족갈등이 있는 경우 이를 예방・상담하고, 민주적이고 양성평등한 가족관계를 증진시킬 수 있도록 가족지원서비스를 확대하고, 다양한 가족생활교육・부모교육・가족상담・평등가족홍보 등을 추진하여야 한다.

② 국가 및 지방자치단체는 가정폭력이 있는 가정의 경우 가정폭력피해자와 피해자가족에 대한 개입에 있어 전문가의 체계적인 개입과 서비스가 이루어지도록 노력하여야 한다.

제27조 (가족단위의 시민적 역할증진)

① 국가 및 지방자치단체는 가족의 결속력과 가족구성원의 발전을 위하여 가족이 시민으로서의 역할을 증진할 수 있는 기회와 서비스를 제공하여야 한다.

② 국가 및 지방자치단체는 가족단위의 자원봉사참여가 확대되도록 노력하여야 한다.

제28조 (가정생활문화의 발전)

① 국가 및 지방자치단체는 건강가정의 생활문화를 고취하고 그에 대한 지원정책을 수립하여야 한다.

② 국가 및 지방자치단체가 지원하여야 하는 건강가정의 생활문화는 다음 각호의 사항을 포함한다.

1. 가족여가문화
2. 양성평등한 가족문화
3. 가족단위 자원봉사활동
4. 건강한 의식주 생활문화
5. 합리적인 소비문화
6. 지역사회 공동체문화
7. 그 밖에 건강가정의 생활문화와 관련된 사항

제29조 (가정의례)

① 개인과 가정은 건전한 가정의례를 확립하도록 노력하여야 한다.

② 국가 및 지방자치단체는 건전한 가정의례를 확립하기 위한 지원정책을 수립하여야 한다.

제30조 (가정봉사원)

① 국가 및 지방자치단체는 건강한 가정을 유지하기 위하여 필요한 경우에는

가정을 방문하여 가사・육아・산후조리・간병 등을 돕는 가정봉사원(이하 '가정봉사원'이라 한다)을 지원할 수 있다.

② 가정봉사원은 여성가족부령이 정하는 바에 따라 교육을 받아야 한다.〈개정 2005.3.24〉

③ 국가 및 지방자치단체는 가정봉사원에게 예산의 범위 안에서 일정금액을 지급할 수 있다.

④ 가정봉사원의 지원에 관하여 필요한 사항은 여성가족부령으로 정한다.〈개정 2005.3.24〉

제31조 (이혼예방 및 이혼가정지원)

① 국가 및 지방자치단체는 이혼하고자 하는 부부가 이혼 전 상담을 받을 수 있게 하는 등 이혼조정을 내실화할 수 있도록 필요한 조치를 강구하여야 한다.

② 국가 및 지방자치단체는 이혼의 의사가 정해진 가족에 대하여 이들 가족이 자녀양육・재산・정서 등의 제반 문제를 준비할 수 있도록 도움을 주는 지원서비스를 제공하도록 하여야 한다.

③ 국가 및 지방자치단체는 이혼한 가족에 대하여 양육비에 대한 집행력의 실효성을 강화하고 그 적용대상을 확대하도록 하여야 한다.

제32조 (건강가정교육)

① 국가 및 지방자치단체는 건강가정교육을 실시하여야 한다.

② 제1항의 규정에 의한 교육내용에는 다음 각호의 사항이 포함되어야 한다.

1. 결혼준비교육
2. 부모교육
3. 가족윤리교육
4. 가족가치실현 및 가정생활 관련교육 등

③ 제1항의 규정에 의한 건강가정교육에 관하여 필요한 사항은 여성가족부령으로 정한다.〈개정 2005.3.24〉

제33조 (자원봉사활동의 지원) 국가 및 지방자치단체는 건강가정과 관련되는 자원봉사활동사업을 육성하고 장려하여야 한다.

제4장 건강가정전담조직 등

제34조 (건강가정사업의 전담수행) 여성가족부, 시·도 및 시·군·구(자치구에 한한다. 이하 같다)는 건강가정사업에 관한 업무를 전담하여 수행할 수 있도록 하여야 한다.〈개정 2005.3.24〉

제35조 (건강가정지원센터의 설치)

① 국가 및 지방자치단체는 가정문제의 예방·상담 및 치료, 건강가정의 유지를 위한 프로그램의 개발, 가족문화운동의 전개, 가정 관련정보 및 자료제공 등을 위하여 중앙, 시·도 및 시·군·구에 건강가정지원센터(이하 '센터'라 한다)를 둔다.

② 센터에는 건강가정사업을 수행하기 위하여 관련분야에 대한 학식과 경험을 가진전문가(이하 '건강가정사'라 한다)를 두어야 한다.

③ 건강가정사는 대학 또는 이와 동등 이상의 학교에서 사회복지학·가정학·여성학 등 여성가족부령이 정하는 관련교과목을 이수하고 졸업한 자이어야 한다.〈개정 2005.3.24〉

④ 센터의 조직·운영 및 건강가정사의 자격·직무에 관하여 필요한 사항은 대통령령으로 정한다.

⑤ 센터의 운영은 여성가족부령이 정하는 바에 의하여 민간에 위탁할 수 있다.〈개정 2005.3.24〉

제5장 보칙

제36조 (민간단체 등의 지원) 국가 및 지방자치단체는 건강가정사업을 수행하는 단체 또는 개인에 대하여 필요한 비용의 전부 또는 일부를 보조하거나 그 업무수행에 필요한 지원을 할 수 있다.

부칙 〈제7166호, 2004.2.9〉

이 법은 2005년 1월 1일부터 시행한다.

부칙(정부조직법) 〈제7413호, 2005.3.24〉

제1조 (시행일) 이 법은 공포한 날부터 시행한다. 다만, 다음 각호의 사항은 각호의 구분에 의한 날부터 시행한다.

1. 제26조…부칙 제2조 내지 제4조의 규정은 이 법 공포 후 3월 이내에 제42조의 개정규정에 의한 여성가족부의 조직에 관한 대통령령이 시행되는 날
2. 생략

제2조 생략

제3조 (다른 법률의 개정)

① 생략

② 건강가정기본법 일부를 다음과 같이 개정한다.

제15조 제1항・제4항, 제16조 제1항 전단・후단, 제17조 제1항・제2항 및 제18조 제1항 중 '보건복지부장관'을 각각 '여성가족부장관'으로 한다.

제20조 제2항, 제30조 제2항・제4항, 제32조 제3항, 제35조 제3항 및 동조 제5항 중 '보건복지부령'을 각각 '여성가족부령'로 한다.

제34조 중 '보건복지부'를 '여성가족부'로 한다.

③ 내지 ⑭ 생략

제4조 생략

건강가정기본법시행령

[일부개정 2006.3.29 대통령령 제19431호]

제1조 (목적) 이 영은 건강가정기본법에서 위임된 사항과 그 시행에 관하여 필요한 사항을 규정함을 목적으로 한다.

제2조 (중앙건강가정정책위원회의 구성 등)

① 건강가정기본법(이하 '법'이라 한다) 제13조 제1항의 규정에 의한 중앙건강가정정책위원회(이하 '중앙위원회'라 한다)는 위원장 1인 및 부위원장 2인을 포함한 25인 이내의 위원으로 구성한다.

② 중앙위원회의 위원장은 국무총리가 되고, 중앙위원회의 부위원장은 보건복지부장관과 여성가족부장관이 되며, 중앙위원회의 위원은 당연직 위원과 위촉위원으로 한다. 〈개정 2005.6.23〉

③ 당연직 위원은 재정경제부장관 · 교육인적자원부장관 · 법무부장관 · 행정자치부장관 · 문화관광부장관 · 농림부장관 · 정보통신부장관 · 노동부장관 · 건설교통부장관 · 기획예산처장관 · 국무조정실장 · 국정홍보처장 · 국가청소년위원회 위원장 및 위원회의 심의사항과 관련되어 위원장이 지정하는 중앙행정기관의 장이 된다. 〈개정 2005.4.27, 2006.3.29〉

④ 위촉위원은 건강가정에 관한 학식과 경험이 풍부한 자중에서 위원장이 위촉한다.

⑤ 위촉위원의 임기는 2년으로 하되, 연임할 수 있다.

제3조 (중앙위원회의 위원장 등의 직무)

① 중앙위원회의 위원장은 중앙위원회를 대표하며, 중앙위원회의 업무를 통할한다.

② 중앙위원회의 부위원장은 위원장을 보좌하며, 위원장이 부득이한 사유로 직무를 수행할 수 없는 때에는 위원장이 지명하는 부위원장이 그 직무를 대행한다.

제4조 (중앙위원회의 회의)

① 중앙위원회의 회의는 위원장이 필요하다고 인정하는 때 또는 재적위원 3분의 1 이상의 회의소집 요청이 있는 때에 위원장이 이를 소집한다.

② 중앙위원회의 회의는 재적위원 과반수의 출석으로 개의하고, 출석위원 과반수의 찬성으로 의결한다.

제5조 (전문위원)

① 건강가정에 관한 전문적인 사항을 조사·연구하여 중앙위원회에 보고하게 하기 위하여 중앙위원회에 3인 이내의 전문위원을 둘 수 있다.

② 전문위원에게는 예산의 범위 안에서 연구비 및 여비를 지급할 수 있다.

제6조 (간사) 중앙위원회에 간사 2인을 두며, 간사는 국무조정실 노동여성심의관 및 여성가족부 가족정책국장이 된다.〈개정 2005.6.23〉

제7조 (수당과 여비) 중앙위원회에 출석한 위원, 관계공무원 또는 관계전문가에 대하여는 예산의 범위 안에서 수당과 여비를 지급할 수 있다. 다만, 공무원이 그 소관업무와 직접 관련되어 출석한 경우에는 그러하지 아니하다.

제8조 (건강가정실무기획단의 구성 등)

① 법 제13조 제3항의 규정에 의한 건강가정실무기획단(이하 '실무기획단'이라 한다)은 기획단장 1인을 포함한 20인 이내의 기획단원으로 구성한다.

② 기획단장은 여성가족부차관이 되고, 기획단원은 관계 중앙행정기관의 공무원 또는 관계전문가 중에서 여성가족부장관이 임명한다.〈개정 2005.6.23〉

제9조 (관계기관 등에의 협조요청) 실무기획단은 직무수행을 위하여 필요한 때에는 관계공무원 또는 관계전문가의 의견을 듣거나 관계기관·단체 등에 대하여 필요한 자료 또는 의견의 제출 등의 필요한 협조를 요청할 수 있다.

제10조 (운영세칙)

① 이 영에 규정된 사항 외에 중앙위원회의 운영에 관하여 필요한 사항은 중앙위원회의 의결을 거쳐 위원장이 정한다.

② 이 영에 규정된 사항 외에 실무기획단의 운영에 관하여 필요한 사항은 기획단장이 정한다.

제11조 (시·도 건강가정위원회의 구성 등)

① 법 제14조 제1항의 규정에 의하여 특별시·광역시·도(이하 '시·도'라 한다)에 두는 건강가정위원회(이하 '시·도 위원회'라 한다)는 위원장 및 부위원장 각 1인을 포함한 20인 이내의 위원으로 구성한다.

② 위원장은 특별시장·광역시장·도지사(이하 '시·도지사'라 한다)가 되고, 부위원장은 위원 중에서 호선한다.

③ 위원은 건강가정업무를 담당하는 시·도 소속 공무원과 건강가정에 관한 학식과 경험이 풍부한 자중에서 위원장이 임명 또는 위촉하는 자가 된다.

④ 위촉위원의 임기는 2년으로 하되, 연임할 수 있다.

⑤ 제4조의 규정은 시·도 위원회의 회의에 관하여 이를 준용한다. 이 경우 '중앙위원회'는 '시·도 위원회'로 본다.

⑥ 제1항 내지 제5항의 규정에서 정한 사항 외에 시·도 위원회의 운영에 관하여 필요한 사항은 시·도의 조례로 정한다.

제12조 (연도별 시행계획의 심의·평가 등)

① 여성가족부장관은 법 제16조 제1항 후단의 규정에 의하여 관계 중앙행정기관의 장 및 시·도지사로부터 제출받은 건강가정시행계획(이하 '시행계획'이라 한다)을 총괄하여 중앙위원회에 상정하여야 한다.〈개정 2005.6.23〉

② 관계 중앙행정기관의 장 및 시·도지사는 제1항의 규정에 의한 중앙위원회의 심의결과에 따라 소관시행계획을 수정·보완하여 시행하여야 한다.

③ 관계 중앙행정기관의 장 및 시·도지사는 매년 3월 31일까지 여성가족부장관에게 전년도 시행계획의 추진실적을 제출하여야 한다.〈개정 2005.6.23〉

④ 여성가족부장관은 제3항의 규정에 의하여 제출받은 관계 중앙행정기관 및 시·도의 추진실적과 여성가족부소관의 추진실적을 종합하여 성과를 평가하고, 그 결과를 중앙위원회에 보고하여야 한다.〈개정 2005.6.23〉

⑤ 여성가족부장관은 제4항의 규정에 의한 평가를 효율적으로 시행하기 위하여 이에 필요한 조사·분석 등을 전문기관에 의뢰할 수 있다.〈개정 2005.6.23〉

제13조 (중앙건강가정지원센터의 조직 등)

① 법 제35조 제1항의 규정에 의하여 중앙에 설치하는 건강가정지원센터(이하 '중앙건강가정지원센터'라 한다)에는 센터장과 건강가정사업의 수행에 필요한 팀을 둔다.

② 중앙건강가정지원센터의 장은 매연도별로 사업계획을 수립하고, 중앙건강가정지원센터의 조직·인사·복무·보수·회계·물품·문서의 처리에 관한 규정을 정한 후 이에 따라 사무를 처리하여야 한다.

제14조 (시·도 및 시·군·구 건강가정지원센터의 조직 등)

① 법 제35조 제1항의 규정에 의하여 시·도 및 시·군·구(자치구에 한한다. 이하 같다)에 설치하는 건강가정지원센터에는 센터장과 가정상담팀, 가정교육팀, 가정문화팀 등 건강가정사업의 수행에 필요한 팀을 둔다.

② 시·도 및 시·군·구에 설치하는 건강가정지원센터의 조직과 운영에 관하여 필요한 사항은 당해 지방자치단체의 조례로 정한다.

제15조 (건강가정사의 직무) 법 제35조 제2항의 규정에 의한 건강가정사의 직무는 다음 각호와 같다.〈개정 2005.6.23〉

1. 가정문제의 예방·상담 및 개선
2. 건강가정의 유지를 위한 프로그램의 개발
3. 건강가정교육(민주적이고 양성평등한 가족관계교육을 포함한다)
4. 가정생활문화운동의 전개
5. 가정 관련정보 및 자료제공
6. 가정에 대한 방문 및 실태파악
7. 아동보호전문기관 등 지역사회자원에의 연계
8. 그 밖에 건강가정사업과 관련하여 여성가족부장관이 정하는 활동

부칙 〈제18663호, 2004.12.31〉

이 영은 2005년 1월 1일부터 시행한다.

부칙 (청소년기본법 시행령) 〈제18811호, 2005.4.27〉

제1조 (시행일) 이 영은 공포한 날부터 시행한다.

제2조 생략

제3조 (다른 법령의 개정) ① 내지 ⑤ 생략

⑥ 건강가정기본법시행령 일부를 다음과 같이 개정한다.

제2조 제3항 중 '청소년보호위원회'를 '청소년위원회'로 한다.

⑦ 및 ⑧ 생략

부칙 (여성가족부 직제) 〈제18873호, 2005.6.23〉

제1조 (시행일) 이 영은 공포한 날부터 시행한다.

제2조 내지 제4조 생략

제5조 (다른 법령의 개정) ① 생략

② 건강가정기본법시행령 일부를 다음과 같이 개정한다.

제2조 제2항 중 '여성부장관'을 '여성가족부장관'으로 한다.

제6조 중 '사회수석조정관 및 보건복지부 사회복지정책실장'을 '노동여성심의관 및 여성가족부 가족정책국장'으로 한다.

제8조 제2항 중 '보건복지부차관'을 '여성가족부차관'으로 한다.

제8조 제2항, 제12조 제1항・제3항 내지 제5항 및 제15조 제8호 중 '보건복지부장관'을 각각 '여성가족부장관'으로 한다.

제12조 제4항 중 '보건복지부'를 '여성가족부'로 한다.

③내지 〈35〉생략

부칙 (청소년기본법 시행령) 〈제19431호, 2006.3.29〉

제1조 (시행일) 이 영은 2006년 3월 30일부터 시행한다.

제2조 (다른 법령의 개정) ① 건강가정기본법시행령 일부를 다음과 같이 개정한다.

제2조 제3항 중 '청소년위원회'를 '국가청소년위원회'로 한다.

② 내지 ⑫ 생략

건강가정기본법시행규칙

[일부개정 2005.6.23 여성가족부령 1호]

제1조 (목적) 이 규칙은 건강가정기본법 및 동법시행령에서 위임된 사항과 그 시행에 관하여 필요한 사항을 규정함을 목적으로 한다.

제2조 (가족실태조사의 실시 등)

① 건강가정기본법(이하 '법'이라 한다) 제20조의 규정에 의하여 여성가족부장관은 2005년을 기준연도로 하여 전국을 대상으로 하는 가족실태조사를 실시하고, 특별시장・광역시장・도지사(이하 '시・도지사'라 한다) 또는 시장・군수・구청장(자치구의 구청장에 한한다. 이하 같다)은 관할 지역을 대상으로 필요한 경우에 가족실태조사를 실시한다.〈개정 2005.6.23〉

② 제1항의 규정에 의한 가족실태조사에는 다음 각호의 사항이 포함되어야 한다.〈개정 2005.6.23〉

1. 성별, 연령, 학력, 혼인상태, 취업상태, 건강상태 등 가족구성원의 일반특성에 관한 사항
2. 소득・지출・자산 등 가족의 경제상태에 관한 사항
3. 가정의 형성・유지와 관련한 가족의 가치관에 관한 사항
4. 혼인・출산・자녀양육・가족부양・가족역할 등 가족행태에 관한 사항
5. 부부관계, 부모자녀관계 등 가족관계에 관한 사항
6. 의식주・소비・여가・정보이용 등 생활양식에 관한 사항
7. 가족갈등・가족해체 등 가족문제에 관한 사항
8. 건강가정 관련교육・상담・가정봉사원의 이용 등 서비스 욕구에 관한 사항
9. 그 밖에 건강가정에 관한 사항으로서 여성가족부장관이 필요하다고 인정하는 사항

③ 여성가족부장관은 사회환경의 급격한 변동 등으로 추가적인 조사가 필요한 때에는 제1항의 규정에 의한 가족실태조사 외에 임시조사를 실시하여 이를 보완

할 수 있다.〈개정 2005.6.23〉

제3조 (가정봉사원의 교육 등)

① 법 제30조 제2항의 규정에 의하여 가정봉사원은 법 제35조 제1항의 규정에 의한 건강가정지원센터에서 가사·육아·산후조리·간병 등에 관한 이론교육과 실습교육을 매년 16시간 이상 받아야 한다. 이 경우 이론교육은 건강가정지원센터에 출석하여 받는 교육과 동일한 내용의 시청각교육으로 갈음할 수 있다.

② 여성가족부장관 및 지방자치단체의 장은 제1항의 규정에 의한 가정봉사원의 교육에 소요되는 비용의 전부 또는 일부를 건강가정지원센터에 보조할 수 있다.〈개정 2005.6.23〉

제4조 (건강가정교육계획의 수립 등) 여성가족부장관 및 시·도지사는 법 제32조 제1항의 규정에 의하여 매년 건강가정교육에 관한 계획을 수립·시행하고, 건강가정에 관한 교재·교구 등을 개발·보급하여야 한다.〈개정 2005.6.23〉

제5조 (건강가정사의 이수교과목) 법 제35조 제3항의 규정에 의한 관련교과목은 별표와 같다.

제6조 (건강가정지원센터의 위탁운영) 국가 및 지방자치단체는 법 제35조 제5항의 규정에 의하여 다음 각호의 어느 하나에 해당하는 민간기관에 건강가정지원센터의 운영을 위탁할 수 있다.

1. 건강가정사업을 수행하기 위하여 설립된 사회복지법인 등 민법 제32조의 규정에 의한 비영리법인
2. 고등교육법 제2조의 규정에 의한 학교

부칙 〈제302호, 2004.12.31〉

① (시행일) 이 규칙은 2005년 1월 1일부터 시행한다.

② (건강가정사의 교과목 이수에 관한 특례) 이 규칙 시행당시 대학 또는 이와 동등 이상의 학교에서 사회복지학·가정학·여성학을 전공하고 졸업한 자 및 2005년 상반기 졸업예정인 자는 2006년 12월 31일까지 보건복지부장관이 지정하

는 교육훈련기관에서 4주 이상 건강가정에 관한 교육훈련을 이수한 경우에는 제5조 및 별표의 규정에 불구하고 건강가정사의 자격을 취득하기 위한 관련교과목을 이수한 것으로 본다.

부칙 (여성가족부 직제 시행규칙) 〈제1호, 2005.6.23〉

제1조 (시행일) 이 규칙은 공포한 날부터 시행한다.

제2조 생략

제3조 (다른 법령의 개정) ① 생략

② 건강가정기본법시행규칙 일부를 다음과 같이 개정한다.

제2조 제1항 · 제2항 제9호 · 제3항, 제3조 제2항, 제4조 및 별표의 비고란 제2호 중 '보건복지부장관'을 각각 '여성가족부장관'으로 한다.

③ 내지 ⑦ 생략

〈자료 1〉 건강가정지원센터 운영 현황

(2007년 4월)

지역	센터명	주소	전화	Fax	대표명	개소일	비고
중앙		마포구 합정동 426-1 웰빙센터 7~8층	02)3141-9494	02)3141-5432	이승미	05.3.4	
서울	강남구	강남구 개포동 14-2 강남구가정복지센터 1층	02)3412-2222	02)3412-2223	홍정혜	06.1.1	
	강북구	강북구 번2동 318번지 강북웰빙스포츠센터 3층	02)987-2567	02)987-2568	김주희	05.8.1	
	관악구	관악구 신림9동 산56-1 서울대 생활과학관 9동 308호	02)883-9390	02)883-9320	백희영	05.7.20	
	동대문구	동대문구 회기동 1번지 경희대학교 생활과학대학 4층	02)957-0760	02)957-0761	오윤자	05.9.5	
	동작구	동작구 사당3동 324-14 유창빌딩 304호	02)599-3301	02)599-3383	김양희	05.9.6	
	마포구	마포구 합정동 들머리 2길 6 홀트임시보호소 1층	02)3142-5482	02)3142-5477	홍우정	06.6.1	
	서초구	서초구 양재동 25-3 서초구민회관 2층	02)576-2852	02)576-2881	김명자	05.8.31	
	송파구	송파구 장지동 45 (사)아이코리아 사랑동 3층	02)443-3844	02)2144-1067	조성원	05.6.29	
	성동구	성동구 행당동 15-1 한양대 동문회관 101호	02)3395-9447	02)3395-9543	이상선	06.4.6	
	성북구	성북구 안암동 5가 고려대학교 라이시움 112호	02)3290-1660	02)3290-2520	이연숙	06.3.9	
	영등포구	영등포구 당산로 124 영등포구청 3층	02)2678-2193	02)2678-2195	공상길	06.5.1	
	용산구	용산구 한남2동 728-10 여성문화회관 1층	02)797-9184	02)797-9189	계선자	04.6.28	
	종로구	종로구 창신2동 596-2번지 동부여성문화센터 3층	02)764-3524	02)764-4854	지현	06.6.1	
	도봉구	도봉구 방학동 720번지 도봉구청 3층	02)2289-1537	02)2289-1747	김정혜	06.6.30	

	은평구	은평구 신사동 26-45 신사1동사무소옆 3층	02)376-3761	02)3151-0042	오충순	06.7.12	
	서대문구	서대문구 연희동 79-31 예림빌딩 4층	02)322-7595	02)322-7533	양옥경	06.9.25	
	중구	중구 필동3가 26번지 동국대학교 학림관 3층	02)2260-3898	02)2279-3898	박명희	06.9.28	
	구로구	구로구 구로3동 777-1 구 구로3동사무소	02)830-0450	02)830-0438	이혜원	06.9.1	
	광진구	광진구 화양동 1번지 건국대학교 산학협동관 606호	02)454-2581	02)454-2586	김정은	06.11.24	
	금천구	금천구 시흥본동 841번지 구 시흥본동사무소	02)803-7747	02)803-7746	장진경	06.12.15	
대구	달서구	대구시 달서구 신당동 1000 계명대 백은관 B53-2호	053)580-6815	053)580-6817	유가효	05.4.14	
	중구	대구시 중구 동산동 103-6 섬유회관 14층	053)431-1230	053)431-1231	김병숙	07.1.2	
인천	부평구	부평구 청천동 425번지 우림라이온스벨리 A동 120호	032)508-0121	032)623-7274	조현순	05.3.29	
	중구	중구 답동 3번지 카톨릭회관 205호	032)762-8888	032)765-6921	정광웅	07.4.19	
부산	부산시	부산시 연제구 중앙로 2001 부산시청 14층	051)888-2985	051)463-4910	권옥귀	05.5.1	
	해운대구	부산시 해운대구 반여2동 1291-1360 반여2동 노인회관내	051)782-7002	051)782-7321	김용수	06.9.8	
	진구	부산시 진구 전포1동 341-2 구 전포1파출소	051)802-2900	051)802-2904	윤경자	07.4.2	
광주	동구	광주시 동구 산수동 519-4번지 산수어린이회관	062)234-5790	062)234-5794	최선령	06.9.27	
울산	울산시	울산시 남구 옥동 336-2 가족문화센터 A동 3층	052)274-3136	052)274-3115	정민자	06.3.28	
대전	대전시	대전시 중구 은행동 142-6 구 충남여성회관	042)252-9989	042)252-9987	차성란	06.10.17	
경기	남양주	경기도 남양주시 지금동 남양주시청 제2청사 2층	031)590-8211	031)590-2269	최삼휘	05.7.8	
	성남시	성남시 복정동 667번지 복정어린이집 3층	031)755-9327	031)755-5335	이희선	06.4.25	
	안산시	안산시 상록구 이동 716-2 한미오피스텔 2층	031)501-0033	031)501-7982	박옥분	05.7.20	

	오산시	오산시 오산동 6-9번지 오산여성회관 내	031)378-9766	031)378-9767	김희은	06.6.1	
	파주시	파주시 금촌동 782-4 구 여성회관 1층	031)949-9161	031)949-9160	송정애	06.7.12	
	고양시	고양시 덕양구 화정1동 덕양구청 4층	031)969-4041	031)969-0049	왕순경	06.8.4	
	광명시	광명시 철산동 158번지 철산사회복지관 3층	02)2615-0453	02)2611-5470	조승철	06.8.28	
	의정부시	의정부시 의정부동 564번지 경민빌딩 1층	031)878-7117	031)878-7217	홍인종	06.9.4	
	부천시	부천시 원미구 상1동 394-2 복사골문화센터 5층	032)326-4212	032)326-4219	이정기	06.11.1	
	수원시	수원시 팔달구 교동 74-1 수원가족여성회관내	031)245-1310	031)245-0890	한옥자	06.11.1	
	군포시	군포시 청백리길 22(금정동 844) 군포시여성회관 1층	031)392-1811	031)392-1813	박경애	06.12.1	
	화성시	화성시 병점1동 379-10 병점1동사무소 주민자치센터내	031)369-3731	031)369-1645	김종열	06.3.23	
	여주군	여주군 여주읍 홍문리 181번지 현대아파트상가 3층	031)886-0321	031)886-0323	김성희	06.9.13	
	김포시	김포시 사우동 262번지 김포시여성회관 1층	031)980-5153	031)980-5149	임상희	07.1.2	
	가평군	가평군 가평읍 읍내리 513번지 가평군청 1층	031)580-4626	031)580-2269	이종기	07.1.2	
강원	양구군	양구군 양구읍 상리 394-14 양구문화복지센터	033)480-2341	033)480-2323	홍성철	07.2.5	
경남	경상남도	창원시 사림동 9번지 창원대학교 국제교류센터	055)279-8337	-	정정기	07.4.9	
	김해시	김해시 부원동 623-2 구 보건소 3층	055)329-6355	055)329-6357	이영호	04.6.17	
	창원시	창원시 가음동 20-8번지 알뜰생활관 1층	055)212-2701	055)262-9203	이말순	06.4.22	
경북	포항시	포항시 북구 동빈1가 74-15 구 동빈동사무소 1층	054)244-9009	054)244-9704	서진국	06.10.27	
전북	익산시	전북 익산시 영등동 191-3 익산세관 2층	063)838-6046	063)838-6047	채옥희	06.5.25	
전남	여수시	여수시 미평동 591-9 여성문화회관내	061)690-7158	061)690-8249	박진수	04.6.10	
충남	천안시	천안시 안서동 115 백석대학교 진리관 110호	041)550-2771	041)550-2773	강기정	05.4.7	

충북	청주시	청주시 흥덕구 개신동 12번지 충북대학교 생활과학대 119호	043)263-1818	043)263-1819	김영희	07.3.1	
제주	서귀포시	서귀포시 서귀동 321-10 여성회관 3층	064)733-9877	064)733-9878	고순향	06.6.8	

표시는 국비지원 센터임

<자료 2> 2007년도 건강가정지원센터 세부운영지침

가. 건강가정지원센터 설치

1) 사업목적

○ 가족문제 발생을 사전에 예방하고, 일반가족 및 다양한 가족을 대상으로 통합적인 가족지원서비스를 제공하기 위한 효율적인 전달체계를 마련한다.

2) 설치근거

○ 건강가정기본법 제35조

3) 설치자

○ 국가 또는 지방자치단체

- 국가 및 지방자치단체는 가정문제의 예방·상담 및 치료, 건강가정의 유지를 위한 프로그램의 개발, 가족문화운동의 전개, 가정 관련정보 및 자료제공 등을 위하여 중앙, 시·도 및 시·군·구에 건강가정지원센터를 둔다.

4) 시설 명칭 및 로고

○ 건강가정지원센터 명칭은 '○○시·도 건강가정지원센터' 또는 '○○시·군·구 건강가정지원센터'로 한다. 특히 센터 운영을 민간에 위탁하는 경우 위탁기관을 같이 혼용하여 명칭하지 않는다.

○ 지방건강가정지원센터의 로고는 중앙건강가정지원센터 로고를 준용하거나 자체 개발하여 사용한다.

5) 시설 설치기준

○ 지역주민 접근이 편리한 곳에 설치한다.

○ 공공성이 확보될 수 있도록 시・군・구청, 동사무소 등 지방자치단체 내 건물 혹은 지방자치단체가 소유・관리하고 있는 공공시설 내부에 설치하되 별도의 사무실을 확보 설치하도록 한다.

○ 이용자의 안전 및 편의에 적합한 규모 및 구조로 설비한다.

○ 건강가정지원센터의 기능을 효율적으로 수행할 수 있도록 사무공간, 전화상담실, 면접상담실, 교육실, 자료실 등 필요한 공간을 충분히 확보하여야 한다. 상담실은 전화상담실과 면접상담실을 별도 분리 설치해야 하며, 이 밖에 집단상담실 등을 둘 수 있다. 다만, 필요한 경우에는 지방자치단체 내 공공기관의 시설을 같이 활용할 수 있다.

○ 건강가정지원센터 운영에 필요한 기자재 등을 비치해야 한다.

○ 센터에 관한 홍보자료, 진행중이거나 계획중인 사업 등의 관련자료를 이용자들이 열람할 수 있도록 항시 비치해야 한다.

6) 조직

○ 중앙건강가정지원센터는 센터장, 연구개발팀, 교육팀, 지원・평가팀, 결혼이민자사업지원팀, 운영지원팀 등 여성가족부와 협의하여 필요한 팀을 두며, 지방건강가정지원센터는 센터장, 가족상담팀, 가족교육팀, 가족문화팀을 설치하고, 그 외 사업수행을 위해 필요한 경우 행정지원팀, 가족지원서비스 제공팀(예 결혼이민자가족지원팀, 아이돌보미사업팀 등)을 둘 수 있다.

- 행정지원팀은 행정지원, 홍보, 유관기관네트워크 등 지원총괄업무를 수행한다.
- 가족지원서비스제공팀은 '아이돌보미연계사업' 등 직접서비스 사업을 수행한다.

○ 센터 내 조직도를 변경할 필요가 있을 경우 중앙센터는 여성가족부에 시도(시군구)센터는 관할 시도(시군구)에 사전승인을 받은 후 변경하여야 한다.

○ 센터는 지역사회 유관기관과의 네트워크 구축 및 정보를 교류할 수 있도록 운영위원회를 구성하여 운영하도록 한다.

- 운영위원회 위원장은 센터장이 되고, 당연직 위원과 위촉위원으로 구성하되 당연직 위원은 중앙센터의 경우 여성가족부, 지방센터의 경우 해당 지방자치단체의 건강가정지원센터 담당공무원으로 한다.
- 위촉위원은 지역 내 가족 관련사업 및 서비스 제공과 관련한 학식과 경험이 풍부한 자 중에서 위원장이 위촉하며 임기는 1년으로 하되 연임이 가능하도록 한다.

○ 조직 및 인력현황은 방문자들이 알 수 있도록 조직도와 담당업무표를 만들어 센터 내에 게시하도록 한다.

나. 건강가정지원센터 운영

1) 기본방향

○ 국가 및 지방자치단체는 센터를 직영하거나 필요한 경우 다음에 해당하는 비영리법인 또는 학교에 센터 운영에 관한 업무를 위탁할 수 있다.

○ 국가 또는 지방자치단체는 예산의 범위 내에서 센터기능수행에 필요한 운영비를 보조한다.

○ 여성가족부장관 및 시도지사(시군구청장)는 건강가정지원센터의 원활한 운영을 위해 사업 및 보조금 집행실적 등을 보고받아 지도·감독하여야 한다.

○ 지방건강가정지원센터는 중앙건강가정지원센터가 실시하는 공모사업 등에 참여하여 사업비를 지원받을 수 있다.

2) 운영위탁

○ 운영위탁기관 선정은 공개모집을 원칙으로 한다.

○ 운영위탁기관 대상은 아래에 해당하는 기관으로 한다.

- 건강가정사업을 수행하기 위하여 설립된 사회복지법인 등 민법 제32조의 규정에 의한 비영리법인
- 고등교육법 제2조의 규정에 의한 학교

○ 운영위탁시 위탁의 선정기준, 절차 및 방법, 기타 수탁내용 등을 자체 게시판이나 인터넷 홈페이지 등을 이용하여 공고하여야 한다.

○ 운영위탁 기간은 3년 이내로 하되 시도(시군구) 실정에 맞게 정하도록 한다. 다만, 계약만료 1개월 이전에 업무실적 등을 평가한 후 재위탁할 수 있으며 이 경우 별도의 심사위원회를 구성하여 실시하여야 하며, 객관적인 평가결과를 반영하여야 한다.

○ 신청서류

- 정관, 등기부등본 및 출연금 등에 관한 서류 1부
- 대표자의 경력사항 1부

－건강가정지원센터장의 자격 및 경력을 증명하는 서류 1부
－법인의 건강가정사업 관련업무 실적을 증명하는 서류 1부
－법인의 조직 및 운영현황 관련 서류 1부
－향후 3년간 건강가정지원센터 사업계획서(단, 예산계획서 첨부) 1부
－기타 위탁기관이 필요하다고 인정되는 서류 1부.

○ 수탁기관으로 결정된 기관은 중앙센터의 경우 여성가족부장관, 지방센터의 경우 시도지사(시군구청장)와 별도의 센터 운영 관련약정서를 체결하여야 한다.

○ 위탁의 취소
－수탁자가 보조금을 목적 외의 용도에 사용한 경우
－수탁자가 허위 등 부정한 방법으로 보조금을 교부받은 경우
－수탁자가 건강가정지원센터의 기능을 제대로 수행하지 못하는 경우
－수탁자가 파산 또는 해산한 경우
－기타 수탁자가 의무 및 약정조건을 이행하지 않거나 위반한 경우 등

※ 센터장은 예산회계, 인사를 포함한 모든 업무를 위탁운영기관으로부터 독립적으로 수행하여야 한다.

3) 수입 · 지출의 원칙

① 수입 · 지출의 기본원칙

○ 건강가정지원센터의 모든 수입 및 지출관리는 통장을 통해서 하여야 한다.
－건강가정지원센터의 수입 · 지출만 관리하는 별도 통장 개설할 것

○ 수입과 지출행위시에는 수입 · 지출 결의를 한 후 현금출납부, 총계정원장에 기록하고 청구서, 영수증, 지급내역서 등 관련근거서류를 반드시 첨부한다.
－지출결의서 내부결재 득할 것
－지출내역 6하 원칙에 맞추어 기재
－물품구매(10만원 이상), 공사(50만원 이상), 기타(10만원 이상)의 경우 비교견적서(1개 이상) 등 관련서류를 첨부하여 내부품의 후 지출
－예산 집행시 신용카드 사용을 원칙으로 하며 영수증은 세금계산서, 신용카드영수증, 현금영수증, 금전등록기영수증을 원칙으로 한다. (5만원 이상 지출시 간이영수증 증빙 금지)

② 이용료 징수

○ 건강가정지원센터는 사전에 지자체의 심의 및 승인을 거쳐 서비스제공에 따른 실비 차원의 이용료를 징수할 수 있다. 이용료징수는 심리검사료, 외부기관 이용료 등 실비측정이 명확히 가능한 부분에 한하고, 별도 통장계좌관리 등 수입·지출을 명확히 해야 한다.

4) 지도·감독

○ 시도지사(시군구청장)는 분기 또는 반기별로 건강가정지원센터의 사업 및 예산집행 실적 등을 검토한 후 보조금을 교부하여야 한다.

※ 보조금의 교부신청 및 교부결정은 보조금의예산및관리에관한법률 및 동법 시행령에 따른다.

○ 시도지사(시군구청장)는 센터 운영 전반을 적극적으로 지원 및 지도·감독하여야 한다.

○ 여성가족부, 중앙건강가정지원센터는 평가계획을 수립하여 지방건강가정지원센터의 실적을 평가할 수 있으며, 지방건강가정지원센터는 평가에 성실히 임하여야 한다.

5) 사업내용

○ 중앙건강가정지원센터는 시도(시군구) 건강가정지원센터에 대한 총괄적인 업무지원 및 사업연계를 도모하여야 하며, 시도(시군구) 건강가정지원센터는 지역주민의 가족서비스 욕구조사결과 및 지역특성을 고려하여 서비스를 제공하여야 한다.

○ 건강가정지원센터에서는 사업수행 후 반드시 사업별로 만족도를 조사하여야 하며 추후 사업운영에 반영하여야 한다.

-사업별 만족도 조사표 〈서식 1〉 참조

○ 센터별 주요사업 내용

- 건강가정지원센터는 아래에 제시된 2007년도 공통(필수)사업을 중앙건강가정지원센터 개발프로그램 또는 매뉴얼에 근거하여 수행하여야 하며 공통(필수)사업 외에 지역사회 특성 및 수요에 맞는 사업을 추진하여 운영하도록 한다. 다만 공통(필수)사업에 대한 프로그램 개발 및 운영매뉴얼에 대한 교육은 중앙건강가정지원센터에서 실시한다.

-아래에서 제시한 2007년도 건강가정지원센터 시범사업은 중앙건강가정지원센터에서 시범사업 운영을 희망한 시도(시군구)건강가정지원센터를 선정하여 중앙센터와 지방센터의 공동협력 방식으로 운영하도록 한다.

【공통(필수) 사업】

○ 가족 교육

-예비부부 및 신혼기부부 교육, 아버지교육, 청소년기 자녀가정을 위한 교육 중 택일

○ 가족상담

-이혼 전후 가족상담

○ 가족문화

-가족봉사단 운영

○ 가족을 위한 통합서비스

-한부모가족·조손가족·결혼이민자가족·장애아가족 중 택일하여 이들 가족을 위한 통합적 서비스 지원

【 공동협력 및 시범 사업 】

○ 맞벌이 자녀 방과 후 돌봄사업

기존의 방과 후 보육 및 초등 방과 후 프로그램 등에서 소외 또는 방치된 맞벌이 자녀의 방과 후 방임, 가정 내 돌봄 기능 취약 등의 문제를 해소하고 맞벌이 가정의 안정적인 자녀 양육기능 지원

○ 조손가족지원사업

조손가족지원사업을 공모하여 사업비를 지원함으로써 우수한 조손가족 지원프로그램 및 운영모델을 개발하여 조손가족의 가족기능 보완

5-1)「아이돌보미」연계사업(별도지침)

-부모가 일과 육아를 양립하는 가정에서 부모의 예기치 않은 잔업, 질병, 기타 사유로 인하여 유아 자녀에 대한 긴급한 육아 지원 요구가 발생한 경우,

건강가정지원센터에서 무급 또는 유급의 육아도우미를 파견하여 자녀의 안전한 보호, 놀이지도 및 기타 부대서비스를 제공하는 사업

6) 센터별 주요기능

○ 중앙건강가정지원센터

- 가족정책 관련 서비스 욕구 조사 및 프로그램 개발
- 건강가정지원센터 운영 실태조사 및 평가
- 가족지원서비스 관련 정보 기반 구축 및 정보 제공
- 시·도 및 시·군·구 건강가정지원센터에 대한 지원
- 건강가정지원센터 종사자 등에 대한 교육 및 건강가정사 동일교과목 심의 등 종사자자격관리에 관한 업무
- 효과적인 가족지원사업을 위한 대외협력, 연계체계 구축 및 홍보사업
- 그 밖에 가족지원과 관련하여 여성가족부장관이 정하는 사업

○ 시·도 및 시·군·구 건강가정지원센터

- 가족상담·교육 및 문화사업
- 가족지원서비스 정보제공 및 홍보
- 가족지원관련기관 및 단체와의 서비스 연계
- 전문돌봄요원의 교육·파견·관리 등
- 그 밖에 가족지원과 관련하여 시장·군수·구청장(자치구의 구청장을 말한다)이 정하는 사업

7) 시도(시군구) 건강가정지원센터 현황 관리

○ 시도(시군구)건강가정지원센터는 건강가정지원센터의 설치운영 현황, 사업계획 및 사업실적을 중앙건강가정지원센터와 시도(시군구)에 제공한다.

- 시기 : 운영현황은 설치 혹은 변동 후 10일 이내, 매달 사업계획은 그 전달 10일 전까지, 사업실적은 매월 종료 후 익월 15일까지 제출
- 서식 : 건강가정지원센터 현황보고서 〈서식 2〉, 사업계획서 〈서식 3〉, 사업추진실적 보고서 〈서식 4〉 참조
- 방법 : 전자우편 및 모사전송

※ 매년 초에는 전년도 사업실적, 결산내역서, 당해 연도 연간사업계획서를 제

출하여야 한다.

○ 중앙건강가정지원센터는 시도(시군구)건강가정지원센터 현황을 파악하고 관련 홈페이지를 연계함은 물론 매달 센터별 사업운영 내용을 Familynet에 게시하여 안내하는 등 센터에 대한 제반 정보를 종합적으로 제공하여야 한다.

8) 장부비치 및 관리

○ 관련 장부

부 책 (장부) 명	보관 비치기간	비 고
센터의 연혁에 관한 기록부	영구	서식 2 참조
센터의 재산목록과 그 소유권 또는 사용권에 대한 증명서	영구	
센터장 및 종사자 인사기록부	준영구	서식 5 참조
예산 및 물품관련서류 －예산서 및 결산서 －총계정원장 및 수입·지출보조부 －금전 및 물품출납부와 관련 증빙서류	5년	사회복지법인재무 회계규칙서식 준용
종사자채용 관련서류	5년	
보고서철 및 관계행정기관의 문서수발철	3년	
센터 운영일지 및 운영 관련 자료철 －프로그램 운영일지 및 사업 관련 제반서류 포함	3년	서식 6 참조

○ 관리방법 등

－관련장부는 시건장치가 된 견고한 용기에 넣어 별도 보관한다.

－센터의 재산 관련서류, 종사자 인사기록부 등은 특별관리한다.

다. 종사자 및 건강가정사 자격 관리

1) 종사자 수 및 자격기준

○ 종사자의 수

－중앙건강가정지원센터는 상근 종사자 최소 9인 이상

－시·도 및 시·군·구 건강가정지원센터는 상근 종사자 최소 4인 이상

－직영센터의 경우 종사자 중 건강가정사를 2인 이상 두어야 한다. 다만, 센터에서 근무하는 공무원이 건강가정사 자격을 갖춘 경우에 건강가정사를 둔

것으로 본다.

- 직영센터에서 비상근 종사자를 둔 경우, 비상근 종사자는 상근종사자의 1/2 인으로 본다.

○ 센터 종사자 자격기준

- 센터종사자는 건강가정사의 자격을 취득한 자 이여야 한다. 단, 행정 및 일반 사무 처리를 위한 별도 인력을 두는 경우에는 학력·경력을 제한하지 않는다.

구 분	종 사 자		자 격 요 건
중앙 센터	센터장		가족관련 박사학위 취득 후 가족관련사업 5년 이상 실무경력자
	전담 인력	팀장	가족관련 석사학위 이상 소지자로서 가족관련사업 2년 이상 실무경력자
		팀원	가족관련 학사학위 이상 소지자로서 가족관련사업 2년 이상 실무경력자
시·도 시·군·구 센터	센터장		시·도 및 시·군·구가 직영하는 경우 5급 이상 공무원 가족관련 석사학위 이상 소지자로서 가족관련사업 2년 이상 실무경력자
	전담 인력	팀장	가족관련 학사학위 이상 소지자로서 가족관련사업 1년 이상 실무경력자
		팀원	가족관련 학사학위 이상 소지자

※ 가족 관련 : 건강가정기본법에서 규정하고 있는 건강가정사가 되기 위하여 이수하여야 하는 관련교과목과 연계된 학문으로서 사회복지학, 가정학, 여성학 등을 의미한다.

※ 가족 관련사업 : 가족의 안정성을 저해하는 문제의 발생을 예방하고 해결하기 위한 여러 가지 조치와 가족의 부양·양육·보호·교육 등의 가족기능을 강화하기 위한 사업

2) 종사자 임면 및 채용조건 등

① 임면권자

○ 중앙건강가정지원센터장은 여성가족부장관이, 직영 시·도건강가정지원센터장은 시·도지사가, 직영 시·군·구 건강가정지원센터장은 시·군·구청장이 임면한다.

○ 위탁운영시는 중앙건강가정지원센터장은 여성가족부장관, 시·도(시·군·구)건강가정지원센터장은 시도지사(시군구청장)의 승인을 받아 위탁운영기관이 임면하되, 2배수 이상의 후보자를 요청할 경우 위탁운영기관은 이에 따라야 한다.

○ 센터장을 제외한 종사자는 센터장이 소속 기관장의 승인을 받아 임면한다.

② 채용조건 등

○ 센터장은 상근을 원칙으로 하되, 예산부족 등으로 사업수행이 불가능한 경우 비상근(겸직)이 가능하다. 다만, 센터장이 타 직종(영리업무 또는 타시설장 등)을 겸직하여 상근이 어려운 경우 또는 타 기관으로부터 별도의 보수를 지급받을 경우에는 예산의 범위 내에서 소정의 활동비만 지급하도록 한다.

○ 센터장을 제외한 기타 센터종사자는 반드시 상근하여 근무하여야 한다. 다만 직영센터의 경우 비상근하여 근무할 수 있다.

○ 종사자채용은 공개경쟁을 원칙으로 한다.

○ 종사자 채용시 임금, 근로시간 및 그 밖의 근로조건 등을 명시한 근로계약을 체결하여야 하되, 이 경우 근로계약과 관련하여 부당한 내용(결혼, 출산, 육아휴직 등으로 인한 퇴직요구 등)이 포함되어서는 아니 되며, 관할행정기관은 이를 적극 지도·감독하여야 한다.

③ 종사자 채용시 구비서류

○ 응시원서

○ 주민등록등본

○ 채용신체검사서(공무원채용기준 신체검사서 양식 준용)

○ 건강가정사 자격증사본 또는 양성교육수료증사본 또는 교과목이수를 통한 자격취득을 증명할 수 있는 서류사본일체(졸업증명서, 성적증명서, 동일교과목확인서 등)

○ 경력증명서(해당자에 한함)

3) 종사자복무

① 운영시간, 복무, 종사자교육 및 근무형태

○ 월~금요일 오전 9시부터 오후 6시까지 운영하는 것을 원칙으로 하되, 센터사업의 특성 및 주민이용의 활용도를 고려하여 센터장의 재량으로 야간 및 휴일근무 등 탄력근무제를 실시할 수 있다.

○ 신입종사원은 채용 1년 이내에 중앙건강가정지원센터에서 실시하는 실무소양기초교육을 반드시 수강하여야 한다.

○ 센터장은 종사자가 업무능률 향상을 위하여 관련교육 등에 참가할 수 있도록 적극 지원하여야 한다.

② 연차 유급 휴가

○ 1년간 개근한 직원에 대해 9일, 8할 이상 출근한 직원에 대해 8일의 연차유

급휴가를 준다. 단 근무 기간이 6월 이상 1년 미만인 직원에 대하여는 6일, 6월 미만인 직원에 대하여는 3일의 유급휴가를 준다.

○ 3년 이상 계속 근로한 근로자에 대하여는 제1항의 규정에 의한 휴가에 최초 1년을 초과하는 계속근로연수 매 2년에 대하여 1일을 가산한 유급휴가를 주며, 이 경우 가산휴가를 포함한 총 휴가일수는 21일을 한도로 한다.

○ 종사자가 업무상의 부상 또는 질병으로 정상적인 근무가 어려울 경우에는 유급의 병가로 처리하되, 7일 이상 연속되는 병가와 연간 뉴계 6일을 초과하는 경우에는 진단서를 첨부토록 한다. 진단서를 제출하여야 함에도 제출하지 못한 병가는 이를 유급휴가 일수에서 공제한다.

○ 종사자가 개인적인 사유로 인한 부상 또는 질병으로 정상적인 근무가 어려울 경우에는 병가로 처리하되, 5일 이상 연속되는 병가와 연간 뉴계 4일을 초과하는 경우에는 진단서를 첨부토록 한다. 또한 장기간의 부상 또는 질병으로 더 이상 근로관계를 유지하기 곤란한 경우에는 근로기준법 등 관계법령에 의하여 처리한다.

○ 그 외 경조사에 따른 유급휴가는 근로기준법 등 관계법령에 의하여 처리한다.

③ 겸직금지 관련

○ 종사자가 대가를 받고 근무시간 내에 3개월 이상 월평균 4회 또는 월평균 8시간을 초과(이동시간 포함)하는 세미나, 공청회 토론회, 발표회, 심포지엄, 교육과정에 참석하여 강의・강연・발표・토론하는 행위는 겸직으로 본다.

④ 기타복무 및 근로 관련규정 준용

○ 지침에서 정하지 아니한 휴가, 휴일, 휴식 등 근로시간, 고용, 산전후휴가, 육아휴직 등에 대해서는 노동관계법, 지방공무원법 등 관계규정을 따른다.

4) 건강가정사의 자격인정

① 건강가정사의 자격인정(법 제35조)

○ 건강가정사의 자격인정은 무시험검증으로 하며, 건강가정사의 자격기준(법 제35조)에 의하여 인정.

② 동일교과목 인정

○ 동일교과목인정신청서에 의해 및 방법 : 별지 〈서식 7〉에 의하여 본인 및 학교가 직접 신청

○ 신청기관

<건강가정사 자격 관리 수탁기관>

◇ 중앙건강가정지원센터 www.familynet.or.kr, ☎02)3141-4731, 서울시 마포구 합정동 462-1 웰빙센터 8층

※ 건강가정사 자격관리 사무의 중앙건강가정지원센터 위탁은 별도의 규정으로 위탁시점 결정

○ 신청시 첨부서류

－동일교과목인정신청서, 신청한 교과목을 이수하였음을 증명할 수 있는 서류(성적증명서 등), 동일교과목임을 확인할 수 있는 자료(강의계획서 등)

③ 명의대여 등의 금지

○ 건강가정사는 다른 사람에게 자기의 성명을 사용하여 건강가정사 업무를 수행하게 하게 하여서는 안 된다.

라. 국고보조 건강가정지원센터 지원

1) 지원기준

○ 센터운영 예산(시도/시군구) : 국비 50%, 지방비 50%

－중앙건강가정지원센터는 국비 100% 지원

2) 지원내역

○ 지원대상

－종사자 인건비(사용자 부담금 포함), 운영비(사업비 포함) 등

○ 지원금액

－센터당 81,250,000원(국비)

3) 예산편성 및 집행 절차 등

① 기본원칙

○ 센터 운영에 기본적으로 소요되는 비용은 센터장이 연간 집행계획을 수립하여 균형 있게 사용하여야 하며, 특정분야에 편중 집행되지 않도록 해야 한다.

○ 예산의 수입・지출은 특별한 경우를 제외하고는 사회복지법인재무회계규칙에 의하여 집행한다.

② 예산과목 분류

○ 인건비

－상근・비상근직 봉급

－제 수당

－기관부담 4대 보험료

－퇴직적립금

○ 경상운영비

<table>
<tr><td rowspan="7">수용비</td><td>사무용품 구입비</td><td>필기용구, 각종용지 등 사무용 제 잡품의 구입비</td></tr>
<tr><td>인쇄 및 유인비</td><td>자료 및 보고서, 책자, 각종양식, 전단 등 업무수행에 따른 일체의 인쇄물 및 유인물의 제작비</td></tr>
<tr><td>안내・홍보물 등 제작비</td><td>현수막, 간판 등 행사 안내 및 홍보용 물품의 제작비, 기관간판, 명패, 감사패, 상패 등의 제작비</td></tr>
<tr><td>간행물 등 구입비</td><td>신문, 잡지, 관보, 도서, 팸플릿 등 정기・비정기 간행물의 구입비</td></tr>
<tr><td>비품수선비</td><td>책상, 의자, 캐비닛, 파일박스, 집기, 전산기기, 타자기 등 각종 사무용 비품의 수선비</td></tr>
<tr><td>각종 수수료 및 사용료</td><td>등기 및 소송료(인지대 및 법정수수료) 등</td></tr>
<tr><td colspan="2">기타 업무수행과정에서 소규모적으로 발생되는 물품의 구입 및 용역제공에 대한 대가, 사례금</td></tr>
<tr><td rowspan="5">공공요금 및 제세</td><td rowspan="3">공공요금</td><td>우편요금, 전신・전화요금, 모사 전송기 등의 회선 사용료</td></tr>
<tr><td>전기・가스료, 상・하수도료, 오물 수거료</td></tr>
<tr><td>보일러 등 냉・난방시설의 가동에 필요한 연료대 및 부대경비</td></tr>
<tr><td rowspan="2">제세</td><td>임대차계약에 의한 보증금 및 전세금</td></tr>
<tr><td>보험계약에 의한 각종 보험료 등</td></tr>
<tr><td rowspan="2">임차료</td><td colspan="2">각종 시설 및 장비의 리스료</td></tr>
<tr><td colspan="2">장소, 건물 등의 일시 임차료 및 버스・승용차 등의 차량 임차료</td></tr>
<tr><td rowspan="2">시설임대료 및 관리비</td><td colspan="2">임대료 및 관리비(청소용역비 포함)</td></tr>
<tr><td colspan="2">건물 및 건축설비(구축물, 기계장치), 공구, 기구, 비품 기타 시설물의 유지 관리비</td></tr>
<tr><td rowspan="2">업무추진비</td><td colspan="2">사업추진에 특별히 소요되는 접대비, 연회비 및 기타 제경비</td></tr>
<tr><td>공식적인 업무추진 소요경비</td><td>업무협의, 간담회 등 각 센터의 기본적인 운영을 위하여 소요되는 경비</td></tr>
<tr><td>여비</td><td colspan="2">국내(근무지 내・외) 출장 여비</td></tr>
</table>

○ 사업비

－사업비는 사업계획이 원활히 추진될 수 있도록 충분히 편성한다.

○ 자산취득비

－아래의 용도로 편성하되, 불요불급한 편성을 하여서는 안 된다.

－물건의 성질 및 형상이 변하지 않고 비교적 장기간 사용할 수 있는 기계기구 (부속품 포함) 및 사무집기류

－도서관용 등 자본 형성적 도서 구입비

－서류함, 책상, 의자, 전화기 등 사무용 집기류의 구입비

－자산취득에 직접 소요되는 제세, 수수료 등 부대경비

③ 예산기준 단가 및 상한액

○ 인건비

－시도(시군구)건강가정지원센터 종사자 인건비는 아래의 연봉지급 상한액 기준을 참조하여 센터장과 종사자 간의 협의(경력 등을 고려)를 통해 결정하되 센터에 종사하는 종사자 인건비 총액(사용자 부담금 포함)은 센터 예산 총액의 65%를 초과하여서는 안 된다.

〈시도(시군구) 건강가정지원센터 종사자 연봉지급 상한액〉

(단위 : 천원)

구분	월액	연봉
	상한액	상한액
센터장	2,145	25,740
팀장	1,815	21,780
팀원	1,650	19,800
사무보조	1,430	17,160

※ 위 연봉지급 상한액에는 제수당 및 4대보험료가 포함된 것임

－단, 중앙건강가정지원센터 종사자 인건비는 매년 사업계획 승인시 별도기준으로 정한다.

○ 강사료 등 사례비 지급 기준

구 분	지급기준	지급액	지급대상
특 강	1시간 초과시	200,000 100,000	1. 중앙관서 전·현직 장·차관급 2. 전·현직 대학교 총장, 학장, 원장급 3. 국책연구기관장 4. 경제5단체장 및 그룹규모 회장 5. 기타 위와 동등 이상의 경력자, 사회저명인사
일반 1	1시간 초과시	150,000 75,000	1. 대학(원)의 교수급 2. 중앙관서 국장급 공무원 3. 언론기관 국장, 논설위원급 이상 자 4. 대기업체 임직원급 이상 5. 변호사, 회계사, 세무사 등 자격증 소지자 6. 기타 위와 동등 이상의 경력자, 능력 상당자
일반 2	1시간 초과시	100,000 50,000	1. 대학교(원)의 부교수급 이하 2. 서기관급 이하 공무원 3. 대기업체 부장급 이하 4. 기타 위와 동등 이상의 경력자, 능력 상당자
보조강사	1시간	50,000	1. 주강사의 교육진행과 학습효과를 높이기 위한 동작의 시범 및 실습 등의 역할 담당자 ※ 단순한 강의매체(OHP, 차트)조작은 제외
주제발표	1회	200,000	기조연설자, 패널사회자 포함
패널멤버	1회	100,000	

※ 강의시간 산출(기본 : 1시간)

－1시간 초과~2시간까지 : 기본 1시간+초과 1시간

－2시간 초과~3시간까지 : 기본 1시간+초과 2시간

※ 적용범위

－직무교육, 직원연찬회, 워크숍, 세미나 등 부내행사

－연구용역사업 및 위탁사업에 포함된 강사료 등 사례비

○ 원고료 지급기준

사용매체	산정기준	기준단가
워드프로세서	A4용지(35행) 1면당 200자 원고지 5매로 환산	200자 원고지 1매당 3,500원 ※ 영문원고는 A4(35행) 1면당 25,000원
파워포인트	슬라이드 1컷당 200자 원고지 5매로 환산	

※ 적용범위

－강의교재 제작을 위한 원고(강사료와 병급 가능. 단, 강의시간당 200자 원고지 20매까지 인정)

－조사, 연구 등 결과보고를 위한 원고

○ 연구, 심사, 자문 등 전문가 사례비 지급 기준

구 분	지급기준	지급액	지급대상
특정과제 연구	1건	2,000,000원 이내	1. 특정과제 1개월 이상 연구자
		500,000원 이내	1. 연구용역보고서 감수 및 검토 의견서 작성
전문가 자문	1건	200,000원 이내	1. 사업개발 및 수립을 위한 정책자문 2. 각종 법안의 검토의견서 및 소송 관련 답변서, 준비서면, 이유서 작성 등 법률자문 ※ 고문변호사의 경우 300,000원까지 지급 가능 3. 정보화사업, IT사업 등 기술자문 ※ 자문결과보고서 제출
위원회, 토론회, 간담회, 세미나	1일 2시간 초과시	50,000원 이내 20,000원 이내	1. 사업추진방향 및 의제선정 등 전문가 의견수렴을 필요로 하는 회의 참석자 2. 각종 위원회 참석위원 ※ 용역사업 중간보고회 및 최종보고회에 참석하는 외부 전문가(연구진 제외) 사례비는 용역수행기관(용역비)에서 지급
시험위원	2시간 초과시	70,000원 20,000원	1. 합격자 선정을 위한 서류시험 위원

※ 전문가 자문 사례비는 결과물 제출을 위한 작성 원고의 원고료와 병급할 수 없음

○ 공연 등 출연료 지급기준

구 분	공연시간	1 회	초과 1인당 (10인 까지)	비 고
성악, 대중가요 판소리, 사물놀이 등	1시간 이내	전문 1,000,000원 이내	50,000원 (10인 이상 단체에 적용)	공연장비 포함
합창, 무용 등 단체 (10인 까지)		비전문 500,000원 이내		
레크리에이션 진행 (보조강사 1인 포함)	2시간 이내	전문 A급 500,000원	50,000원	
		전문 B~C급 400,000원		
	초과시	200,000원	–	
각종 특기시범 (10인 까지)	1시간 이내	300,000원	50,000원	

※ 초과시간은 30분 이상 진행시 인정하며 초과 1시간당 지급액에 50% 추가지급 가능(강의시간 산출과 동일)

④ 예산 집행

○ 운영비 지급절차

－인건비를 제외한 운영비는 연간 사업계획서 및 예산서를 작성, 여성가족부(중앙건강가정지원센터) 또는 지자체장(시도/시군구 건강가정지원센터)에 승인 신청하여 승인을 받은 후 집행해야 한다.

－사업계획 및 예산내역 변경시도 별도 승인 후 집행하여야 한다.

4) 행정사항

○ 시・도 및 시・군・구는 위에서 제시한 관련사항 보고 및 중앙건강가정지원센터와 시도(시군구)건강가정지원센터 간의 긴밀한 연계 등이 원활히 이루어질 수 있도록 시・도 및 시・군・구 건강가정지원센터를 관리 지원하여야 한다.

○ 별도의 지침이 재시달되기 전까지 이에 따른다.

〈자료 3〉 건강가정사 자격기준에 관한 안내문

건강가정사와 관련한 자격기준 등 잦은 문의사항에 대한 관련법령 및 여성가족부의 해석이오니 참고하시기 바랍니다.

1. 건강가정사 자격요건은 어떻게 되나요?

○ "대학 또는 이와 동등 이상의 학교"에서 사회복지학・가정학・여성학 등 여성가족부령이 정하는 "관련교과목(12과목 36학점)을 이수하고 졸업한 자" 이어야 합니다(건강가정기본법 제35조 제3항).

1-1. 대학 또는 이와 동등 이상의 학교에서 졸업한 자란?

○ 「고등교육법」상의 학교로서 대학, 산업대학, 교육대학, 전문대학, 방송대학・통신대학 및 방송통신대학, 기술대학을 졸업한 자가 포함됩니다.

○ 「독학에의한학위취득에관한법률」에 따른 학위취득자가 포함됩니다.

○ 「평생교육법」에 의한 학위취득자로서 교육인적자원부장관의 인가를 받아 설치한 사내대학, 원격대학(사이버대학)에서 학위 취득자가 포함됩니다.

1-2. 건강가정사가 되기 위해 이수해야 하는 '관련교과목'이란?

○ 건강가정기본법시행규칙 제5조 「별표」에 제시된 교과목을 말하며, 여성가족부홈페이지－가족정책국－관련법령에 게시되어 있습니다.

2. 학점은행제를 통해서도 건강가정사가 될 수 있나요?

❍ 「학점인정등에관한법률」의 학점은행제를 통한 학점이수는 자격취득을 위한 기준요건인 12과목(36학점) 중 4과목(12학점) 이내로 만하고 8과목(24학점) 이상은 1-1에서 열거한 대학에서 이수하셔야 합니다.

따라서, 현재로서는 학점은행제를 통해 12과목을 이수하고 학위를 취득하였을 경우 건강가정사로 인정되지 않으나, 향후 전문가 의견을 수렴하여 보완해 나갈 예정입니다.

※ 학점은행제에 관한 자세한 사항은 한국교육개발원에 문의바랍니다.

2-1. 졸업 전에 이수한 과목이 12과목이 안 될 경우 어떻게 해야 하나요?

❍ 부족한 과목이 4과목 이하일 경우 학점은행제로 이수할 수 있으며, 부족한 과목이 5과목 이상일 경우 부득이 1-1에서 열거한 대학에 입학하여 관련교과목을 이수하고 졸업하여야 합니다.

3. 건강가정사가 되기 위해서는 전공학문과 졸업연도에 제한이 있나요?

❍ 「건강가정기본법」제35조 제3항에 의하면 건강가정사는 "대학 또는 이와 동등 이상의 학교에서 사회복지학 · 가정학 · 여성학 등 여성가족부령이 정하는 관련교과목을 이수하고 졸업한 자"이어야 하며, 이는 졸업연도에 상관없이 모든 졸업생에 적용됩니다. 즉 전공학문과 졸업연도에 상관없이 「건강가정기본법시행규칙」에서 규정하고 있는 과목이수 요건을 갖춘 경우 건강가정사로 인정됩니다.

4. 이수한 교과목이 시행규칙에서 정한 관련교과목과 교과목 명칭이 틀린 경우 어떻게 하나요?

❍ 원칙적으로 교과목 명칭이 일치하는 경우에 인정되나, 교과목 명칭에 "학",

"론"의 유무는 차이가 없는 것으로 해석 가능합니다. 예를 들어, "노인복지론"과 "노인복지", "지역사회영양학"과 "지역사회영양"은 같은 과목으로 해석합니다. 따라서 위에서 제시한 예를 제외하고 자신이 이수한 교과목이 「건강가정기본법」에서 제시하는 교과목과 동일한 교과목인지 판단하기 곤란한 경우에 여성가족부에 동일교과목 인정신청을 하여 확인을 받으셔야 합니다.

4-1. 동일교과목 인정신청은 어떻게 하나요?

○ 우선 여성가족부 홈페이지 공지사항 "건강가정사 자격요건에 관한 지침" 중 표준교과개요를 참조하시어 이수한 교과내용과 유사한 지 확인한 후, 여성가족부 홈페이지－가족정책국－부서별민원서식의 신청서를 작성하시어 여성가족부 가족지원팀으로 우편·전자우편으로 신청하시면 됩니다. 동일교과목 여부 판정은 분기별 자문위원회를 거쳐 이루어지고 자문위원회는 특별한 사정이 없는 한 매분기 최종월(3,6,9,12월)에 개최하므로 충분한 시간을 가지고 신청하시어 불이익이 없도록 유의하시기 바랍니다.

5. 교과목당 이수 학점은 어떻게 되나요?

○ 교과목당 이수 학점은 3학점이며, 전문대학, 대학, 대학원 과정 모두 3학점 과목으로 이수하여야 합니다(건강가정기본법시행규칙 제5조 「별표」).

6. 같은 학교에서 관련교과목 모두를 이수하고 졸업하여야 하나요?

○ 원칙적으로 한 개의 교육기관에서 관련교과목 모두를 이수하고 졸업하여야 합니다. 다만, 학교간 학점인정이 가능한 경우에는 한 개 이상의 학교에서 이수해도 무방합니다. 예를 들어, A대학에서 관련교과목 4개를 이수하고 2학년을 마친 후 B대학에 편입하여 8과목을 이수하고 졸업하였을 경우 B대학에서 A대학의 이수과목(4개)을 졸업에 필요한 학점으로 인정할 경우 A대학과 B대학에서 이수

한 과목을 합쳐 12과목이 되므로 건강가정사 자격요건을 갖춘 것으로 해석 가능합니다.

7. 관련교과목을 모두 이수하고 졸업하였습니다. 자격증 신청은 어떻게 하나요?

○ 건강가정사 자격요건을 갖춘 자에게 자격증(또는 인증서) 등은 발급되고 있지 않으며, 취업이나 기타 사유로 확인이 필요할 경우 성적증명서와 졸업증명서를 해당기관(취업처 등)에 제출하시면 됩니다.

7-1. 자격요건을 갖춘 자에게 자격증이나 인증서는 언제 발급되나요?

○ 현재로서는 자격증이나 인증서 발급 등을 위해 구체적으로 추진중인 계획이 없으며, 향후 필요하다면 전문가의 의견을 수렴하여 대안을 만들 계획입니다.

찾아보기

저 자 김 익 균
부산대학교 사회과학대학 사회복지학과 졸업
부산대학교 대학원 (사회복지학석사, 박사)
SOU 교육학과 교환교수
일본사회사업대학 사회복지연구소 연구원
한국보육학회장
수원시노인복지회관장
협성대학교 사회복지학과교수

현 재 협성대학교 아동보육학과교수
경기도보육정책포럼대표
한국아동연구소장

저 서 가족복지론
보육학개론(공저)
아동복지론(공저)
인간행동과 사회환경(공저)
사회복지실천론(공저)
사회복지행정론(공저)
아동상담(공저)
사회복지법제(공저)
자원봉사론(공저)
보육행정론
사회복지개론(공저)
보육정책론(공저)
장애인복지론(공저)
아동발달(공저)
사회문제론(공저)
보육시설운영관리(공저)
지역사회복지론(공저)

건강가정론

2008년 2월 5일 초판 발행
2008년 9월 5일 2쇄 발행

지은이 | 김익균
발행인 | 유제구
발행처 | 파워북
주 소 | 서울 마포구 염리동 161-5 대동빌딩 4층
전 화 | (02) 730-1412
팩 스 | (02) 730-1410
등 록 | 1997. 1. 1 제 300-1997-13

정 가 18,000원
ISBN 978-89-8160-084-6